# 浙江南部海洋鱼类图鉴

（卷一）

陈伟峰　彭欣　主编

海洋出版社

2023年·北京

图书在版编目（CIP）数据

浙江南部海洋鱼类图鉴. 卷一 / 陈伟峰, 彭欣主编.
— 北京 : 海洋出版社, 2023.5
ISBN 978-7-5210-1124-1

Ⅰ. ①浙… Ⅱ. ①陈… ②彭… Ⅲ. ①海产鱼类—浙江—图集 Ⅳ. ①Q959.408-64

中国国家版本馆CIP数据核字(2023)第097908号

《浙江南部海洋鱼类图鉴（卷一）》

责任编辑：高朝君
责任印制：安　淼
海洋出版社 出版发行
http://www.oceanpress.com.cn
北京市海淀区大慧寺路 8 号　邮编：100081
鸿博昊天科技有限公司印刷
2023 年 5 月第 1 版　2024 年 1 月北京第 2 次印刷
开本：889 mm × 1194 mm　1/16　印张：16.5
字数：338 千字　定价：198.00 元
发行部：010-62100090　总编室：010-62100034

# 《浙江南部海洋鱼类图鉴（卷一）》
## 编写委员会


**主　编**

浙江省海洋水产养殖研究所：陈伟峰　　彭　欣

**副主编**

浙江省海洋水产养殖研究所：叶　深

上海自然博物馆（上海科技馆分馆）：刘　攀

**校　审**

中国水产科学研究院东海水产研究所：倪　勇

**摄　影**　陈伟峰　　刘　攀

**绘　图**　叶　青

**顾　问**　闫茂仓

# 序

浙江南部海域位于我国东海中部，受台湾暖流和江浙沿岸流共同影响，海域环境呈现明显的季节性变化——春末，台湾暖流对该海域影响逐渐加强，大量暖水性鱼类进入该海域进行产卵和索饵；秋末，台湾暖流减弱并外移，江浙沿岸海水在季风影响下对该海域控制加强，一些冷温性种类进入此区域。此外，由于浙江南部海域滩涂绵长（三门湾、乐清湾、温州湾等的长滩）、岛礁林立（如渔山列岛、洞头列岛和南麂列岛等）、径流繁多（如椒江、瓯江、飞云江、鳌江等），亦吸引了许多恋礁性和河口性的鱼类定居于此。据仇林根（1992）对浙江南部南麂列岛海域鱼类的野外调查和资料统计，共计发现海水鱼类 395 种，亦印证了浙江南部海域鱼类丰富的多样性。

分子生物学技术的发展为鱼类分类学提供了新的手段，分子手段在隐存种和新种的确定上体现出较大的优势：至 2021 年 6 月，全球共确认鱼类 34 700 种，较 2011 年的 31 707 种增加了 2 993 种。由于 Nelson 等（2016）的 *Fishes of the World* 在部分种类的分科甚至分目上仍有较大的争议，所以本书分类系统参照 Nelson（2006）。

浙江南部海域鱼类丰富的多样性和鱼类分类系统的巨大变化，使本书的出版具有了重大意义；且本书利用彩图的形式介绍了浙江南部海域 230 种鱼类的分类特征，并介绍了在浙江南部的分布情况，具有较高的科普价值；依据最新的文献资料，对浙江南部海域鱼类的分类系统进行了更新，具有较高的科研价值。故在此，对本书的出版表达恭贺。

倪勇

# 前言

浙江省位于中国东南沿海，拥有绵延 2 000 余千米的海岸线和丰富的海洋渔业资源。早在公元 279 年，丹阳太守沈莹就在其著作《临海水土异物志》中记载了浙江中南部海域有鱼蟹类 92 种；公元 420—589 年，平阳浦城垦荒时便开始捕食毛虾，有了“蒲门炊虾”这一地方特色美食；公元 575 年，椒江群众开始利用定置张网进行较大规模的渔猎活动，《续高僧传 · 隋国师智者天台山国清寺释智顗传》有“罾网相连四百余里，江沪溪梁六十余所”的记载；到了 21 世纪，浙江成为我国海洋捕捞产量最大的省份，但大规模的捕捞也给渔业资源带来巨大的压力。随着党和政府及人民群众对资源环境的日益重视，对重回“绿水青山”的日益向往，海洋生态环境和渔业资源的保护逐步被提上议事日程。2014 年，浙江省启动“一打三整治”专项活动，对浙江省渔业资源启动新一轮的基础调查工作，浙江省海洋水产养殖研究所承担了针对浙江中南部（台州、温州）海域渔业资源的调查工作，本书作者有幸成为调查工作组的成员。在 5 年的调查工作中，作者收集了 400 余种鱼类样本 1 000 余尾，拍摄照片 30 000 余幅。随着调查工作的深入，作者对海洋生物的喜爱之情与日俱增，亦想与大众分享这种喜爱之情，因此，将这一时期观察和研究的海洋鱼类图像与相关知识汇编成册，编制成这本《浙江南部海洋鱼类图鉴（卷一）》，希望能将海洋鱼类最美好、最真实的样子展现给各位读者。但由于部分样品的损坏、待鉴定及其他原因，本书暂时只收录了浙江南部海洋鱼类 230 种，剩余部分作者将在后续的工作中进一步整理汇编，以更好的样貌与读者相见。

本书科普性地展示了浙江南部海洋鱼类 100 科、181 属、230 种，严谨地校对了所有展示种类的拉丁名、原始记录、同种异名、鉴别要点和生态习性，结合最新的分类学文献对一些海洋鱼类进行了讨论、评价；同时，根据调查的实际情况简述了其在浙江南部海域出现的季节和空间分布。本书的分类体系，主要参考了 Joseph S. Nelson 编著的 *Fishes of the World*（2006 年第 4 版），并根据近年来最新的分子技术结果利用 FishBase 网站数据进行了修正。鉴别要点则主要参考了《中国动物志》《日本产鱼类检索》和 *The Living Marine Resources of the Western Central Pacific* 等专著和最新的文献资料。本书在展示海洋鱼类的同时，对所有的文字描述也力求做到有的放矢、与时俱进。限于作者的学术水平和工作经验，难免有工作上的疏漏和不当之处，敬请各位读者指正。

本书的完成，得到了浙江省农业农村厅、原浙江省海洋与渔业局和浙江省海洋水产养殖研究所的大力支持，由国家自然科学基金（41976091）、国家重点研发计划（2018YFC1406304）、浙江省渔业资源调查（158053）、温州市科技计划项目（N20190009）等项目经费资助，也受到参与 2015—2020 年浙江南部渔业资源调查监测的上海海洋大学、宁波大学等单位的大力协助。浙江省海洋水产养殖研究所的谢起浪研究员、陈少波研究员、闫茂仓研究员、周朝生研究员、曾国权研究员、柴雪良研究员、仇建标研究员、周志明研究员、蔡景波副研究员、刘伟成副研究员，上海海洋大学伍汉霖教授、田思泉教授、汪振华副教授，国家海洋环境监测中心温泉教授，中国海洋大学康斌教授，厦门大学刘敏教授，华南农业大学陈骁教授，浙江海洋大学俞存根教授，温州医科大学艾为明副教授，湖州师范学院唐琼英教授，自然资源部第二海洋研究所黄伟教授、朱根海教授，中国科学院南海海洋研究所孔晓瑜研究员，自然资源部东海生态中心刘守海副研究员，汕头大学郑瑞强博士，中国渔业协会原生水生物及水域生态专业委员会周卓诚先生等，均在本书编写工作中给予了指导。浙江省海洋水产养殖研究所海洋团队薛峰、张华伟、秦松、范青松、陈继浓、唐久、刘俊峰、余玥、司冉冉、黄志行、吾娟佳、郑衡、胡高宇、徐豪、李世岩、沈华、朱迪等，上海海洋大学王家启、王浩展、王坤、钟家明等共同参与了渔业资源调查工作，为本书的样品收集提供了帮助。陕西师范大学张默，中国海洋大学张弛，厦门大学林柏岸、赵宇等参与文字校对工作。莫文军、夏宇渊、蔡於忻等多位鱼类爱好者提供了多种珍贵的鱼类样本。郑巨中、郑巨鹏及“浙洞渔 10109”全体船员在调查采样过程中给予了帮助。在此对各位表达真挚的谢意。

本书尤其要感谢著名鱼类学家倪勇先生，他在物种鉴定、文字编撰上提供了诸多宝贵建议，为本书出版提供了巨大帮助。

最后，希望各位读者能喜欢本书，并由此燃起对海洋生物的喜爱之情。

2022 年 7 月 10 日

# 鱼类外部形态和测量术语

Glossary of External Morphology and Measurement

## 鲨鱼类

Type Shark

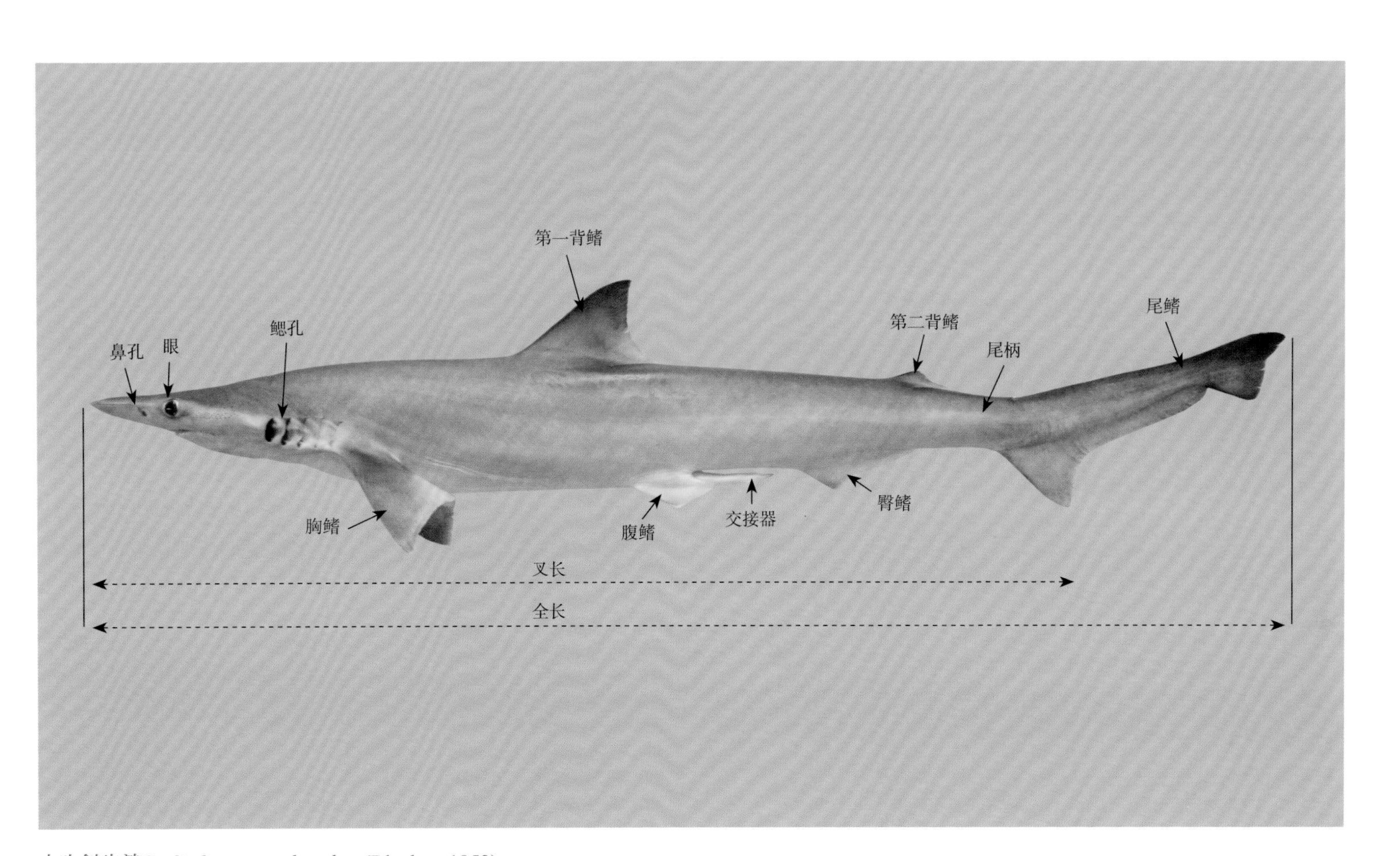


大吻斜齿鲨*Scoliodon macrorhynchos* (Bleeker, 1852)

# 魟鱼类
Type Ray

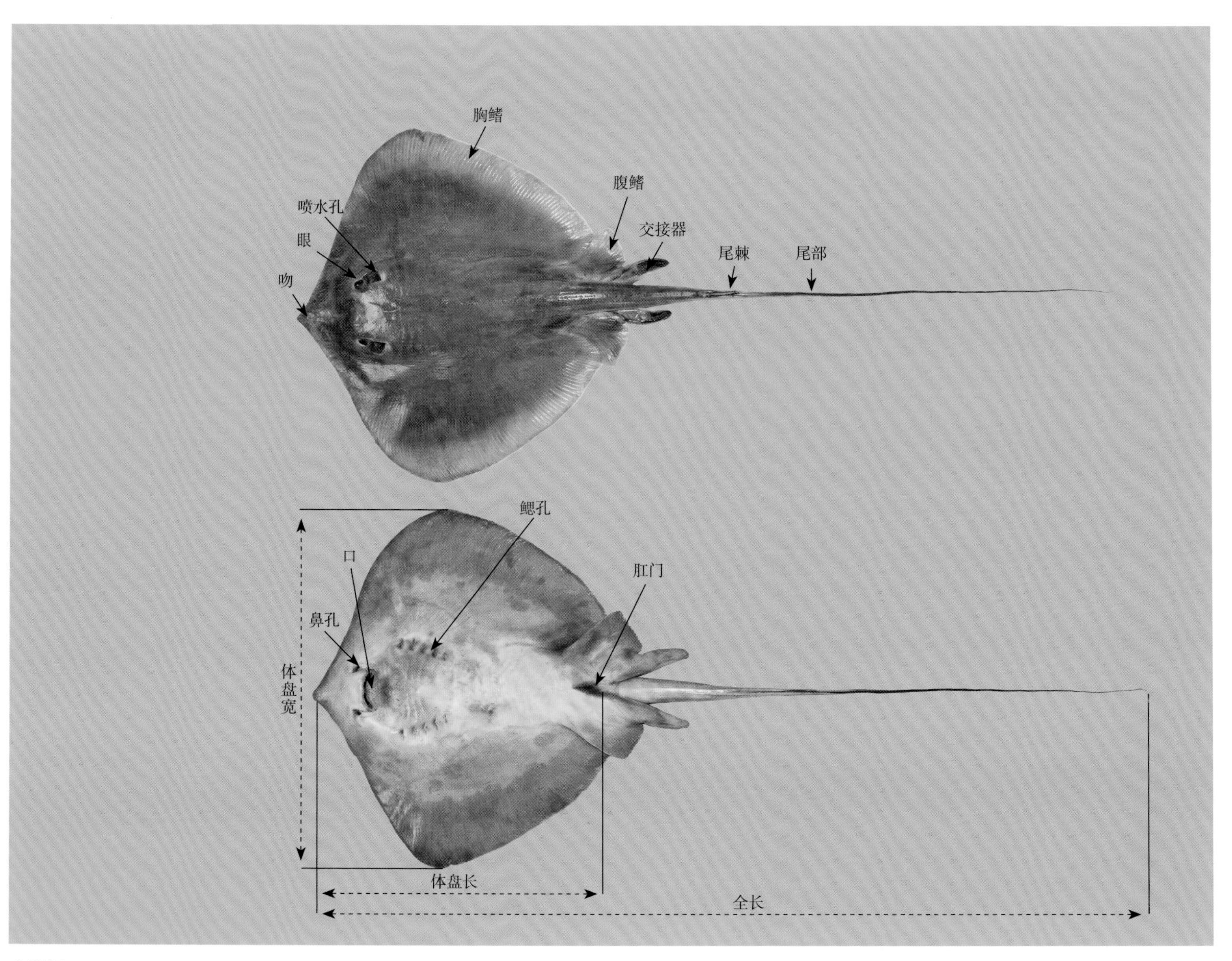


赤半魟*Hemitrygon akajei* (Müller & Henle, 1841)

# 硬骨鱼类
## Type Teleost

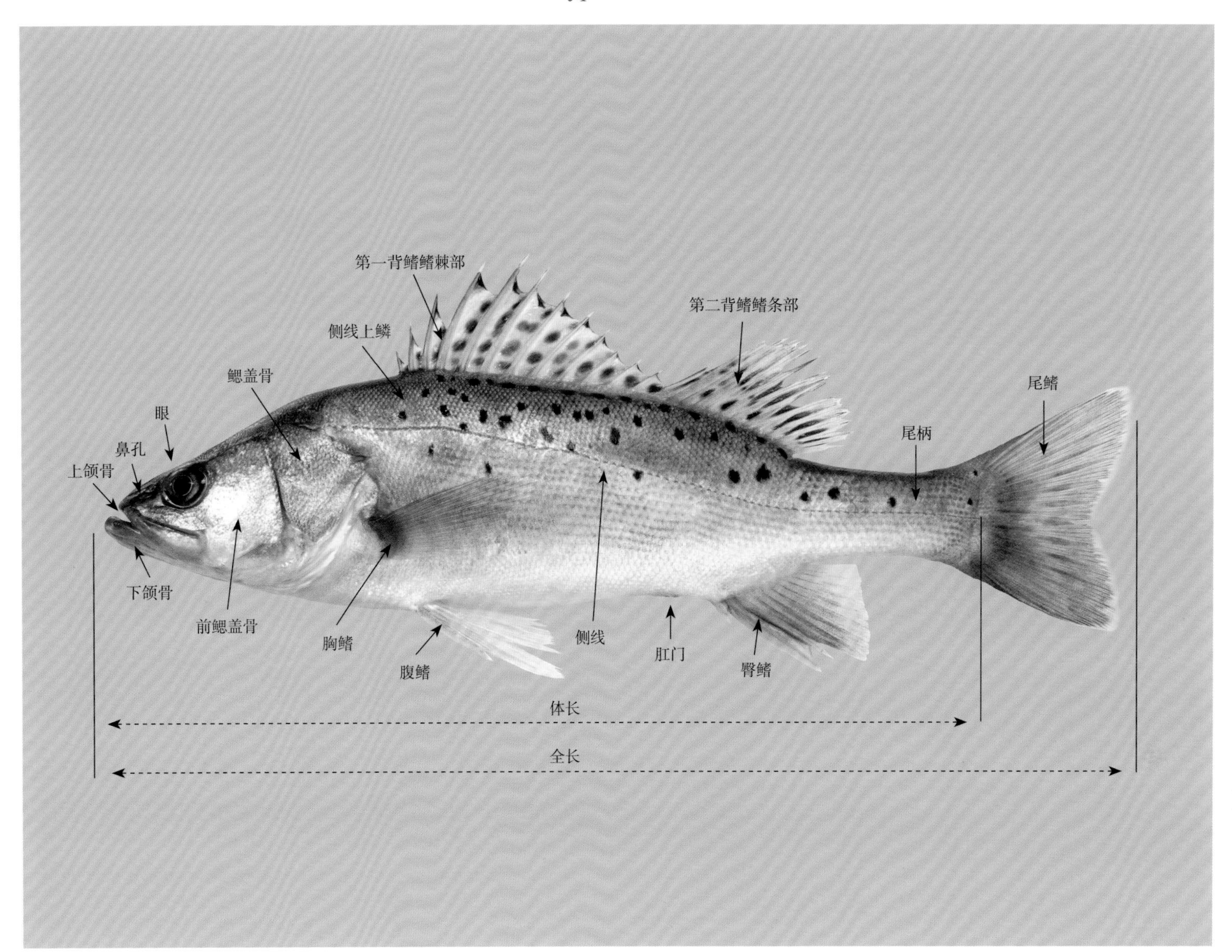


中国花鲈*Lateolabrax maculatus* (McClelland, 1844)

# 硬骨鱼类
## Type Teleost

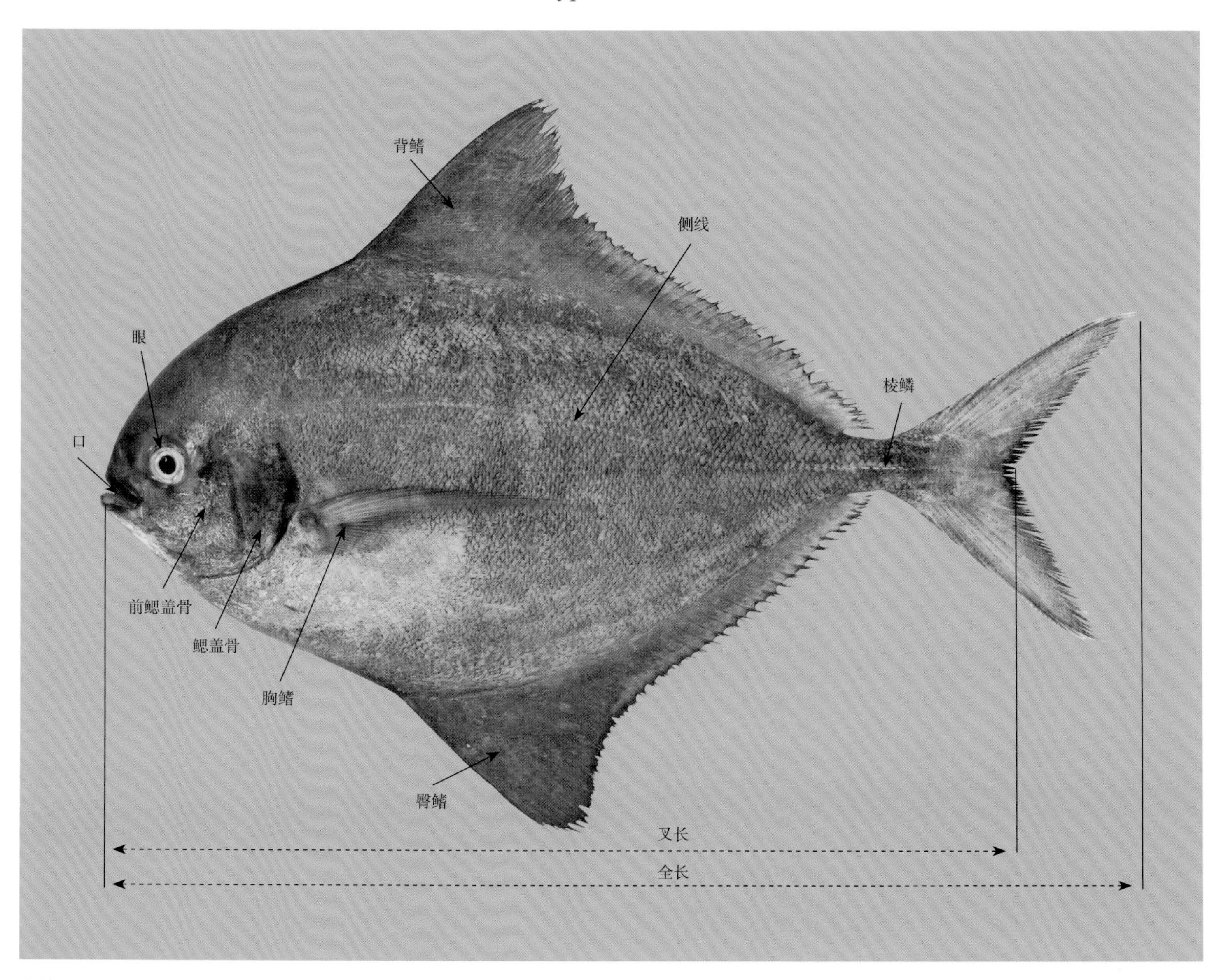


乌鲹*Parastromateus niger* (Bloch, 1795)

# 目录

# 辐鳍鱼纲

Class Actinopterygii

# 软骨鱼纲
Class Chondrichthyes

# 1. 灰星鲨

***Mustelus griseus* Pietschmann, 1908**

**标本全长 650 mm（雌性）**

真鲨目Order Carcharhiniformes | 皱唇鲨科Family Triakidae | 星鲨属Genus *Mustelus* Linck, 1790

**原始记录** *Mustelus griseus* Pietschmann, 1908, Anzeiger der Kaiserlichen Akademie der Wissenschaften, Wien, Mathematisch-Naturwissenschaftliche Classe Ⅴ. 45 (no. 10): 132 [1] (Japan).

**同种异名** *Cynias kanekonis* Tanaka, 1916；*Mustelus kanekonis* (Tanaka, 1916)

**英 文 名** Spotless smooth-hound (FAO)

**中文别名** 前鳍星鲨、灰貂鲛、沙条

**形态特征** 体形颇修长，头平扁。眼椭圆形，眼眶隆脊明显，具瞬褶。前鼻瓣稍延长如叶片状，不达口裂，不具口鼻沟。齿细小而多，铺石状排列；上下颌齿同形、多行。背鳍 2 个，形状相同，第二背鳍较小。尾鳍狭长，上叶发达。体侧面淡灰褐色，腹面淡色，体表无白点、暗点和暗色斑。

**鉴别要点** a. 齿扁平圆凸，铺石状排列；b. 体无白色斑点；c. 上唇褶短于或等于下唇褶。

**生态习性** 近海暖水性底栖鱼类；以甲壳类等为食；胎生，胎儿各居 1 室，一胎可产 5~16 尾幼鲨。

**分布区域** 西太平洋的越南、日本和朝鲜半岛等海域均有分布；我国见于黄海、东海和南海。本种在浙江南部海域少见；2019 年 9 月于象山码头发现。

# 2. 大吻斜齿鲨

***Scoliodon macrorhynchos* (Bleeker, 1852 )**

标本全长535mm（雄性）

真鲨科Family Carcharhinidae | 斜齿鲨属Genus *Scoliodon* Müller & Henle, 1837

**原始记录** *Carcharias macrorhynchos* Bleeker, 1852, Verhandelingen van het Bataviaasch Genootschap van Kunsten en Wetenschappen Ⅴ. 24 (art. 12): 31, Pl. 1 (Fig. 1) (Jakarta, Java, Indonesia).

**同种异名** *Carcharias macrorhynchos* Bleeker, 1852

**英 文 名** 无

**中文别名** 尖头斜齿鲨、尖头沙、沙仔

**形态特征** 体修长，吻极长且平扁。眼小、圆形，眼眶后缘不具缺刻，瞬膜发达。前鼻瓣小而呈窄三角形；无口鼻沟或触须。口裂宽大，口闭时下颌齿不明显露出；上下颌齿同型。背鳍2个，背鳍间无隆脊。尾鳍宽长，下叶前部呈显著三角形突出。体背侧灰褐色，腹侧白色。背鳍、胸鳍和尾鳍灰褐色，余鳍淡色。

**鉴别要点** a. 尾柄部无隆起线；b. 第二背鳍远小于第一背鳍；c. 眼后缘无缺刻；d. 第一背鳍后端可达腹鳍基点；e. 胸鳍前长占全长的20.1%~24.6%，第二背鳍起点至臀鳍起点距离占全长的6.0%~9.1%。

**生态习性** 近岸暖水性鱼类，栖息于岩礁沿岸和河流下游；以鱼类、甲壳类、头足类等为食；胎生，胎儿各居1室，一胎可产5~14尾幼鲨。

**分布区域** 太平洋的印度尼西亚、马来西亚、泰国、菲律宾和日本等海域均有分布；我国见于黄海、东海和南海海域。本种在浙江南部海域常见，春季和夏季相对较多；整个海域均有分布；夏季其新生幼体大量出现在近岸区域。

**分类短评** 据Last等（2010）基于形态和分子系统发育的研究，认为宽尾斜齿鲨（*Scoliodon laticaudus* Müller & Henle, 1838）主要分布在印度西海岸。而本种大吻斜齿鲨在形态上与宽尾斜齿鲨十分相似，最主要的差异是第二背鳍起点至臀鳍起点间的距离与全长的比例：大吻斜齿鲨的比例为6.0%~9.1%，而宽尾斜齿鲨的比例为4.6%~6.2%。

# 3. 路易氏双髻鲨

***Sphyrna lewini*** **(Griffith & Smith, 1834)** 标本全长 940 mm（雌性）

双髻鲨科Family Sphyrnidae | 双髻鲨属Genus *Sphyrna* Rafinesque, 1810

**原始记录** *Zygaena lewini* Griffith & Smith, 1834, The class Pisces, arranged by the Baron Cuvier: 640, Pl. 50 (South Coast of New Holland, southern Australia).

**同种异名** *Zygaena lewini* Griffith & Smith, 1834；*Zygaena indica* van Hasselt, 1823；*Cestracion leeuwenii* Day, 1865；*Zygaena erythraea* Klunzinger, 1871；*Cestracion oceanica* Garman, 1913；*Sphyrna diplana* Springer, 1941

**英 文 名** Scalloped hammerhead (FAO、AFS)；Hammerhead shark (Australia)；Kidney-headed shark (Malaysia)

**中文别名** 路氏双髻鲨、红肉丫髻鲛、相公鲨、丁字鲨

**形态特征** 体延长，侧扁。头前部平扁，形如锤状。吻部前缘呈波浪状，中央区显著凹入。眼小，圆形，瞬膜发达。前鼻沟发育完全，位于鼻孔前方内侧。无喷水孔。背鳍 2 个，第一背鳍大，呈镰刀形。尾鳍宽长，下叶前部呈显著大三角形突出。体背棕色，腹部白色。胸鳍、尾鳍下叶前部、尾鳍上部尖端具黑斑，背鳍上部具黑缘。

**鉴别要点** a. 吻前缘呈波浪形，中央凹入；b. 第一背鳍为长三角形，后缘平直或浅凹；c. 腹鳍后缘平直或浅凹；d. 鼻孔至吻端的沟裂显著。

**生态习性** 近海、半大洋性中上层鱼类，有时可见于内湾或河口区；以鱼类、头足类、甲壳类等为食；胎生，一胎可产 15~31 尾幼鲨。

**分布区域** 印度洋、太平洋和大西洋的热带和温带海域均有分布；我国见于黄海、东海和南海。本种在浙江南部海域少见；2015—2019 年 9 月于洞头码头发现。

# 4. 尖棘瓮鳐

***Okamejei acutispina* (Ishiyama, 1958)**

标本全长 388 mm（雄性）

鳐目Order Rajiformes | 鳐科Family Rajidae | 瓮鳐属Genus *Okamejei* Ishiyama, 1958

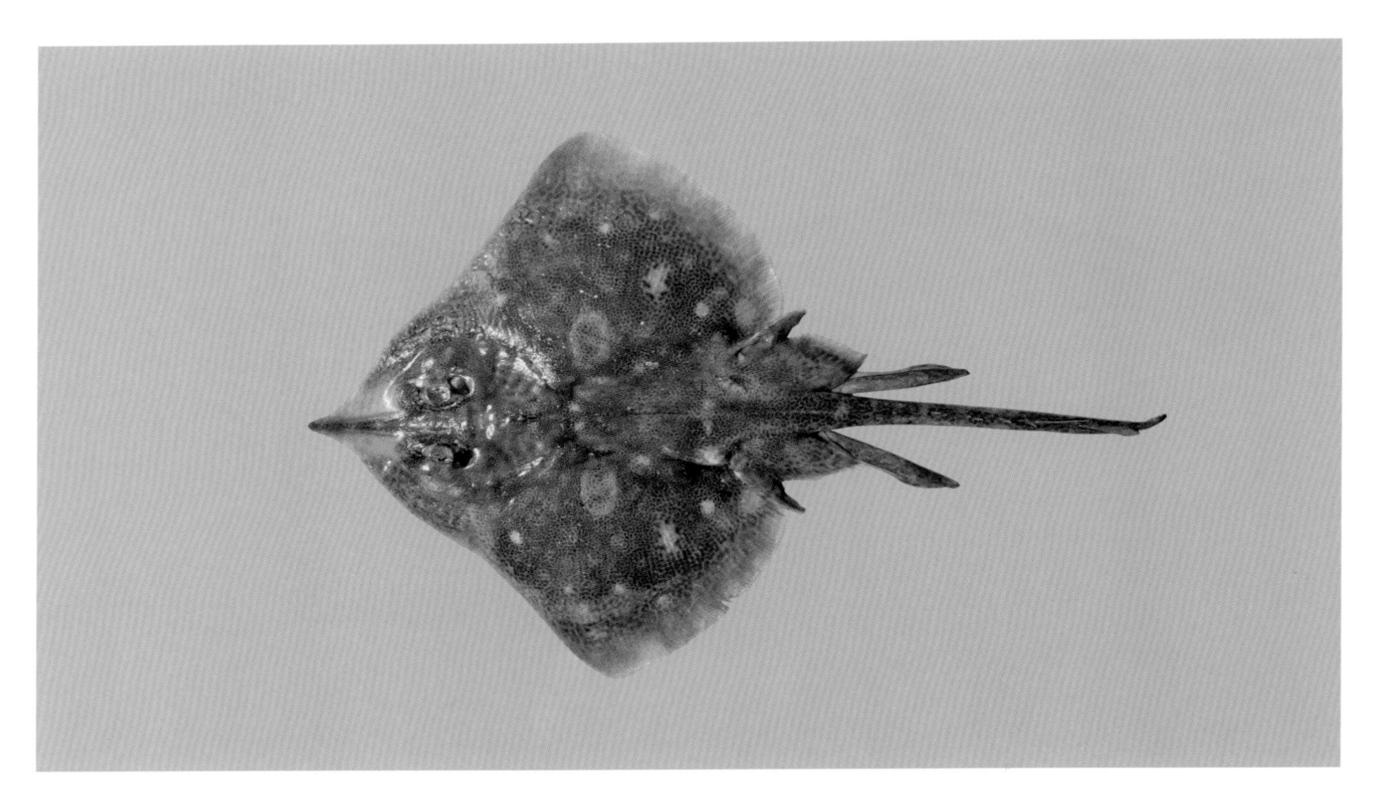

**原始记录** *Raja acutispina* Ishiyama, 1958, Journal of the Shimonoseki College of Fisheries Ⅴ.7 (nos 2~3)；358 (166), Pl. 2 N; Fig. 74 (Sea of Japan, off Shimane Prefecture, Japan).

**同种异名** *Raja acutispina* Ishiyama, 1958

**英 文 名** Sharpspine skate (South Africa)

**中文别名** 尖棘鳐、斑鳐、耳棘老板鲔

**形态特征** 体扁平，吻尖凸，尾细长，侧褶发达。口中大，齿细小而多，铺石状排列，雌雄有别。眼眶和喷水孔周围具小结刺，呈连续半环形排列；头后脊板上具结刺 1~2 个；尾上结刺粗大，列成 3 纵行（雌鱼成体可增至 5 行）。胸鳍前延，伸达吻侧中部。背鳍 2 个。尾鳍上叶短小，下叶几完全消失。体背面黄褐色，密具深褐色小斑，肩区两侧各具一显著椭圆形斑块，外侧有由小斑连合成的黑色边缘。胸鳍里角上方具一不显著的圆形暗色斑块。尾上隐具暗色横条 10 余条。尾鳍上叶具暗色横纹 2 条。腹面灰褐色，具许多暗黑色细圆斑，每斑围着 1 个黏液孔。尾侧皮褶浅褐色。

**鉴别要点** a. 腹鳍前瓣与后瓣未完全分离；b. 吻软骨较硬，不易弯折，吻软骨长为头长 60% 以下；c. 肩带部无棘刺，眼眶内侧有 4 根以上的棘刺；d. 肩带部无暗色斑纹，泄殖孔后方无罗伦氏器分布；e. 雄性成体尾部背面棘刺 3 列，雌性成体棘刺 5 列；f. 整个背面均匀散布微小暗褐色色素点；g. 背鳍后尾部长小于第二背鳍基底长 1.5 倍；h. 罗伦氏器超过腹鳍前瓣起点。

**生态习性** 底栖鱼类，栖息于水深 30~120 m 的泥沙质海底；以无脊椎动物和小型鱼类为食；卵生。

**分布区域** 西北太平洋朝鲜半岛、日本等海域均有分布；我国见于黄海和东海。本种在浙江南部海域少见；2018 年 9 月于三门湾码头发现。

# 5. 中国团扇鳐

***Platyrhina sinensis* (Bloch & Schneider, 1801)**

标本全长465 mm（雌性）

鲼目Order Myliobatiformes ｜ 团扇鳐科Family Platyrhinidae ｜ 团扇鳐属Genus *Platyrhina* Müller & Henle, 1838

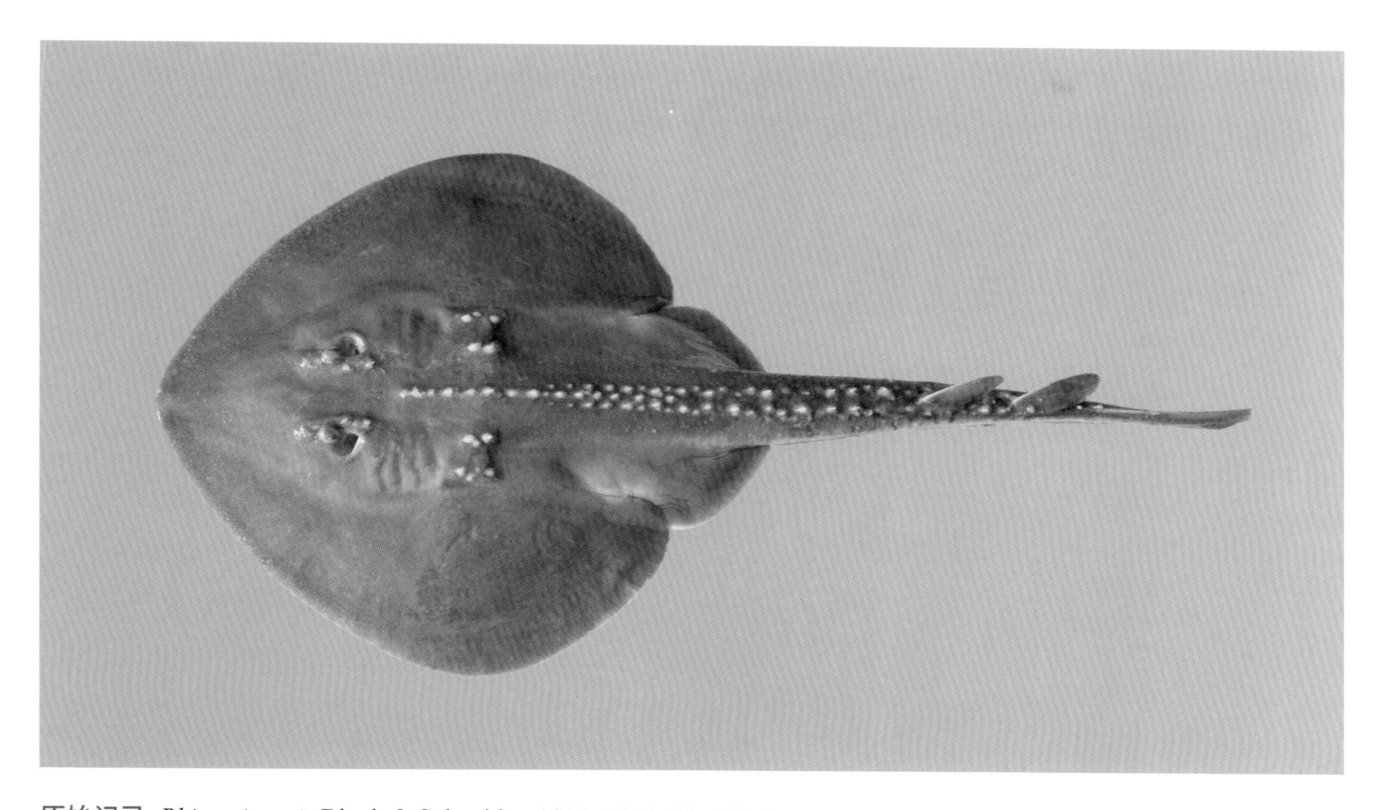

**原始记录** *Rhina sinensis* Bloch & Schneider, 1801, M. E. Blochii, Systema Ichthyologiae: 352 (Off Guangdong, China).

**同种异名** *Rhina sinensis* Bloch & Schneider, 1801；*Platyrhina limboonkengi* Tang, 1933.

**英 文 名** Chinese fanray (FAO)；Amoy fanray (China)

**中文别名** 林氏团扇鳐、中国黄点鯆、鲂鱼

**形态特征** 体盘亚圆形。鼻孔宽大，前鼻瓣中部具一舌形突出，后鼻瓣前部外侧具一扁狭弧形薄膜。口横裂，上颌腭膜发达，分为4小瓣。齿细小而多，铺石状排列。背面具细小和较大刺状鳞，脊椎线上自头后至腹鳍基底具1~3纵行大而侧扁尖锐结刺；尾部正中具2~3纵行结刺；肩区、喷水孔、眼眶周边具结刺。背鳍2个。尾平扁，尾鳍狭长，后缘圆形。背面棕褐色或灰褐色，腹面淡白色。

**鉴别要点** a.背部和尾部正中具2~3纵行结刺；b.第一背鳍起点距尾鳍基底较腹鳍基底稍近。

**生态习性** 近海暖温性底栖鱼类，栖息于沙泥质底海域；以甲壳类等为食；卵胎生。

**分布区域** 西太平洋的越南、朝鲜和日本等海域均有分布；我国见于东海和南海。本种在浙江南部海域少见；2018年9月于三门湾码头发现。

**分类短评** 据Iwatsuki等（2011）研究表明，中国团扇鳐与林氏团扇鳐（*Platyrhina limboonkengi* Tang, 1933）为同种异名；而以往尾部只有1行结刺的团扇鳐为新命名的汤氏团扇鳐（*Platyrhina tangi* Iwatsuki, Zhang & Nakaya, 2011）。

# 6. 赤半魟

## *Hemitrygon akajei* (Müller & Henle, 1841)

标本体盘宽 410 mm（雄性）

魟科Family Dasyatidae｜半魟属Genus *Hemitrygon* Müller & Henle, 1838

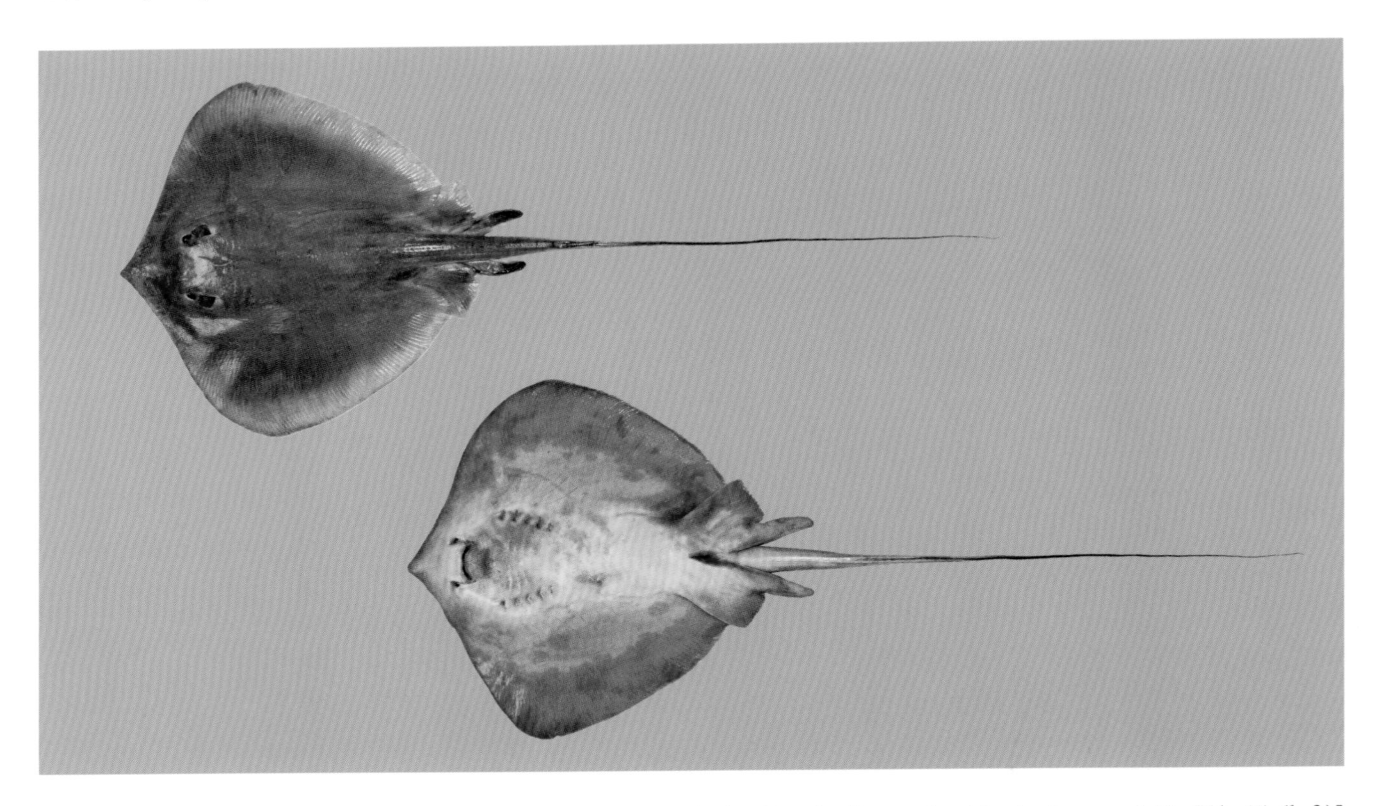

**原始记录** *Trygon akajei* Müller & Henle, 1841, Systematische Beschreibung der Plagiostomen: 165, [Pl. 54 (left)] (Southwestern coast of Japan).

**同种异名** *Trygon akajei* Müller & Henle, 1841；*Dasyatis akajei* (Müller & Henle, 1841)

**英 文 名** Whip stingray (FAO)；Red stingray (Malaysia)；Yellow stingray (China)

**中文别名** 赤魟、赤土魟、红魴、牛尾魴

**形态特征** 体扁平，呈亚圆形。眼小，稍突起。前鼻瓣伸达口缘，后缘细裂。口底具显著乳突 5 个，外侧 2 个较小。齿细小，平扁，铺石状排列。尾细长如鞭，在尾刺后、尾的上下具皮膜。体背面中央至尾刺前具 1 纵行结刺；肩区两侧、眼后均有结刺；尾上结刺较大。体盘背面赤褐色，大者较深，边缘浅淡；眼前和眼下、喷水孔上侧和后部、尾的两侧赤黄色。腹面边缘区赤黄色。

**鉴别要点** a. 体背面中央至尾刺前具 1 纵行结刺，尾部有毒刺；b. 在尾刺后、尾的上下具皮膜，尾部腹面皮褶不达尾尖端；c. 体盘背面无斑纹，两眼间无暗色带，尾部尖端无斑纹；d. 吻端略突出；e. 体盘腹面第五鳃孔的后方无横沟；f. 活体的喷水孔后缘附近为黄色，体盘腹面边缘赤黄色，吻端、眼间隔、体盘背面正中线上和尾部随着生长会出现小的瘤状物（刚出生时无瘤状物）。

**生态习性** 近海暖温性底栖鱼类，栖息于沙泥质底海域，可进入河口区；以甲壳类、多毛类、端足类、双壳类和小型鱼类为食；5—8 月繁殖，卵胎生，一胎可产十余仔。

**分布区域** 太平洋的泰国、朝鲜半岛和日本等海域均有分布；我国见于东海和南海。本种在浙江南部海域常见，春季和秋季相对较多；主要分布于河口区域，瓯江口和飞云江口相对较多。

# 7. 紫色翼魟

***Pteroplatytrygon violacea*** (Bonaparte, 1832)

**标本体盘宽480 mm（雄性）**

翼魟属Genus *Pteroplatytrygon* Fowler, 1910

**原始记录** *Trygon violacea* Bonaparte, 1832, Iconografia della fauna italica: fasc. 1, punt. 6, Pl. 155 (Italy, western Mediterranean Sea).

**同种异名** *Trygon violacea* Bonaparte, 1832；*Trygon purpurea* Müller & Henle, 1841；*Dasyatis atratus* Ishiyama & Okada, 1955；*Dasyatis guileri* Last, 1979

**英 文 名** Pelagic stingray (FAO、AFS)；Guilers stingray (Australia)；Violet stingray (Malaysia)

**中文别名** 吉勒氏魟、黑魟、紫魟

**形态特征** 体盘斜方形，前缘斜直或微凸，侧边和后端较尖。吻前缘广圆，正中有一小圆形突起。尾巴末端如鞭子，侧边皮褶未延伸到尾部末端。体盘平滑，在尾部背面的中间具有一纵向的沟，附近具有锋利的棘刺，而在尾部前具有倒钩的刺。口底前部有 15~17 个横向的乳突。背部表面和尾部成不规则黑色；腹部呈暗紫色，带有一些灰白色斑点。

**鉴别要点** a. 体盘背面无小棘刺，尾部有毒刺；b. 尾部腹面中线上有皮褶，皮褶不达尾尖端，背侧中线上无皮褶；c. 体盘背面无斑纹，腹面暗紫色；d. 体似梯形，吻端正中有一小圆形突起。

**生态习性** 暖水性中上层鱼类，主要栖息于 400 m 以浅的水层；以小型腔肠类、甲壳类和鱼类等为食。

**分布区域** 全球热带和亚热带海域均有分布；我国见于东海和南海。本种在浙江南部海域少见；2019 年 9 月于温岭码头发现。

# 8. 尖嘴箭吻魟

***Telatrygon zugei* (Müller & Henle, 1841)**

标本全长464 mm（雌性）

箭吻魟属Genus *Telatrygon* Last, Naylor & Manjaji-Matsumoto, 2016

**原始记录** *Trygon zugei* Müller & Henle, 1841, Systematische Beschreibung der Plagiostomen: 165, [Pl. 54 (right)] (Macao).

**同种异名** *Trygon zugei* Müller & Henle, 1841；*Dasyatis cheni* Teng, 1962.

**英 文 名** Pale-edged stingray (FAO)；Sharpnose stingray (Malaysia)

**中文别名** 尖嘴魟、尖嘴土魟、魴仔

**形态特征** 体盘亚圆形。吻长而尖，显著突出。眼小，微突起，虹膜黄色，眼间隔稍凹。前鼻瓣连合为长方形，几伸达上颌。口小，口底没有显著乳突。尾中大，上、下皮膜都很延长，几伸达尾鳍后端。尾刺1~2枚。幼体光滑，稍大者背面正中具几个平扁结鳞，长大者脊椎线上具1纵行鳞。背面赤褐色或灰褐色，边缘较淡。腹面白色，边缘灰褐色。

**鉴别要点** a. 体盘背面无小棘刺，尾部有毒刺；b. 尾部背侧皮膜延长，几伸达尾后端，腹侧皮膜前部宽高；c. 体盘背面无斑纹；d. 吻端突出明显，尖锐。

**生态习性** 近海暖水性底栖鱼类，栖息于近海的沙泥质海域，亦常进入河口区；以底栖甲壳类等为食；卵胎生，一胎可产数尾幼魟。

**分布区域** 印度洋和太平洋的印度尼西亚、日本、朝鲜半岛等海域均有分布；我国见于黄海、东海和南海。本种在浙江南部海域少见，分别于2018年9月三门湾码头和2019年9月洞头码头发现。

**分类短评** Last 等（2016）基于形态学和分子生物的研究对魟科的分类进行了修订。本种原属的魟属（*Dasyatis* Rafinesque, 1810）是以 *Dasyatis ujo* Rafinesque, 1810〔*Dasyatis pastinaca*（Linnaeus, 1758）〕为模式种创立的，原包含36个种，广泛分布于热带和温带海洋，经修订后该属仅剩分布于大西洋（含地中海）和西南印度洋的5个种。而与本种类似的4个种被归入新属的箭吻魟属（*Telatrygon* gen. nov.，箭吻魟属中文名由陈佳杰和倪勇命名）。

# 辐鳍鱼纲

Class Actinopterygii

# 9. 大眼海鲢

***Elops machnata* (Forsskål, 1775)**

**标本体长 475 mm**

海鲢目Order Elopiformes | 海鲢科Family Elopidae | 海鲢属Genus *Elops* Linnaeus, 1766

**原始记录** *Argentina machnata* Forsskål, 1775, Descriptiones animalium (Forsskål): 68, XIII (Jeddah, Saudi Arabia, Red Sea).

**同种异名** *Argentina machnata* Forsskål, 1775；*Elops indicus* Swainson, 1839；*Elops purpurascens* Richardson, 1846；*Elops capensis* Smith, 1838–1847.

**英 文 名** Tenpounder (FAO)；Springer (AFS)；Australian giant herring (Australia)；Ladyfish (India)

**中文别名** 海鲢、四破、澜槽、肉午、竹鱼

**形态特征** 体长梭形，稍侧扁。头腹面具一长条形喉板。眼大，前侧位，脂眼睑宽。上下颌约等长，上颌骨末端伸达眼的远后方。齿细小，绒毛状，两颌、犁骨、腭骨、翼骨和舌具细齿。体被细小圆鳞，背鳍和臀鳍基部有鳞鞘，胸鳍和腹鳍的基部有腋鳞。背鳍最后鳍条不延长。体背部深青黄色，散有黑色细点，体侧和腹部银白色。背鳍和尾鳍青黄色，背鳍上缘、尾鳍后缘黑色。胸鳍基部青黄色，胸鳍具许多黑色小点。腹鳍、臀鳍和尾鳍下叶淡黄色。

**鉴别要点** a. 有假鳃，背鳍最后鳍条不延长；b. 椎骨数 63~64；c. 当口腔闭合时，下颌突出并咬住前颌骨牙带的前部。

**生态习性** 近海暖水性鱼类，幼鱼常出现于内湾、河口等咸淡水水域，成鱼于外海产卵；以小型鱼类和虾类等为食。

**分布区域** 印度洋和太平洋的澳大利亚、夏威夷等海域均有分布；我国见于黄海、东海和南海。本种在浙江南部海域少见；2019 年 8 月于洞头码头发现。

**分类短评** 底晓丹等（2008）利用细胞色素 b 基因序列认为我国存在夏威夷海鲢（*Elops hawaiensis* Regan, 1909），但未见更多报道；其与大眼海鲢的区别主要在脊椎骨数量和口腔闭合时上颌齿暴露与否；夏威夷海鲢脊椎骨数为 68~69，当口腔闭合时，上颌齿带会暴露出来。

# 10. 大海鲢

## *Megalops cyprinoides* (Broussonet, 1782)

标本体长 456 mm

大海鲢科Family Megalopidae | 大海鲢属Genus *Megalops* Lacepède, 1803

**原始记录** *Clupea cyprinoides* Broussonet, 1782, Ichthyologia, sistens piscium descriptiones et icones. Decas I.: 39, Pl. [9] (Tana, New Hebrides).

**同种异名** *Clupea cyprinoides* Broussonet, 1782；*Clupea thrissoides* Bloch & Schneider, 1801；*Megalops filamentosus* Lacepède, 1803；*Clupea gigantea* Shaw, 1804；*Cyprinodon cundinga* Hamilton, 1822；*Megalops setipinnis* Richardson, 1843；*Megalops curtifilis* Richardson, 1846；*Megalops indicus* Valenciennes, 1847；*Megalops macrophthalmus* Bleeker, 1851；*Megalops kundinga* Bleeker, 1866；*Megalops macropterus* Bleeker, 1866；*Megalops oligolepis* Bleeker, 1866；*Brisbania staigeri* Castelnau, 1878

**英 文 名** Indo-Pacific tarpon (FAO)；Oxeye (AFS)；Bonefish (India)；Tarpon (Malaysia)

**中文别名** 大眼海鲢、海庵

**形态特征** 体延长，侧扁。头腹面有喉板。眼大，大于吻长，侧上位。脂眼睑窄。两颌、犁骨、腭骨、翼骨和舌均有绒毛状齿。体被大圆鳞，鳞片的前缘呈波状，前缘有10~16条辐射线。头部和鳃盖皆无鳞。胸鳍和腹鳍基部有腋鳞。侧线鳞上有辐射管。背鳍最后鳍条延长为丝状。尾鳍长而大，深叉形。体背部深绿色。侧线以下至腹部为银白色。吻端灰绿色。各鳍淡黄色，背鳍和尾鳍边缘以及胸鳍的末端均散有小黑点。

**鉴别要点** a. 无假鳃，背鳍最后鳍条延长为丝状；b. 臀鳍基底较背鳍基底长；c. 鳞片为大片圆鳞，侧线鳞数39~42。

**生态习性** 近海暖水性中上层鱼类，幼鱼常出现于内湾、河口等咸淡水水域，成鱼于外海产卵；以小型游泳动物为食。

**分布区域** 印度洋和太平洋的澳大利亚、韩国、日本等海域均有分布；我国见于东海和南海。本种在浙江南部海域少见；2018年8月于洞头码头发现。

# 11. 日本鳗鲡

***Anguilla japonica*** **Temminck & Schlegel, 1846**

**标本全长 970 mm**

鳗鲡目Order Anguilliformes | 鳗鲡科Family Anguillidae | 鳗鲡属Genus *Anguilla* Schrank, 1798

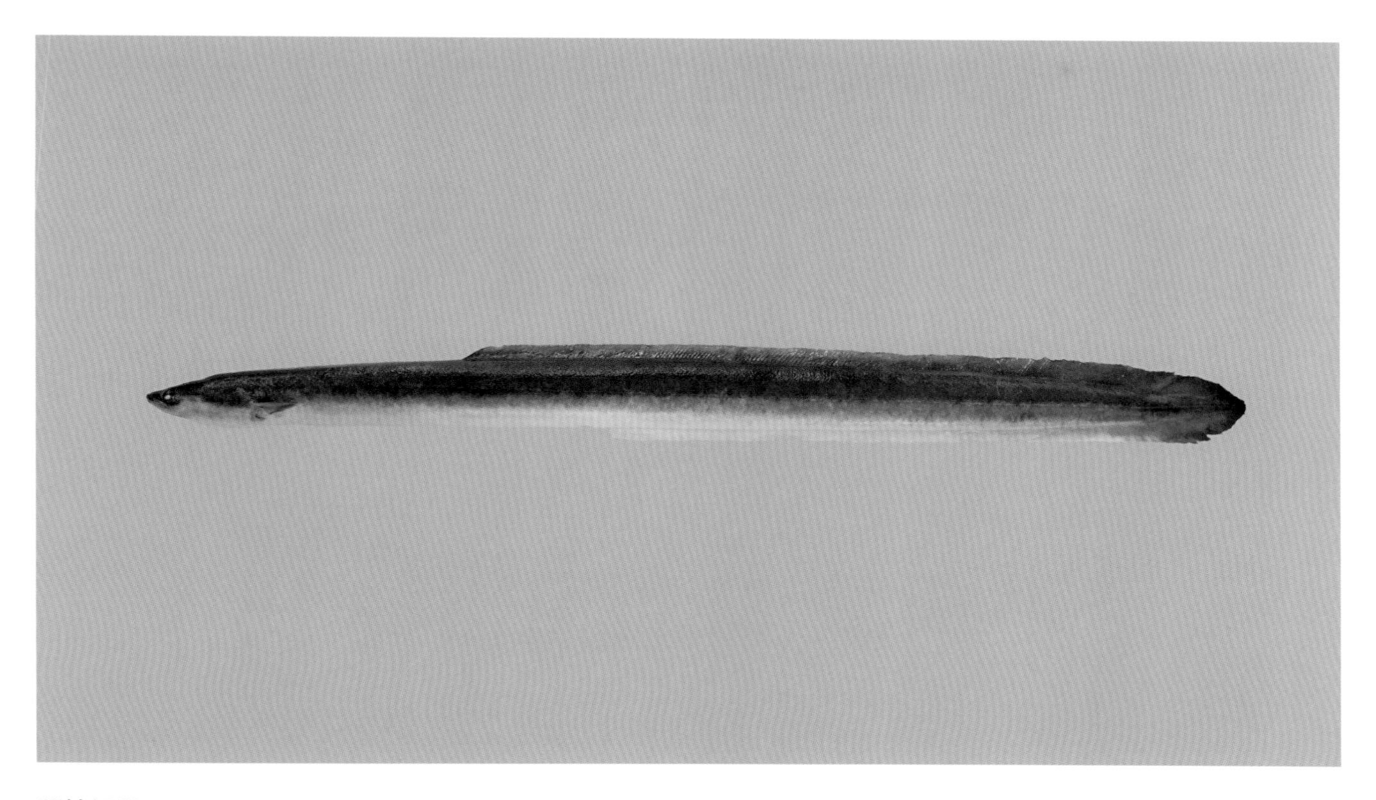

**原始记录** *Anguilla japonica* Temminck & Schlegel, 1846, Fanua Japonica Parts 10~14: 258, Pl. 13 (Fig. 1) (Japan).

**同种异名** *Muraena pekinensis* Basilewsky, 1855；*Anguilla angustidens* Kaup, 1856；*Anguilla remifera* Jordan & Evermann, 1902；*Anguilla manabei* Jordan, 1913；*Anguilla breviceps* Chu & Jin, 1984；*Anguilla nigricans* Chu & Wu, 1984

**英 文 名** Japanese eel (FAO、AFS)

**中文别名** 日本鳗、白鳝、鳗鲡、河鳗、鳗鱼

**形态特征** 体延长，圆柱形。眼较小，埋于皮下。下颌稍长于上颌。齿细小尖锐，呈带状。肛门位于体中部前方。体隐被细长小鳞。侧线孔明显。背鳍起点远在肛门前上方。背鳍、臀鳍发达，与尾鳍连续。体背暗绿色，有时隐具暗色斑块。腹面白色。背鳍和臀鳍后部边缘黑色。胸鳍淡白色。

**鉴别要点** a. 背鳍起点在肛门前方较远处；b. 体背面暗色，腹面白色，无斑纹；c. 脊椎骨数 112~119。

**生态习性** 降海洄游性鱼类，幼鳗成群由海洋进入江河湖泊等附属水体生长，成体则进入海水进行生殖洄游；以小型鱼类、昆虫幼虫、甲壳类、螺、蚌和高等水生植物等为食。

**分布区域** 太平洋的日本、菲律宾、朝鲜半岛等淡水水域均有分布；我国见于沿海和各大江河及其附属水体。本种浮游幼体在浙江南部海域冬季、春季出现；主要分布于北麂 — 洞头海域。

# 12. 小裸胸鳝

***Gymnothorax minor* (Temminck & Schlegel, 1846)**

标本全长 520 mm

海鳝科Family Muraenidae | 裸胸鳝属Genus *Gymnothorax* Bloch, 1795

**原始记录** *Muraena minor* Temminck & Schlegel, 1846, Fauna Japonica Parts 10~14: 269, Pl. 115 (Fig. 2) (Japan).

**同种异名** *Muraena minor* Temminck & Schlegel, 1846

**英 文 名** Lesser moray (Australia)

**中文别名** 疏条纹裸胸鳝、网纹裸胸鳝、钱鳗、虎鳗、花头蛇

**形态特征** 体延长，稍侧扁。眼小而圆，被一层半透明的皮膜。鼻孔每侧 2 个，前鼻孔短管状。颌骨、犁骨具齿。肛门位于体腹面中央稍前方。体无鳞。侧线孔不明显。背鳍、臀鳍和尾鳍不发达，相连续。无胸鳍。体黄灰色，躯干部和尾部具 15~20 条褐色横带，该横带有时呈断续现象，横带大多或全部通过背鳍、臀鳍，头部和体侧横带间还具大小不等的斑点，腹部和尾部均无斑点。

**鉴别要点** a. 背鳍始于鳃孔前方，臀鳍始于肛门紧后方；b. 体长为体高的 30 倍以下；c. 吻部较尖长，齿尖状；d. 颌部多不弯曲，两颌可闭合，上颌齿 1 行；e. 前鼻孔不延长，鳃孔不为黑色；f. 体色多样，并有浅色或深色斑点，或深色环带、条纹，深色环带由碎点组成。

**生态习性** 近海暖水性底层鱼类，栖息于沿岸岩礁间；以小型鱼类和甲壳类为食。

**分布区域** 西太平洋的日本、印度尼西亚等海域均有分布；我国见于东海和南海。本种在浙江南部海域少见。

# 13. 前肛鳗

***Dysomma anguillare* Barnard, 1923** 标本全长 650 mm

合鳃鳗科Family Synaphobranchidae | 前肛鳗属Genus *Dysomma* Alcock, 1889

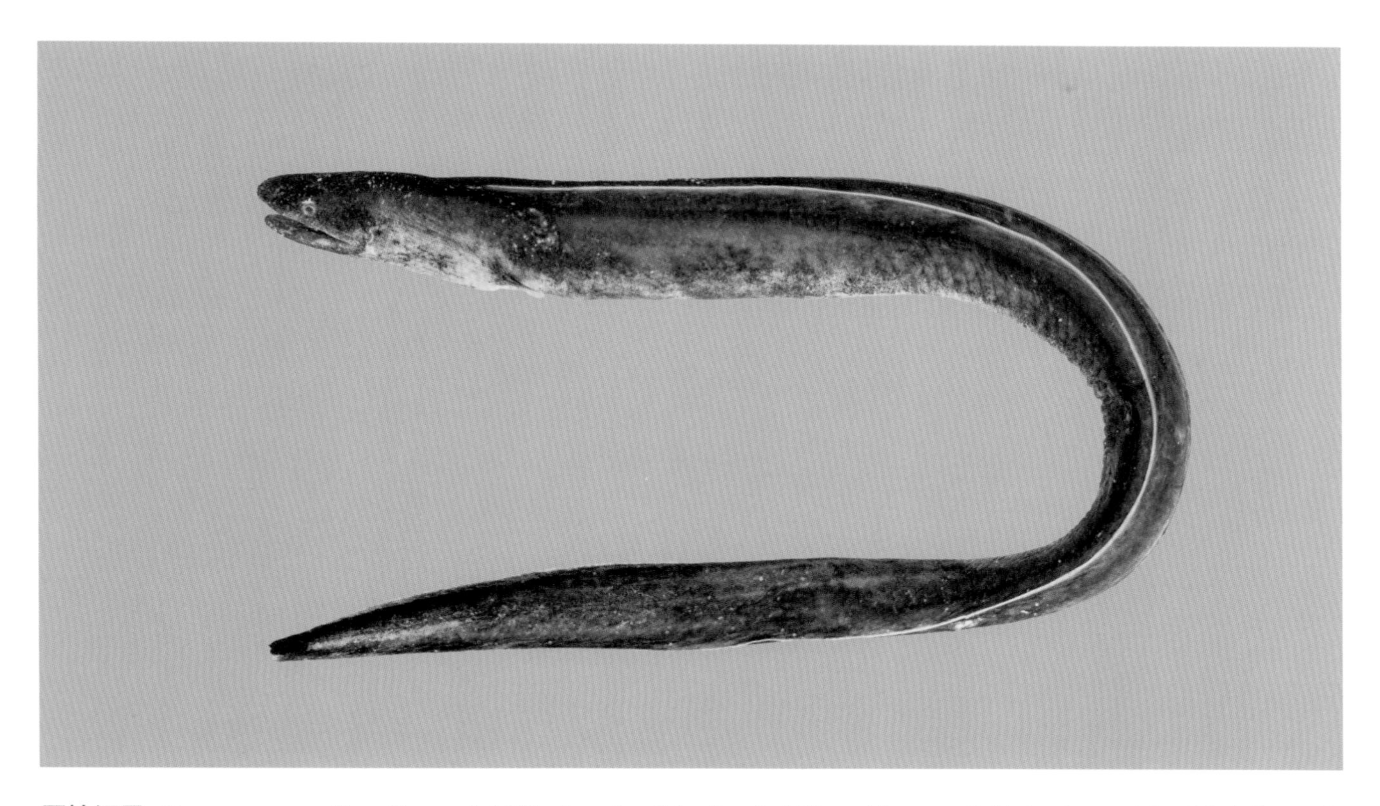

**原始记录** *Dysomma anguillare* Barnard, 1923, Annals of the South African Museum V.13 (pt 8, no. 14): 443 (off Tugela River mouth, Kwa Zulu-Natal, South Africa, southwestern Indian Ocean, depth 115 meters).

**同种异名** *Sinomyrus angustus* Lin, 1933；*Dysomma japonicus* Matsubara, 1936；*Dysomma zanzibarensis* Norman, 1939；*Dysomma aphododera* Ginsburg, 1951

**英 文 名** Shortbelly eel (FAO、AFS)；Stout moray (Japan)

**中文别名** 合鳃鳗

**形态特征** 体延长，较侧扁，躯干部很短小。鼻孔每侧 2 个，前鼻孔短管状，后鼻孔无短管或皮瓣。上颌具 2~4 行绒毛状齿带，下颌齿 1 行，犁骨齿 1 行。吻上具绒毛状皮质突起。肛门位于胸鳍下方或后下方。体无鳞，皮肤光滑。侧线孔不明显。背鳍、臀鳍和尾鳍均较发达，相连续。体灰褐色或淡灰黑色，腹部灰白色。背鳍和臀鳍后缘白色，臀鳍基部和胸鳍基部淡灰黑色。尾鳍黑色，上缘白色。

**鉴别要点** a. 肛门距鳃孔的距离短于头长；b. 体略粗壮，吻不延长，前后鼻孔分离，前鼻孔近吻端，后鼻孔近眼前缘；c. 有胸鳍。

**生态习性** 近海暖水性底层鱼类，多分布于水深 30~270 m 的海域，常在河口泥质底活动；以小型鱼类、甲壳类和软体动物为食。

**分布区域** 印度洋、太平洋、大西洋海域均有分布；我国见于黄海、东海和南海。本种在浙江南部海域常见，各季节均有出现，秋季相对较多；主要出现在水深 30 m 以深海域。

# 14. 尖吻蛇鳗

***Ophichthus apicalis* (Anonymous [Bennett], 1830)**

**标本全长 405 mm**

蛇鳗科Family Ophichthidae | 蛇鳗属Genus *Ophichthus* Ahl, 1789

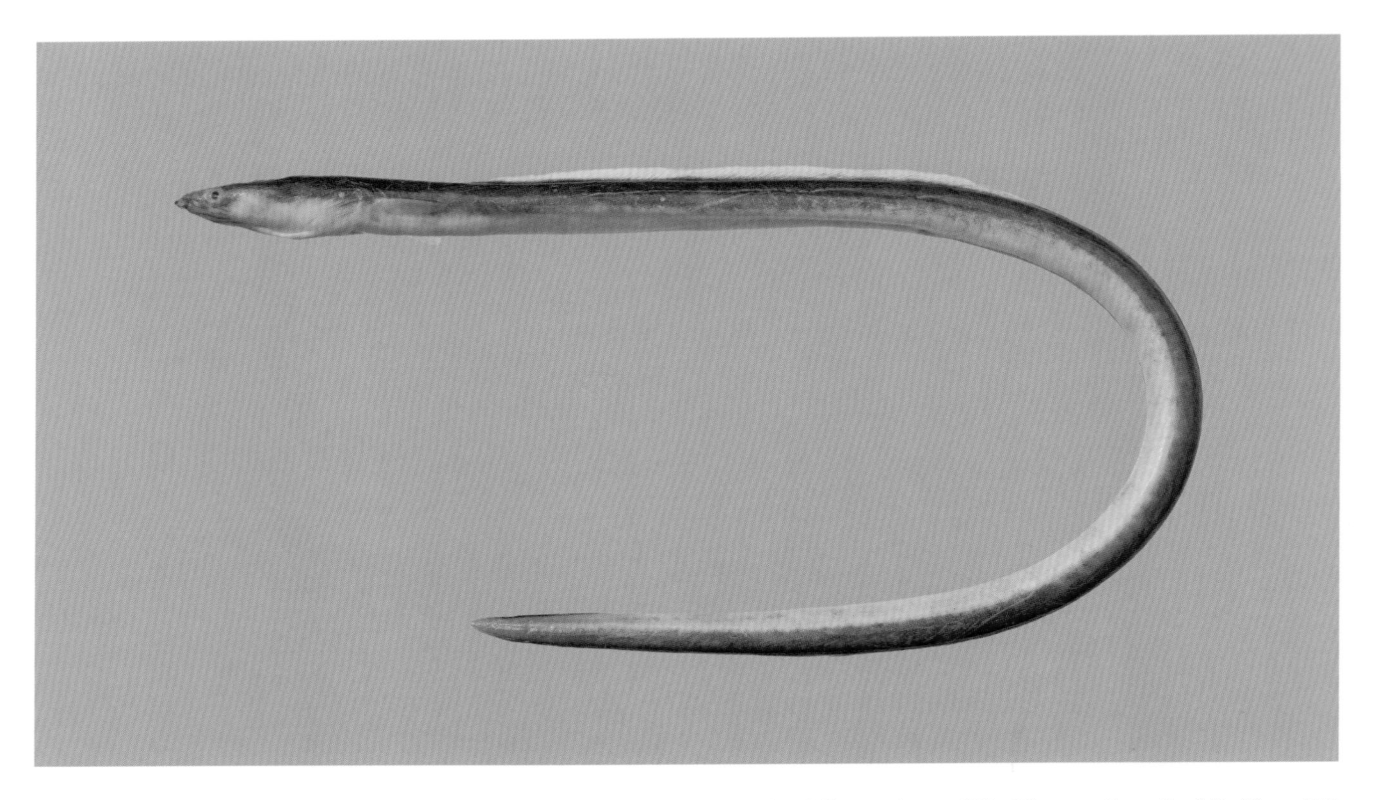

**原始记录** *Ophisurus apicalis* Anonymous, 1830, Memoir of life and publie services of Sir Thomas Stamford Raffles: 692 (Sumatra, lndonesia).

**同种异名** *Ophisurus spadiceus* Richardson, 1846；*Ophisurus compar* Richardson, 1848；*Ophisurus bangko* Bleeker, 1852；*Ophisurus diepenhorsti* Bleeker, 1860

**英 文 名** Bluntnose snake-eel (FAO)；Pointed-tail snake-eel (India)

**中文别名** 顶蛇鳗、土龙、篡仔

**形态特征** 体延长，躯干部圆柱形。鼻孔每侧 2 个，前鼻孔短管状，后鼻孔具皮瓣。上下颌和犁骨各具齿 1 行。上唇边缘无唇须。体无鳞，皮肤光滑。侧线孔不明显，肛门前方侧线孔 47~55 个。背鳍、臀鳍较低，止于尾端的稍前方，不相连续。无尾鳍，尾端尖秃。体黄褐色，腹侧淡黄色。背鳍和臀鳍边缘灰黑色。胸鳍淡灰色，上方灰黑色。

**鉴别要点** a. 尾鳍缺失，尾端通常尖硬，无鳍条，背鳍和臀鳍分别终止于近尾端；b. 胸鳍发达，背鳍始于头顶中部之后，靠近鳃孔或在鳃孔远后方；c. 两颌均无须，上下颌齿尖锐；d. 眼中点约位于上颌中点或后方，肛门位于体中部之前；e. 体色均一，无斑纹。

**生态习性** 近岸暖水性底层鱼类，栖息于沙泥质底的低潮区的洞穴中；以蛏、蛤和其他底栖动物为食。

**分布区域** 印度洋和太平洋的泰国、菲律宾、日本等海域均有分布；我国见于东海、南海。本种在浙江南部海域常见，各季节均有出现，夏季相对较多；整个海域均有分布。

# 15. 褐海鳗

***Muraenesox bagio* (Hamilton, 1822)** 标本全长 850 mm

海鳗科Family Muraenesocidae | 海鳗属Genus *Muraenesox* McClelland, 1843

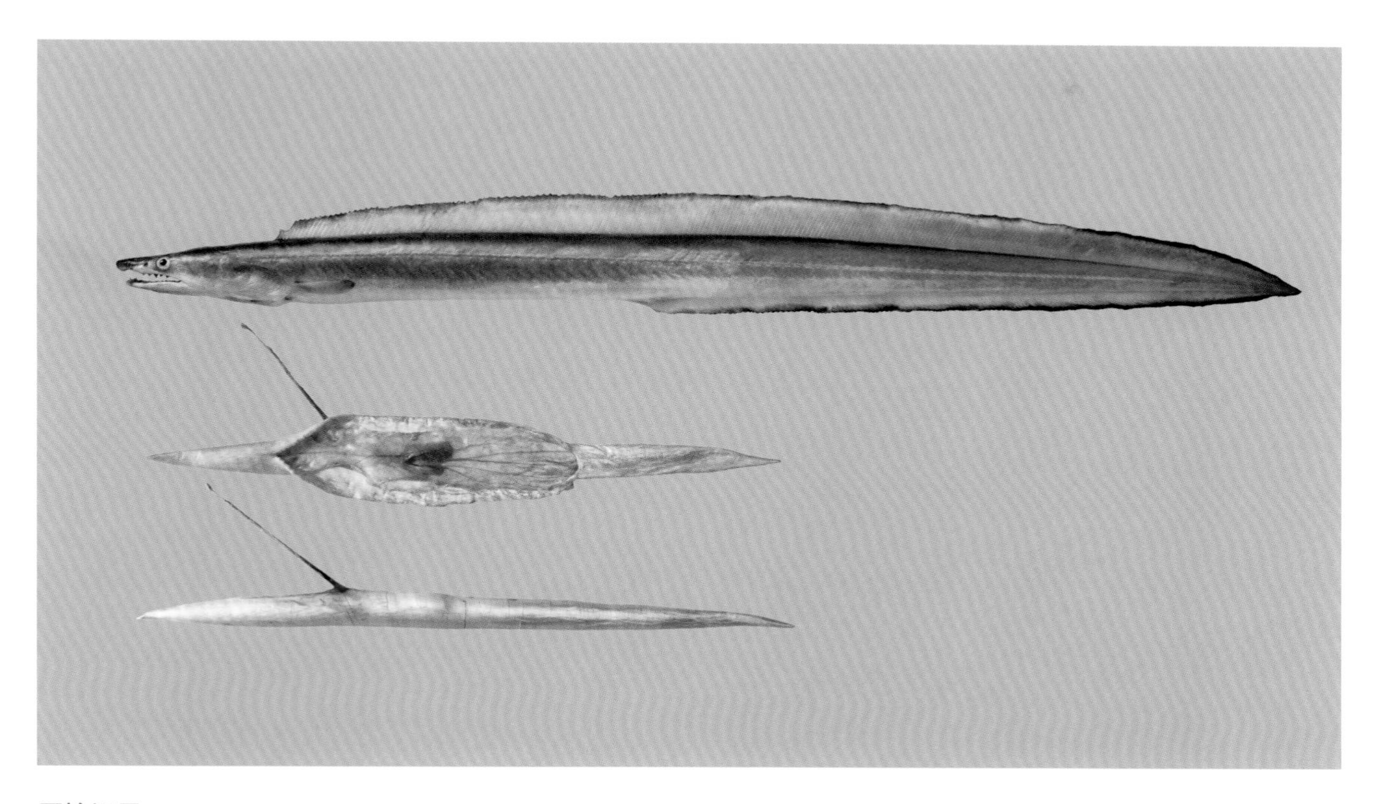

**原始记录** *Muraena bagio* Hamilton, 1822, An account of the fishes found in the river Ganges: 24, 364 (Calcutta, Ganges River estuaries, India).

**同种异名** *Muraena bagio* Hamilton, 1822

**英 文 名** Common pike conger (FAO); Brown pike conger (Japan); Pike eel (Malaysia)

**中文别名** 百吉海鳗、山口海鳗

**形态特征** 体延长，近圆筒形。吻尖长，下颌较上颌稍突出。口大，两颌齿均为 3 行，犁骨齿 3 行，中间一行较大。鼻孔每侧 2 个，前鼻孔呈管状，后鼻孔裂孔状。肛门位于体中央前方。体无鳞。侧线发达。背鳍、臀鳍与尾鳍相连。体灰褐色，腹部色浅。沿背鳍、臀鳍基部两侧各有一青灰色线，背鳍、臀鳍后部具黑色边缘。

**鉴别要点** a. 有胸鳍，尾鳍不延长；b. 体圆筒状，尾部侧扁，尾部长于头与躯干部的合长；c. 下颌无向外横卧齿，犁骨齿为三尖形锐齿，中间一行最大；d. 侧线孔数 128~134，肛门前侧线孔数 34~37，脊椎骨数 128~135，肛门前脊椎骨数 35~38；e. 鳔管位于鳔前上位，距鳔前端较远。

**生态习性** 近海底层鱼类，栖息于水深小于 100 m 的海域，有时会进入河口；以底栖的鱼类和甲壳类为食。

**分布区域** 印度洋和太平洋的菲律宾、新几内亚岛和日本等海域均有分布；我国见于东海和南海。本种在浙江南部海域常见，各季节均有出现，夏季相对较多；整个海域均有分布。

# 16. 海鳗

*Muraenesox cinereus* (Forsskål, 1775)

标本全长 835 mm

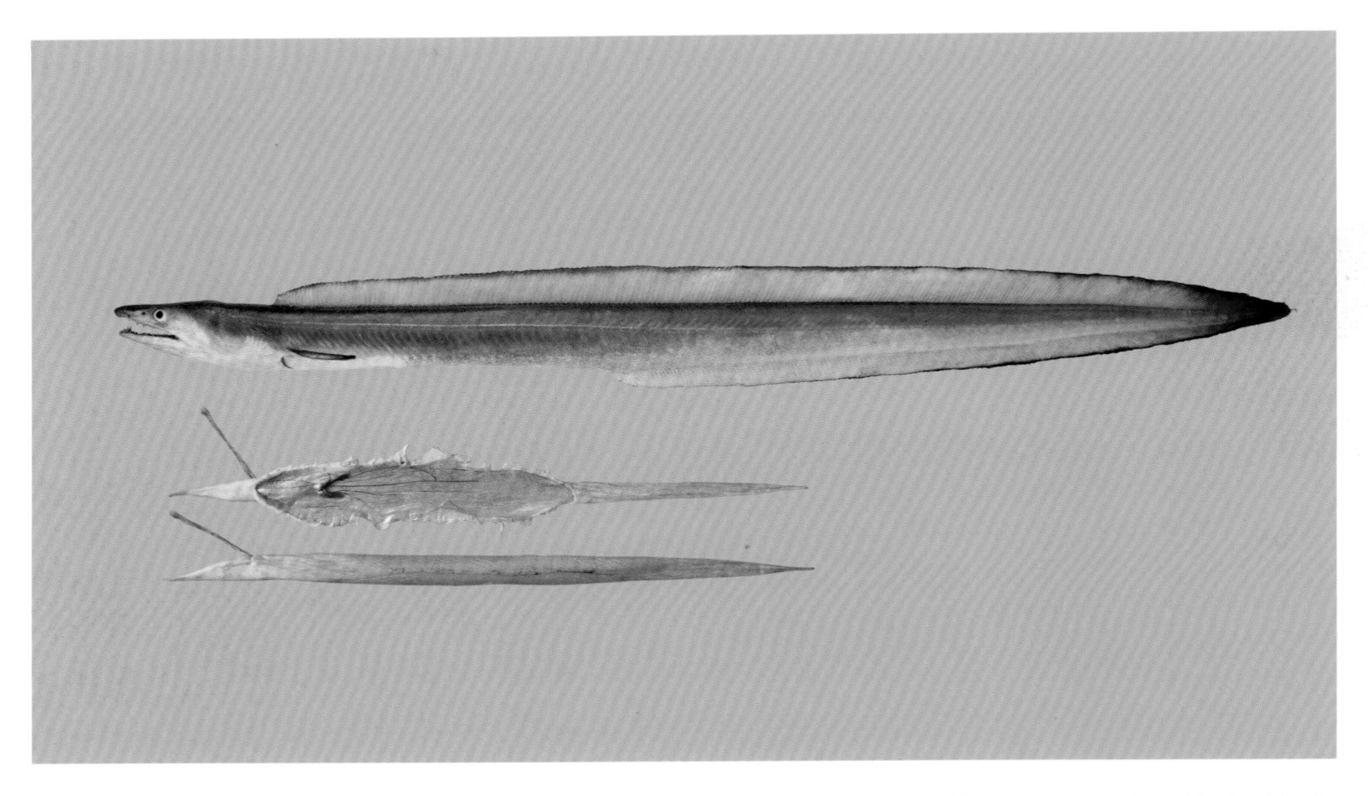

**原始记录** *Muraena cinerea* Forsskål, 1775, Descriptiones animalium (Forsskål): 22, X (Jeddah, Saudi Arabia, Red Sea).

**同种异名** *Muraena cinerea* Forsskål, 1775；*Muraena arabica* Bloch & Schneider, 1801

**英 文 名** Daggertooth pike conger (FAO)；Purple pike conger (Japan)；Pike eel (Malaysia)

**中文别名** 灰海鳗、虎鳗、狼牙鳝、海鳗鲡

**形态特征** 体延长，躯干部圆筒形。鼻孔每侧 2 个，前鼻孔短管状，后鼻孔长圆形。上颌突出，长于下颌。上下颌齿均为 3 行，犁骨齿 3 行。肛门位于体中部前方。体无鳞，皮肤光滑。侧线孔明显。背鳍、臀鳍和尾鳍均发达，相连续。体背侧暗褐色或银白色，腹部白色。背鳍、臀鳍和尾鳍边缘黑色，胸鳍浅褐色。

**鉴别要点** a. 有胸鳍，尾鳍不延长；b. 体圆筒状，尾部侧扁，尾部长于头与躯干部的合长；c. 下颌无向外横卧齿，犁骨齿为三尖形锐齿，中间一行最大；d. 侧线孔数 140~153，肛门前侧线孔数 40~44，脊椎骨数 142~154，肛门前脊椎骨数 42~47；e. 鳔管位于鳔左侧，距鳔前端较近。

**生态习性** 近海暖水性近底层鱼类，栖息于水深 50~80 m 的沙泥或岩礁质底海域；以鱼类、甲壳类和软体动物为食。

**分布区域** 印度洋和太平洋的印度尼西亚、澳大利亚、日本、俄罗斯等海域均有分布；我国见于渤海、黄海、东海和南海。本种在浙江南部海域常见，各季节均有出现，夏季相对较多；整个海域均有分布。

# 17. 星康吉鳗

## *Conger myriaster* (Brevoort, 1856)

标本全长 508 mm

康吉鳗科Family Congridae | 康吉鳗属Genus *Conger* Bosc, 1817

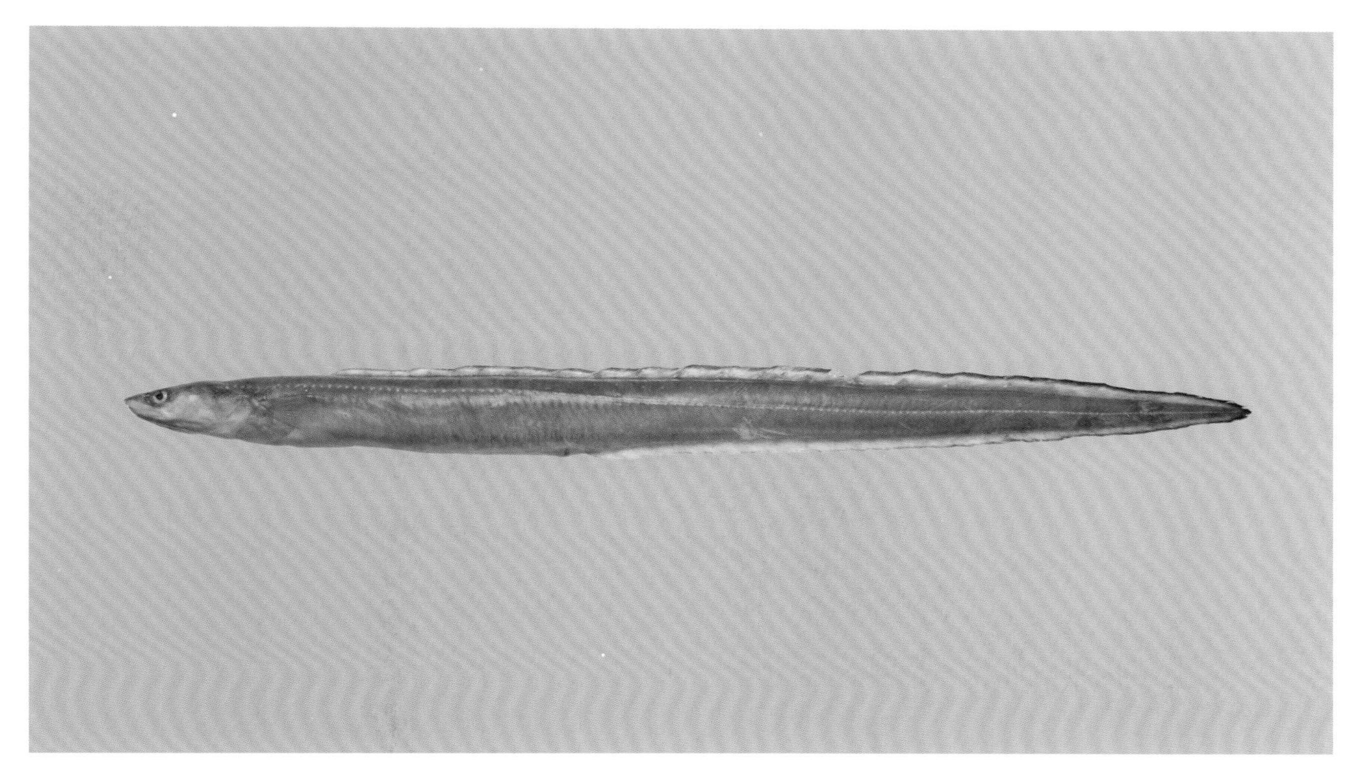

**原始记录** *Anguilla myriaster* Brevoort, 1856, Notes on some figures of Japanese fish taken from recent specimens by the artists of the U. S. Japan Expedition. PP. 253–288, Pls. 3–12 (color) In: M. C. Perry, Narrative of the Expedition of an American Squadron to the China Seas and Japan.: 282 (30), Pl. 11 (Fig. 2) (Hakodate, Hokkaido, Japan).

**同种异名** *Anguilla myriaster* Brevoort, 1856

**英 文 名** Whitespotted conger (FAO)；Conger eel (Korea)

**中文别名** 星鳗、繁星糯鳗、沙鳗、星鳝

**形态特征** 体中等长，躯干部圆筒形。眼大，埋于皮下。鼻孔每侧 2 个，前鼻孔短管状，后鼻孔裂缝状。上下颌前方各有3~4行齿，后方各有1行齿；前颌骨有2~3行齿；犁骨有一锥状齿丛。唇宽厚，左右不连续。肛门位于体中部前方。体无鳞，皮肤光滑。侧线明显，肛门前方侧线孔数 38~40。头部和吻上有发达的黏液孔。背鳍、臀鳍、尾鳍均发达，相连续。体背侧暗褐色，腹侧浅灰色，腹部白色。头部和体侧有白色斑点。背鳍、臀鳍、尾鳍边缘黑色。胸鳍淡色。

**鉴别要点** a. 胸鳍发达；b. 尾部长于头与躯干合长，尾鳍长；c. 上唇有褶，尾部稍窄而侧扁；d. 颌齿圆锥状，口闭时前上颌齿不外露；e. 头部感觉孔少，侧线孔白色。

**生态习性** 近海冷温性底层鱼类，常栖息于沿岸的泥沙质底水域，以小型鱼类、甲壳类和头足类为食。

**分布区域** 西北太平洋的日本和朝鲜半岛等海域均有分布；我国见于渤海、黄海和东海。本种在浙江南部海域少见，仅在冬季发现；仅在玉环水深 50 m 处发现。

# 18. 鳓

***Ilisha elongata*** **(Anonymous [Bennett], 1830)**

标本体长 322 mm

鲱形目Oder Clupeiformes | 锯腹鳓科Famliy Pristigasteridae | 鳓属Genus *Ilisha* Richardson, 1846

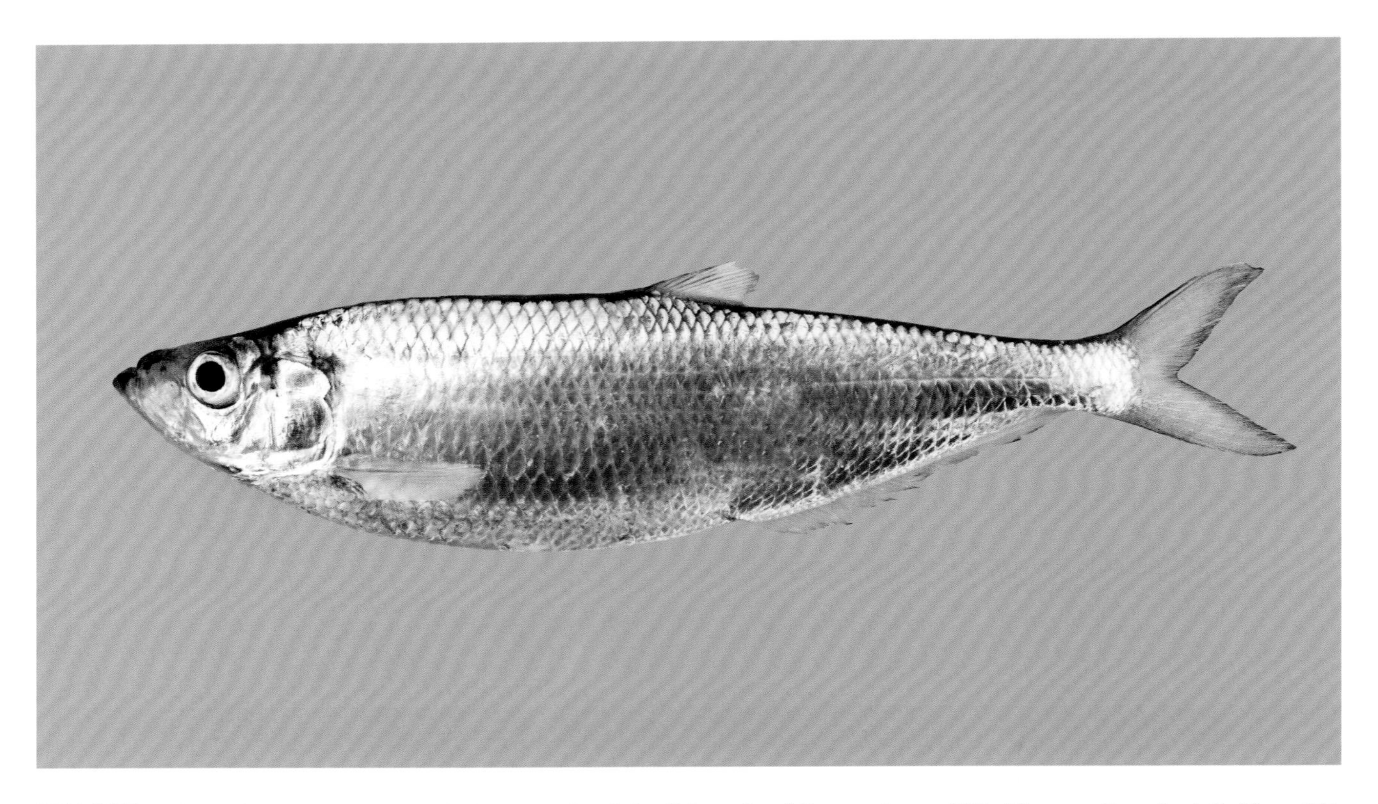

**原始记录** *Alosa elongata* Bennett, 1830, Memoir of the life and public services of Sir Thomas Stamford Raffles: 691 (Sumatra, Indonesia).

**同种异名** *Alosa elongata* Anonymous [Bennett], 1830；*Clupea affinis* Gray, 1830；*Ilisha abnormis* Richardson, 1846；*Pellona grayana* Valenciennes, 1847；*Pellona vimbella* Valenciennes, 1847；*Pellona leschenaultia* Valenciennes, 1847；*Pellona schlegelii* Bleeker, 1853；*Pristigaster chinensis* Basilewsky, 1855；*Pristigaster sinensis* Sauvage, 1881

**英 文 名** Elongate ilisha (FAO)；Herring (Malaysia)；White herring (China)

**中文别名** 长鳓、白鳞鱼、鳓鱼、白鱼、曹白鱼、力鱼

**形态特征** 体延长，侧扁稍高，腹部具锐利棱鳞 24+14~16。眼大，上侧位，脂眼睑发达。上颌骨末端圆形，向后伸达瞳孔下方，下颌前端向上突出。上下颌、腭骨和舌上均具细齿。体被薄圆鳞，易脱落。尾鳍分叉。体背部灰色，体侧银白色。背鳍、头背、吻端、尾鳍淡青黄色。背鳍和尾鳍边缘灰黑色。胸鳍淡黄绿色，腹鳍与臀鳍浅色。鳃盖后上角无小黑斑。

**鉴别要点** a. 臀鳍中等长，臀鳍鳍条数 43~53，有腹鳍；b. 纵列鳞数多于 45，腹部具锐利棱鳞；c. 胸鳍短于头长。

**生态习性** 近海暖水性中上层洄游性鱼类，白天多活动于水体中下层，黄昏、夜间、黎明和阴天喜栖息于中上层；以虾类、多毛类、头足类和鱼类为食。

**分布区域** 印度洋和太平洋的马来西亚、印度尼西亚、日本、朝鲜半岛等海域均有分布；我国见于渤海、黄海、东海和南海。本种在浙江南部海域常见，各季节均有出现，夏季和秋季相对较多；整个海域均有分布，春季和夏季会进入沿岸海域。

# 19. 凤鲚

***Coilia mystus* (Linnaeus, 1758)**

标本全长 192 mm

鳀科Family Engraulidae | 鲚属Genus *Coilia* Gray, 1830

**原始记录** *Clupea mystus* Linnaeus, 1758, Systema Naturae, Ed. XV. 1: 319 (Indian Ocean, erroneous, should be China).

**同种异名** *Clupea mystus* Linnaeus, 1758；*Mystus clupeoides* Lacepède, 1803；*Chaetomus playfairii* McClelland, 1844；*Osteoglossum prionostoma* Basilewsky, 1855

**英 文 名** Osbeck's grenadier anchovy (FAO)；Phoenix-tailed anchovy (Viet Nam)；Anchovies (China)

**中文别名** 凤尾鲚、籽鲚、凤尾鱼

**形态特征** 体延长，侧扁，腹部具棱鳞 13~20+24~29。上颌骨延长，向后伸达或超越胸鳍基部，下缘具细锯齿。上下颌、犁骨、腭骨和舌均具绒毛状细齿。体被小圆鳞，头部无鳞。无侧线。背鳍基部前方具一短棘。臀鳍最后鳍条与尾鳍下叶相连或靠近。胸鳍上部具 6 条游离鳍条，延长呈丝状，伸达臀鳍基部上方。尾鳍上下叶不等，上叶尖长，下叶短小并与臀鳍相连。体背部淡黄色，体侧和腹部银白色或近肉色。鳃孔后部和各鳍鳍条基部金黄色。

**鉴别要点** a. 尾部很长，尾鳍与臀鳍几乎相连，胸鳍上部有 6 条游离的丝状鳍条；b. 臀鳍鳍条数 73~86，纵列鳞数 53~65；c. 体无发光器

**生态习性** 大多生活于沿岸浅水区或近海，繁殖期会进入咸淡水水域产卵；以虾类、桡足类、端足类和鱼类幼体为食。

**分布区域** 西北太平洋的朝鲜半岛和日本等海域均有分布；我国见于渤海、黄海、东海和南海。本种在浙江南部海域常见，各季节均有出现，秋季、春季和冬季相对较多；主要分布于水深 50 m 以浅海域，端午前后会进入河口咸淡水水域进行繁殖，但近年来资源产量下降明显。

# 20.刀鲚

***Coilia nasus* Temminck & Schlegel, 1846**

标本全长 358 mm

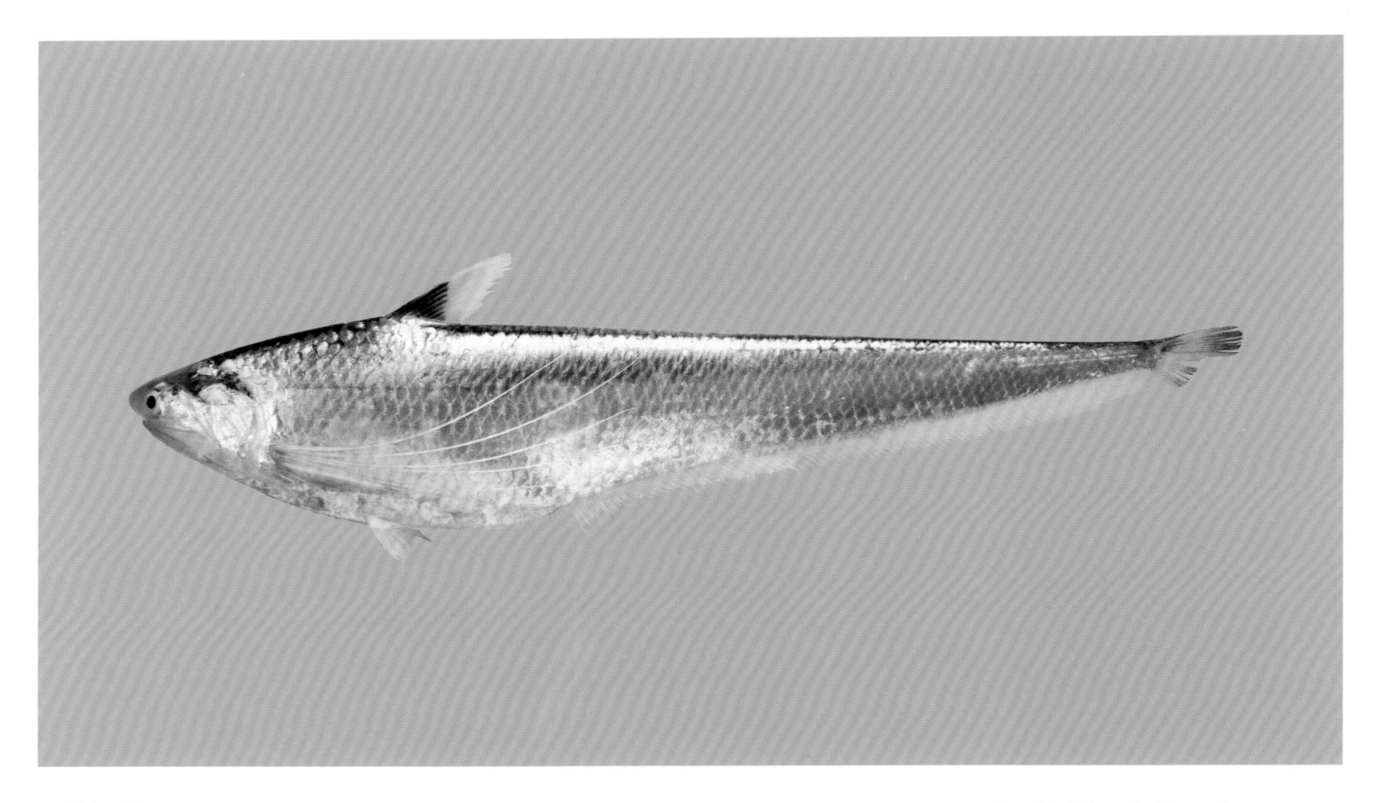

**原始记录** *Coilia nasus* Temminck & Schlegel, 1846, Fauna Japonica Parts 10~14: 243, Pl. 109 (Fig. 4) (Japan).

**同种异名** *Coilia ectenes* Jordan & Seale, 1905；*Coilia ectenes taihuensis* Yuen, Lin, Liu & Qin, 1977

**英 文 名** Japanese grenadier anchovy (FAO)；Estuarine tapertail anchovy (Japan)；Anchovies (China)

**中文别名** 鲚鱼、刀鱼、拔刀鲚、毛鲚

**形态特征** 体延长，侧扁，腹部具棱鳞 18~22+27~34。上颌骨向后伸达胸鳍基部，其下缘具细锯齿。体被薄圆鳞。无侧线。背鳍基前方有一小棘。臀鳍基部甚长，与尾鳍下叶相连。胸鳍上部具 6 条游离鳍条，延长呈丝状，伸达臀鳍基部上方。尾鳍短小，上下叶不等，上叶长于下叶。体背部浅蓝青色，体侧和腹部银白色。吻端、头顶和鳃盖上方橘黄色。背鳍和胸鳍蓝青色，腹鳍和臀鳍白色，尾鳍基部黄色，后缘黑色。

**鉴别要点** a. 尾部很长，尾鳍与臀鳍几乎相连，胸鳍上部有 6 条游离的丝状鳍条；b. 臀鳍鳍条数 91~115，纵列鳞数 70~81；c. 体无发光器。

**生态习性** 大多生活于近海，繁殖期会进入淡水区域产卵；以桡足类、枝角类、端足类、介形类、昆虫幼体、寡毛类、虾类和鱼类等为食。

**分布区域** 西北太平洋的朝鲜半岛和日本等海域均有分布；我国见于渤海、黄海、东海和南海。本种在浙江南部海域常见，各季节均有出现，夏季和冬季相对较多；整个海域均有分布；清明前后会进入江河淡水进行繁殖。

# 21. 尖吻半棱鳀

***Encrasicholina heteroloba* (Rüppell, 1837)**

标本体长 92 mm

半棱鳀属Genus *Encrasicholina* Fowler, 1938

**原始记录** *Engraulis heteroloba* Rüppell, 1837, Neue Wirbelthiere zu der Fauna von Abyssinien gehörig. Fische des Rothen Meeres: 79, Pl. 21, Fig. 4 (Massawa, Eritrea, Red Sea).

**同种异名** *Engraulis heteroloba* Rüppell, 1837；*Stolephorus pseudoheterolobus* Hardenberg, 1933

**英 文 名** Shorthead anchovy (FAO)；Indian anchovy (India)；Pygmy anchovy (Indonesia)

**中文别名** 尖吻小公鱼、异叶银带鲦、异叶侧带小公鱼、异叶公鳀、鲂仔

**形态特征** 体延长，微侧扁。上颌前端突出，上颌骨末端尖，向后伸到前鳃盖的后下缘。上下颌和腭骨有齿。体被小而易脱落的圆鳞。腹鳍前腹缘上有4~6个棱棘。无侧线。尾鳍深叉形。体白色。体侧中部有一条银白色的纵带，从鳃盖后缘伸达尾鳍基。

**鉴别要点** a. 尾部中等长，尾鳍与臀鳍分离，胸鳍上部无游离的鳍条；b. 腹部有棱鳞；c. 背鳍始于腹鳍的后方，背鳍不分支鳍条数1~2；d. 臀鳍始于背鳍基的后方，臀鳍基短，鳍条数少于25；e. 体侧中部有一条银白色的纵带。

**生态习性** 近海中上层洄游性鱼类，有集群性；主要分布于近岸，有时也会进入大型深水且水质清澈的海湾；以浮游生物为食。

**分布区域** 印度洋和太平洋的澳大利亚、日本等海域均有分布；我国见于东海和南海。本种在浙江南部海域少见，仅在夏季发现；主要分布于苍南和平阳外侧海域。

# 22. 日本鳀

***Engraulis japonicus*** **Temminck & Schlegel, 1846**

**标本体长 126 mm**

鳀属Genus *Engraulis* Cuvier, 1816

**原始记录** *Engraulis japonicus* Temminck & Schlegel, 1846, Fauna Japonica Parts 10~14: 239, Pl. 108, Fig. 3 (Japan).

**同种异名** *Atherina japonica* Houttuyn, 1782；*Engraulis zollingeri* Bleeker, 1849；*Stolephorus celebicus* Hardenberg, 1933

**英 文 名** Japanese anchovy (FAO)

**中文别名** 鳀、黑背鳁、离水烂、海蜒、烂船丁

**形态特征** 体延长，稍侧扁，腹部无棱鳞。眼大，上侧位，脂眼睑薄。上颌长于下颌，上颌骨末端未伸达鳃孔。上下颌、犁骨、腭骨和舌上均具细齿。体被圆鳞（除头部外），易脱落。无侧线。尾鳍分叉。体背部蓝黑色，腹部银白色。背鳍散有小黑点。体侧具一青黑色宽纵带，伸达尾鳍基。

**鉴别要点** a. 尾部中等长，尾鳍与臀鳍分离，胸鳍上部无游离的鳍条；b. 腹部无棱鳞；c. 体侧具一青黑色宽纵带。

**生态习性** 中上层鱼类，集群性强，趋光性强；以浮游硅藻、小型甲壳类和小鱼为食。

**分布区域** 西太平洋的日本、库页岛、印度尼西亚等海域均有分布；我国见于渤海、黄海、东海和南海。本种在浙江南部海域常见，春季相对较多；其仔稚鱼（海蜒）在春季产量较大。

# 23. 黄鲫

***Setipinna tenuifilis* (Valenciennes, 1848)** **标本体长 155 mm（上）、165 mm（下）**

黄鲫属Genus *Setipinna* Swainson, 1839

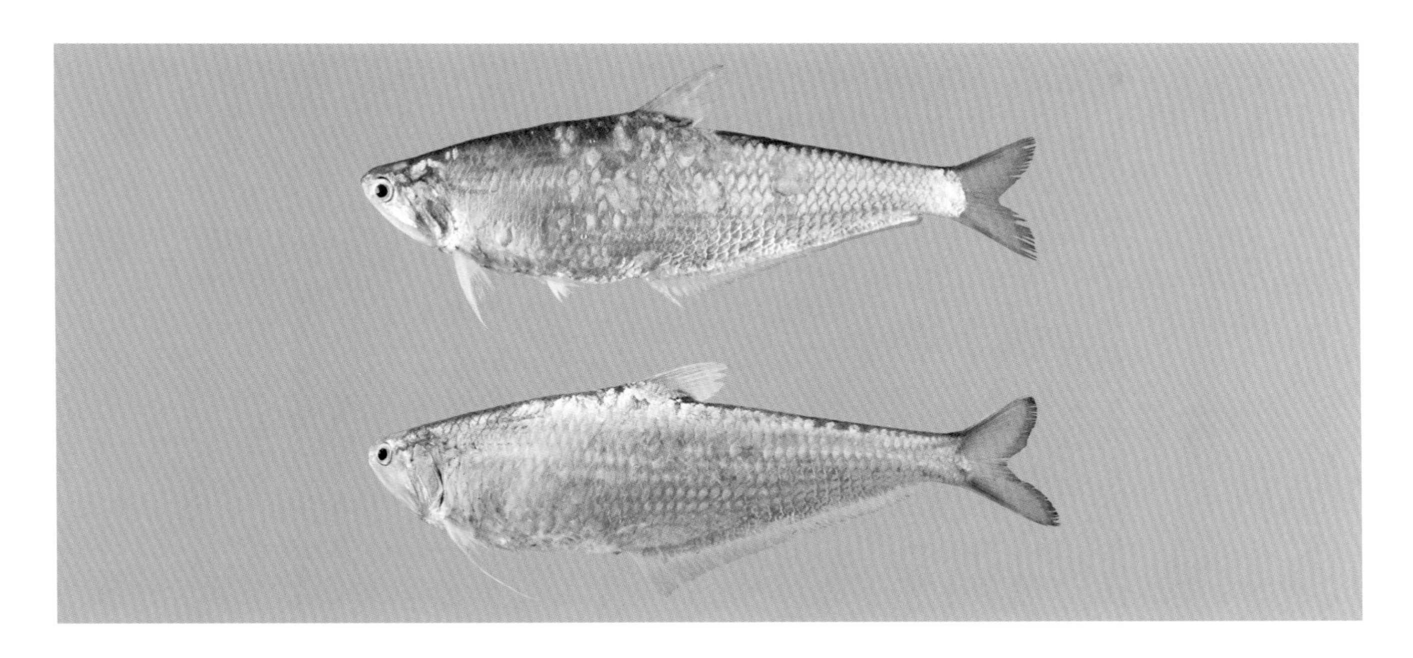

**原始记录** *Engraulis tenuifilis* Valenciennes, 1848, Histoire naturelle des poissons Ⅴ. 21: 62 (Irwaddy River at Rangoon, Myanmar).

**同种异名** *Engraulis tenuifilis* Valenciennes, 1848；*Setipinna gilberti* Jordan & Starks, 1905；*Setipinna godavari* Babu Rao, 1962；*Setipinna papuensis* Munro, 1964

**英 文 名** Common hairfin anchovy (FAO)；Godavari anchovy (India)；Hairfin anchovy (Malaysia)；Scaly hairfin anchovy (Japan)

**中文别名** 吉氏黄鲫、丝翅鰶、黄尖子、毛口、薄口

**形态特征** 体延长，侧扁而高，腹部具棱鳞 18+7~8。头顶具一纵棱。上下颌等长，上颌骨细长，不伸达鳃孔。上下颌、犁骨、腭骨和舌上均具细齿。体被中大薄圆鳞。胸鳍和腹鳍基部有腋鳞。胸鳍第一鳍条延长，呈丝状，向后伸达肛门。尾鳍分叉。体背部青灰色，体侧和腹部银白色。吻部和头侧中部淡金黄色，鳃盖内面橘黄色。背鳍前方至头顶黑褐色。背鳍和尾鳍金黄色，背鳍末端、尾鳍上缘和后缘灰黑色。腹鳍白色，尖端黄色。其余各鳍金黄色。

**鉴别要点** a. 尾部中等长，尾鳍与臀鳍分离，胸鳍上部无游离的鳍条；b. 腹部有棱鳞；c. 臀鳍基长，鳍条数多于 30；d. 胸鳍第一鳍条延长为丝状，至多伸达臀鳍起点附近，胸鳍不呈黑色；e. 下鳃耙数少于 12。

**生态习性** 近海暖水性中下层小型鱼类，喜栖息于淤泥质底、水流较缓的浅海区；以浮游甲壳类、箭虫、鱼卵、水母等为食。

**分布区域** 印度洋和太平洋的马来西亚、澳大利亚、日本、朝鲜半岛等海域均有分布；我国见于渤海、黄海、东海和南海。本种在浙江南部海域常见，各季节均有出现；整个海域均有分布。

**分类短评** 据 Sébastien 等（2017）研究，海州湾拟黄鲫（*Pseudosetipinna haizhouensis* Peng & Zhao, 1988）为黄鲫的同种异名。另根据 Whitehead 等（1988）和 Kent 等（1999）的资料，本书认为我国沿海分布的应为黄鲫而非太的黄鲫〔*Setipinna taty*（Valenciennes, 1848）〕：黄鲫的胸鳍丝状延长至多伸达腹鳍第一鳍条，腹部棱鳞数为 25~27；太的黄鲫的胸鳍丝状延长可伸达臀鳍第 23 鳍条附近，腹部棱鳞数为 32~40（大部分为 33~39）。

# 24. 杜氏棱鳀

***Thryssa dussumieri* (Valenciennes, 1848)**

标本体长 98 mm

棱鳀属Genus *Thryssa* Cuvier, 1829

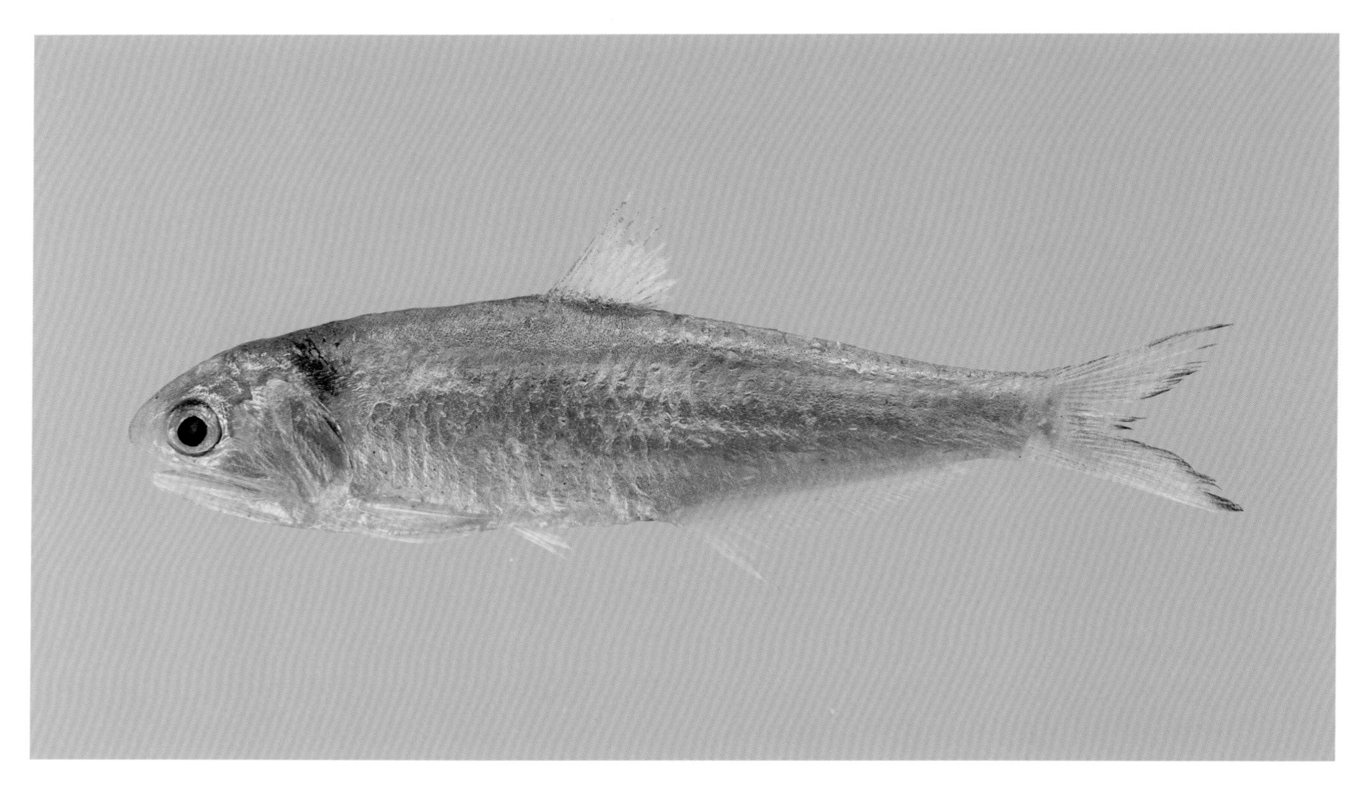

**原始记录** *Engraulis dussumieri* Valenciennes, 1848, Histoire naturelle des poissons Ⅴ. 21: 69 (Gulf of Khambhat, Gujarat, India, Arabian Sea, originally no type locality).

**同种异名** *Engraulis dussumieri* Valenciennes, 1848；*Engraulis auratus* Day, 1865

**英 文 名** Dussumier's thryssa (FAO)；Long anchovy (India)；Moustached thryssa (Malaysia)

**中文别名** 顶斑棱鳀、杜氏剑鰶、杜氏鲨鱼、突鼻仔、西姑鱼

**形态特征** 体延长而侧扁。上颌长于下颌，上颌骨末端延长，向后伸达胸鳍末端。两颌、犁骨、腭骨和舌有细小齿。体被圆鳞，易脱落。背鳍前有一小刺。胸鳍和腹鳍基部有腋鳞。腹缘具棱鳞 15+8~9。无侧线。尾鳍叉形。体背部青绿色，两侧和腹部银白色。头顶后方有鞍状的绿色斑。背鳍和尾鳍为淡黄色，其他各鳍为白色。

**鉴别要点** a. 尾部中等长，尾鳍与臀鳍分离，胸鳍上部无游离的鳍条；b. 腹部有棱鳞，胸鳍前有棱鳞；c. 臀鳍基长，鳍条数多于 30；d. 吻不显著尖突；e. 上颌骨末端伸到胸鳍末端；g. 头顶后方有鞍状的绿色斑。

**生态习性** 近海暖水性表层鱼类，栖息于沿岸港湾和河口水域；以多毛类、端足类等为食。

**分布区域** 印度洋和西太平洋的印度尼西亚、马来西亚等海域均有分布；我国见于东海和南海。本种在浙江南部海域常见，春季相对较多；主要分布于水深 30 m 以深海域。

# 25.汉氏棱鳀

***Thryssa hamiltonii* Gray, 1835**

**标本体长 190 mm**

**原始记录** *Thryssa hamiltonii* Gray, l835, Illustrations of Indian zoology: Pl. 92, Fig.3 (India).

**同种异名** *Engraulis grayi* Bleeker, 1851；*Engraulis nasutus* Castelnau, 1878

**英 文 名** Hamilton's thryssa (FAO)；Northern anchovy (Australia)；Thryssa (Malaysia)

**中文别名** 高体棱鳀、哈氏剑鲦、突鼻仔、含梳

**形态特征** 体延长而薄。上颌较下颌略长，上颌骨末端尖形，向后伸达胸鳍基底。两颌、犁骨、腭骨和舌有细小齿。体被薄圆鳞，易脱落。背鳍前有一小刺。胸鳍和腹鳍基部有腋鳞。腹缘具棱鳞 17+11。无侧线。尾鳍叉形。体银白色，背鳍青绿色，靠近鳃盖的后上角有一黄绿色斑。背鳍淡青黄色，胸鳍和尾鳍黄色，腹鳍和臀鳍白色。

**鉴别要点** a. 尾部中等长，尾鳍与臀鳍分离，胸鳍上部无游离的鳍条；b. 腹部有棱鳞，胸鳍前有棱鳞；c. 臀鳍基长，鳍条数多于 30；d. 吻不显著尖突；e. 上颌骨末端伸到鳃孔；f. 鳃盖后上角有一黄绿色斑。

**生态习性** 近海暖水性表层鱼类，栖息于沿岸港湾和河口水域；以多毛类、端足类等为食。

**分布区域** 印度洋和太平洋的澳大利亚等海域均有分布；我国见于东海和南海。本种在浙江南部海域少见，夏季相对较多；主要分布于水深 20 m 以深海域。

# 26. 芝芜棱鳀

*Thryssa chefuensis* (Günther, 1874)

标本体长 75 mm

**原始记录** *Engraulis chefuensis* Günther, 1874, Annals and Magazine of Natural History (Series 4) Ⅴ. 13 (no. 74) (art. 23): 158 (Chefoo, Shantung Province, China).

**同种异名** *Engraulis chefuensis* Günther, 1874

**英 文 名** Chefoo thryssa (FAO)

**中文别名** 烟台棱鳀、突鼻仔、尖口

**形态特征** 体延长，稍侧扁。吻显著突出。上颌骨向后伸到前鳃盖骨的后缘。两颌、犁骨、腭骨、翼骨和舌上均有细小的齿。体被圆鳞。腹缘具棱鳞 16~18+9~10。胸鳍和腹鳍基部有腋鳞。无侧线。尾鳍深叉形。体银白色，背部青绿色。吻常为赤红色。胸鳍和尾鳍为淡黄绿色，背鳍稍淡。腹鳍和臀鳍白色。

**鉴别要点** a. 尾部中等长，尾鳍与臀鳍分离，胸鳍上部无游离的鳍条；b. 腹部有棱鳞，胸鳍前有棱鳞；c. 臀鳍基长，鳍条数多于 30；d. 吻显著突出；e. 上颌骨伸达前鳃盖骨后缘，不达鳃孔。

**生态习性** 沿岸表层鱼类，多分布于表层至 20 m 深海域；以浮游动物等为食。

**分布区域** 西太平洋的朝鲜半岛、日本等海域均有分布；我国见于渤海、黄海、东海和南海。本种在浙江南部海域常见，秋季和冬季相对较多；整个海域均有分布。

**分类短评** 本种在《中国动物志 硬骨鱼纲 鲟形目 海鲢目 鲱形目 鼠鱚目》（张世义，2001）中记录为赤鼻棱鳀〔*Thryssa kammalensis*（Bleekr, 1849）〕；但据 FAO（1988，1999）资料显示，赤鼻棱鳀的上颌骨伸达鳃孔，腹部棱鳞数为 15~16+8~9，臀鳍鳍条数 30~33，分布于 9°N—11°S 海域；芝芜棱鳀的上颌骨未伸达鳃孔，腹部棱鳞数为 16~18+9~10，臀鳍鳍条数 25~31，分布于 21°—39°N 海域；本书认为其为芝芜棱鳀的误鉴。

# 27. 斑鰶

***Konosirus punctatus* (Temminck & Schlegel, 1846)** 标本体长 184 mm

鲱科Family Clupeidae | 斑鰶属Genus *Konosirus* Jordan & Snyder, 1900

**原始记录** *Chatoessus punctatus* Temminck & Schlegel, 1846, Fauna Japonica Parts 10~14: 240, Pl. 109 (Fig. 1) (Bays on coast of southwestern Japan).

**同种异名** *Chatoessus punctatus* Temminck & Schlegel, 1846；*Chatoessus aquosus* Richardson, 1846

**英 文 名** Dotted gizzard shad (FAO)；Spotted sardine (Viet Nam)

**中文别名** 窝斑鰶、扁屏仔、油鱼、海鲫仔、小鲥鱼

**形态特征** 体呈椭圆形，很侧扁，腹缘具锐利锯齿状棱鳞 18~20+14~16。脂眼睑较发达，遮盖眼的前后缘。上颌稍突出，略长于下颌，上颌骨后端伸达眼中部下方。上下颌无齿。体被薄圆鳞，头部无鳞，胸鳍和腹鳍基部具短的腋鳞。背鳍最后鳍条延长呈丝状，向后伸达尾柄上方。尾鳍分叉。体背侧青绿色，头背部较深，体侧下方和腹部银白色。吻部淡黄色。体侧上方具 7~9 纵列绿色小点。鳃盖部略呈金黄色。鳃盖后上方具一深绿色斑块。背鳍和臀鳍淡黄色，胸鳍和尾鳍黄色，腹鳍色淡。背鳍、尾鳍边缘黑色。

**鉴别要点** a. 腹部具棱鳞，上颌前缘有尖锐的缺刻（不圆）；b. 鳃盖后上方具一深绿色斑块；c. 背鳍最后鳍条延长为丝状。

**生态习性** 沿岸暖水性中上层鱼类，既可在海水又可在咸淡水中生活，有时可进入淡水生活；以浮游动物等为食。

**分布区域** 印度洋和太平洋的朝鲜、日本、波利尼西亚等海域均有分布；我国见于渤海、黄海、东海和南海。本种在浙江南部海域常见，以冬季相对较多；冬季整个海域均有分布，其他季节均集中在沿岸 20 m 以浅海域。

# 28. 黄泽小沙丁鱼

***Sardinella lemuru* Bleeker, 1853**

标本体长 136 mm

小沙丁鱼属Genus *Sardinella* Valenciennes, 1847

**原始记录** *Sardinella lemuru* Bleeker, 1853, Natuurkundig Tijdschrift voor Nederlandsch Indië Ⅴ. 4 (no. 3): 500 (Jakarta, Java, Indonesia).

**同种异名** *Clupea nymphaea* Richardson, 1846；*Amblygaster posterus* Whitley, 1931；*Sardinella samarensis* Roxas, 1934

**英 文 名** Bali sardinella (FAO)；Fremantle pilchard (Australia)；Silver sardine (Indonesia)

**中文别名** 中华小沙丁鱼、黄小沙丁鱼、沙丁鱼、青鳞仔

**形态特征** 体延长而侧扁，腹部具棱鳞 17~18+14~15。脂眼睑发达，几完全覆盖住眼睛。体被细薄圆鳞，极易脱落；背鳍和臀鳍基部有发达的鳞鞘；胸鳍和腹鳍基部具腋鳞 1 片；尾鳍基部有 2 片显著长的鳞片。尾鳍深叉形。体背部青绿色，体侧下方和腹部银白色；沿体侧下方有 1 条金黄色的纵带。鳃盖末缘具黑斑，鳃盖末端上方具一淡黄斑。背鳍、尾鳍淡黄色，边缘黑色，尾鳍上下叶末端不具大块黑斑。胸鳍淡黄色。其余鳍淡色。

**鉴别要点** a. 腹部有棱鳞，上颌前缘无尖锐的缺刻（圆形）；b. 臀鳍鳍条数少于 30，臀鳍最后 2 根鳍条较前面长，腹鳍鳍条数 9；c. 背鳍前方鳞片不在身体正中线上排列；d. 主鳃盖骨上无骨质线。

**生态习性** 近海暖水性中上层洄游性鱼类，常可发现于河口；以硅藻、桡足类和其他小型无脊椎动物等为食。

**分布区域** 印度洋和太平洋的菲律宾、日本、澳大利亚等海域均有分布；我国见于渤海、黄海、东海和南海。本种在浙江南部海域常见，以夏季相对较多；主要分布于水深 30 m 以深海域。

# 29. 锤氏小沙丁鱼

*Sardinella zunasi* (Bleeker, 1854)

标本体长 100 mm

**原始记录** *Harengula zunasi* Bleeker, 1854, Natuurkundig Tijdschrift voor Nederlandsch Indië v. 6 (no. 2): 417 (Nagasaki, Japan).

**同种异名** *Harengula zunasi* Bleeker, 1854

**英 文 名** Japanese sardinella (FAO)；Japanese scaled sardine (Japan)

**中文别名** 青鳞小沙丁鱼、青鳞鱼、寿南小沙丁鱼、青鳞、柳叶鱼

**形态特征** 体延长而侧扁，腹部具棱鳞 17~18+13~14。脂眼睑发达，几完全覆盖住眼睛。体被细薄圆鳞，极易脱落；背鳍和臀鳍基部有发达的鳞鞘；胸鳍和腹鳍基部具腋鳞 1 片。尾鳍深叉形。体背部青绿色，体侧下方和腹部银白色；鳃盖末缘具明显黑斑。背鳍淡黄色，前端基部不具黑点。尾鳍淡黄色，上下叶不具黑缘，末端不具大块黑斑；胸鳍淡黄色。其余鳍淡色。

**鉴别要点** a. 腹部有棱鳞，上颌前缘无尖锐的缺刻（圆形）；b. 臀鳍鳍条数少于 30，臀鳍最后 2 根鳍条较前面长，腹鳍鳍条数 8；c. 主鳃盖骨上无骨质线；d. 背鳍前方鳞片不在身体正中线上排列；e. 尾鳍上下叶后端不具黑缘。

**生态习性** 近海暖温性中上层洄游性鱼类，常可发现于河口；以浮游动物、底栖多毛类和浮游植物等为食。

**分布区域** 西北太平洋的日本和朝鲜半岛等海域均有分布；我国见于渤海、黄海和东海。本种在浙江南部海域常见，以冬季相对较多；主要分布于水深 30 m 以深海域。

# 30. 线纹鳗鲇

***Plotosus lineatus* (Thunberg, 1787)**

标本体长 160 mm

鲇形目Order Siluriformes | 鳗鲇科Family Plotosidae | 鳗鲇属Genus *Plotosus* Lacepède, 1803

**原始记录** *Silurus lineatus* Thunberg, 1787, Museum naturalium Academiae Upsaliensis. Praesidae: 31, footnote 13 (eastern Indian Ocean).

**同种异名** *Silurus lineatus* Thunberg, 1787；*Silurus arab* Forsskål, 1775；*Platystacus anguillaris* Bloch, 1794；*Plotosus thunbergianus* Lacepède, 1803；*Plotosus marginatus* Anonymous [Bennett], 1830；*Plotoseus ikapor* Lesson, 1831；*Plotosus vittatus* Swainson, 1839；*Plotosus castaneus* Valenciennes, 1840；*Plotosus lineatus* Valenciennes, 1840；*Plotosus castaneoides* Bleeker, 1851；*Plotosus arab* Bleeker, 1862；*Plotosus flavolineatus* Whitley, 1941；*Plotosus brevibarbus* Bessednov, 1967

**英 文 名** Striped eel catfish (FAO、AFS)；Canine catfish eel (Malaysia)；Coral catfish (Indonesia)；Lined catfish (Australia)；Catfish-eel (China)

**中文别名** 鳗鲇、短须鳗鲇、沙鳗、沙毛、海土虱

**形态特征** 体延长，前部平扁，后部侧扁。头部共具须 4 对。上下颌齿呈带状排列，犁骨齿呈半月形排列，2~3 行。体光滑无鳞。侧线明显。背鳍 2 个，第二背鳍及臀鳍与尾鳍相连。胸鳍外侧具一不游离的粗硬鳍棘。体棕色，下部较淡，体侧中央常有 2 条淡黄色纵带。第二背鳍、臀鳍和尾鳍具有黑色缘。

**鉴别要点** a. 无脂鳍，背鳍很长；b. 须 4 对，上颌须短，达到或仅略超过眼后缘；c. 体侧有 2 或 3 条白色条纹，其中 2 条延伸到头部。第二背鳍和臀鳍基底长。

**生态习性** 暖水性中下层小型鱼类，喜栖息于近岸岩石海底；以沙蚕、蠕虫和小型甲壳类等为食。

**分布区域** 印度洋和太平洋的萨摩亚、韩国、日本、澳大利亚等海域均有分布；我国见于东海和南海。本种在浙江南部海域少见，夏季相对较多；主要分布于水深 20 m 以浅海域。

**其　　他** 胸鳍鳍棘连毒腺组织，刺伤有剧痛，严重可引起肢体麻痹和坏疽。

# 31. 丝鳍海鲇

***Arius arius* (Hamilton, 1822)**

标本体长 208 mm

海鲇科Family Ariidae | 海鲇属Genus *Arius* Valenciennes, 1840

**原始记录** *Pimelodus arius* Hamilton, 1822, An account of the fishes found in the river Ganges: 170, 376 (Bengal estuaries, India).

**同种异名** *Pimelodus arius* Hamilton, 1822；*Arius falcarius* Richardson, 1845；*Bagrus crinalis* Richardson, 1846；*Pimelodus mong* Richardson, 1846；*Arius cochinchinensis* Günther, 1864；*Arius boakeii* Turner, 1867；*Arius buchanani* Day, 1877

**英 文 名** Threadfin sea catfish (FAO)；Jella (AFS)；Hamilton's catfish (India)；Marine catfish (Malaysia)

**中文别名** 海鲇、中华海鲇、镰海鲶、丝鳍海鲶、骨鱼、诚鱼、王鱼

**形态特征** 体延长，头部平扁，体后部侧扁。鼻孔每侧 2 个，后鼻孔具发达鼻瓣膜。上颌突出，齿细尖，绒毛状。上颌齿带左右连续，下颌齿带左右分离。腭骨齿呈颗粒状，每侧 1 群，呈三角形。体无鳞，头背部散具颗粒状棘突。侧线孔明显。背鳍第一鳍条常呈丝状延长，倒伏时几达脂鳍起点。脂鳍发达。胸鳍具一鳍棘状不分支鳍条。尾鳍深叉形，上叶长于下叶。体背部褐绿色，腹部银白色，各鳍灰黑色。

**鉴别要点** a. 腭骨齿呈颗粒状，每侧 1 群；b. 背鳍前背部平直，头宽明显大于头高，口中等宽，宽度为头长的 36%~38%；c. 背鳍具一骨质硬刺，为头长的 2/3~4/5。

**生态习性** 近海暖水性底层鱼类，喜活动于水流缓慢的泥质底海域；以底栖动物等为食。

**分布区域** 印度洋和西太平洋的印度、巴基斯坦、孟加拉国、缅甸、新加坡等海域均有分布；我国见于黄海、东海和南海。本种在浙江南部海域常见，夏季相对较多；主要分布于水深 10 m 以浅海域。

**分类短评** 据王丹等（2005）研究，中国动物研究所标本馆所藏的中华海鲇（*Arius sinensis*）为无效种名，应为丝鳍海鲇的误鉴。

# 32. 紫辫鱼

***Ateleopus purpureus* Tanaka, 1915**

标本全长 290 mm

辫鱼目Order Ateleopodiformes | 辫鱼科Family Ateleopodidae | 辫鱼属Genus *Ateleopus* Temminck & Schlegel, 1846

**原始记录** *Ateleopus purpureus* Tanaka, 1915, Dobutsugaku Zasshi = Zoological Magazine Tokyo Ⅴ. 27 (no. 325): 565 (Off Minatomachi, near Mito, Ibaraki Prefecture, Japan).

**同种异名** 无

**英 文 名** 无

**中文别名** 软腕鱼

**形态特征** 体极柔软，前端肥大，向后逐渐侧扁而细，形如辫状。两颌具细齿，无犁骨齿和腭骨齿。全身光滑无鳞。臀鳍与尾鳍相连。腹鳍喉位，具 4 根鳍条，呈长条形。体呈淡灰白色，并有极淡的橙黄色光泽，头腹面白色，腹鳍白色，其他各鳍均为黑色。幼体半透明，身体有多个橙黄色斑点，胸鳍、尾鳍黑色，臀鳍边缘黑色，背鳍基部黑色，其余各鳍透明无色。

**鉴别要点** a. 幼鱼体侧具多个橙黄色斑点，成鱼无；b. 腹鳍超过胸鳍基部，胸鳍中长，向后不伸达臀鳍起点；c. 口下位，上下颌具细齿。

**生态习性** 深海底层鱼类。

**分布区域** 西北太平洋的日本等海域有分布；我国见于东海和南海。本种在浙江南部海域少见，仅在春季发现；幼体出现在玉环东侧水深 60 m 海域。

# 33. 龙头鱼

***Harpadon nehereus* (Hamilton, 1822)**

标本体长 247 mm

仙女鱼目Order Aulopiformes | 狗母鱼科Family Synodontidae | 龙头鱼属Genus *Harpadon* Lesueur, 1825

**原始记录** *Osmerus nehereus* Hamilton, 1882, An account of the fishes found in the river Ganges: 209, 380 (Botanical Garden of Calcutta, Ganges River estuary, India).

**同种异名** *Osmerus nehereus* Hamilton, 1822

**英 文 名** Bombay-duck (FAO)；Indian Bombay duck (Japan)；Lizardfish (Malaysia)

**中文别名** 印度镰齿鱼、狗母、虾潺、水潺

**形态特征** 体延长，柔软。眼很小，脂眼睑发达。上下颌具细小的钩状齿，能倒伏。犁骨、腭骨和舌上具齿。背鳍 1 个，前部鳍条略延长。有脂鳍。尾鳍三叉形，中叶较短。身体乳白色，背鳍、胸鳍和腹鳍灰黑色或白色，臀鳍白色，尾鳍灰黑色。

**鉴别要点** a. 体柔软，身体仅部分被鳞，上下颌具钩状犬齿；b. 胸鳍后端可达腹鳍起点，背鳍鳍条数 11~13。

**生态习性** 近海暖温性中下层鱼类，泥沙质底海域常年可见，栖息水深一般小于 50 m；以小型鱼类、甲壳类和头足类等为食。

**分布区域** 印度洋和西太平洋的印度尼西亚、日本等海域均有分布；我国见于黄海、东海和南海。本种在浙江南部海域常见，各季节均有出现；整个海域均有分布。

# 34. 长体蛇鲻

## *Saurida elongata* (Temminck & Schlegel, 1846)

标本体长 335 mm

蛇鲻属Genus *Saurida* Valenciennes, 1850

**原始记录** *Aulopus elongatus* Temminck & Schlegel, 1846, Fauna Japonica Parts 10~14: 233, Pl. 105 (Fig. 2) (Nagasaki, Japan).

**同种异名** *Aulopus elongatus* Temminck & Schlegel, 1846

**英 文 名** Slender lizardfish (FAO)；Shortfin lizardfish (Japan)；Long grinner (Malaysia)；Slender saury (Australia)

**中文别名** 长蛇鲻、长蜥鱼、细鳞狗母、狗母梭

**形态特征** 体延长，圆筒形。脂眼睑发达。口大，前位。两颌约等长。上下颌、犁骨、腭骨具齿。体被较小圆鳞。胸鳍和腹鳍基部有发达腋鳞。侧线发达，平直。有脂鳍。胸鳍短小，向后不伸达腹鳍基。尾鳍分叉。体棕色，腹部白色。背鳍、腹鳍和尾鳍乳灰色，其后缘黑色，胸鳍和臀鳍白色。

**鉴别要点** a. 体不柔软，身体皆被鳞，腭骨每侧有 2 组齿带；b. 腹鳍外侧与内侧鳍条等长，腹鳍鳍条数 9；c. 尾鳍无暗色斑纹；d. 胸鳍短，后端不伸达腹鳍起点；e. 侧线鳞数 59~65，背鳍前鳞数 22~27，脊椎骨数 56~61。

**生态习性** 近海底层鱼类，栖息于水深 20~100 m 泥或泥沙质底的海域；以小型鱼类、头足类和甲壳类等为食。

**分布区域** 西北太平洋的朝鲜半岛、日本等海域均有分布；我国见于渤海、黄海、东海和南海。本种在浙江南部海域少见，仅在秋季发现；仅在苍南水深 50 m 海域发现。

# 35. 大鳞蛇鲻

***Saurida macrolepis* Tanaka, 1917**

**标本体长 191 mm**

**原始记录** *Saurida macrolepis* Tanaka, 1917, Dobutsugaku Zasshi = Zoological Magazine Tokyo Ⅴ. 29 (no. 340): 39 (Tokyo market, Japan).

**同种异名** 无

**英 文 名** 无

**中文别名** 无

**形态特征** 体延长，圆筒形。上下颌、犁骨、腭骨具齿。胸鳍和腹鳍基部有发达腋鳞。侧线发达，侧线上有 1 排暗斑（随着生长而变得模糊）。有脂鳍。尾鳍分叉。体深棕色，腹部银白色。背鳍灰色，胸鳍深色。尾鳍上叶黄色，下叶深色（尾鳍上缘无黑色斑点或斑点不清晰，下缘白色），其余各鳍白色。

**鉴别要点** a. 体不柔软，身体皆被鳞，腭骨每侧有 2 组齿带；b. 腹鳍外侧与内侧鳍条等长，腹鳍鳍条数 9；c. 尾鳍无暗色斑纹，下缘白色；d. 胸鳍长，后端可达腹鳍起点或超过腹鳍起点；e. 侧线鳞数 46~49，侧线下方无暗色斑纹，侧线上有 1 排暗斑（随着生长变得模糊），腹面白色，尾鳍上缘无黑色斑点分布或斑点不清晰。

**生态习性** 近海底层鱼类，栖息于水深 100 m 以浅的泥沙质底海域。

**分布区域** 西北太平洋的朝鲜半岛、日本等海域均有分布；我国见于东海。本种在浙江南部海域少见，仅在 2020 年春季发现，为国内首次记录；主要出现在洞头 — 苍南水深 40 m 以深海域。

# 36. 大头狗母鱼

***Trachinocephalus myops* (Forster, 1801)**

**标本体长 193 mm**

大头狗母鱼属Genus *Trachinocephalus* Gill, 1861

**原始记录** *Salmo myops* Forster, 1801, M. E. Blochii, Systema Ichthyologiae: 421 (Saint Helena, southeastern Atlantic).

**同种异名** *Salmo myops* Forster, 1801；*Osmerus lemniscatus* Lacepède, 1803；*Saurus truncatus* Spix & Agassiz, 1829；*Saurus trachinus* Temminck & Schlegel, 1846；*Saurus limbatus* Eydoux & Souleyet, 1850；*Saurus brevirostris* Poey, 1860；*Goodella hypozona* Ogilby, 1897

**英 文 名** Snakefish (FAO、AFS)；Bluntnose lizardfish (India)；Painted grinner (Australia)；Lizardfish (Malaysia)

**中文别名** 大头花杆狗母、短吻花狗杆鱼、短吻花狗母、花狗母

**形态特征** 体长柱形。前鼻孔有竖起的鼻瓣。上下颌、腭骨、舌上具齿。体被圆鳞。胸鳍基和腹鳍基皆有腋鳞，腹鳍基之间亦有发达的长鳞。有脂鳍。尾鳍宽叉形。头背部有红色的网状花纹，体背部中央有 1 行灰色花纹，沿体侧多条灰色纵纹和 3 条黄色细纹相间排列。背鳍基部有 1 条黄色纵纹，腹鳍上有 1 条斜走的黄纹。臀鳍与胸鳍白色。尾鳍微呈黄绿色。

**鉴别要点** a. 体不柔软，身体皆被鳞，腭骨每侧有 1 组齿带；b. 腹鳍外侧鳍条较内侧鳍条短，腹鳍鳍条数 8；c. 臀鳍鳍条数 15~17，其基底长大于背鳍基底长；d. 吻钝，其长明显小于眼径；e. 体侧具多条灰色和黄色细纹，相间排列。

**生态习性** 近海暖温性底层鱼类，喜栖息于沙泥质底海域；以甲壳类、头足类和鱼类等为食。

**分布区域** 大西洋、印度洋和太平洋的热带和温带海域均有分布；我国见于东海和南海。本种在浙江南部海域少见，仅在夏季发现；仅在南麂东侧水深 60 m 以深海域发现。

# 37. 七星底灯鱼

***Benthosema pterotum* (Alcock, 1890)**

标本体长 43 mm

灯笼鱼目Order Myctophiformes | 灯笼鱼科Family Myctophidae | 底灯鱼属Genus *Benthosema* Goode & Bean, 1896

**原始记录** *Scopelus* (*Myctophum*) *pterotus* Alcock, 1890, Annals and Magazine of Natural History (Series 6) Ⅴ. 6 (no.33) (art. 26): 217 (Madras coast, India, 18°30′N, 84°46′E, depth 98~102 fathoms).

**同种异名** *Scopelus pterotus* Alcock, 1890；*Myctophum gilberti* Evermann & Seale, 1907

**英 文 名** Skinnycheek lanternfish (FAO)；Opaline lanternfish (Australia)

**中文别名** 长鳍底灯鱼、翼灯笼鱼、七星鱼

**形态特征** 体延长，侧扁。上下颌、犁骨、腭骨、中翼骨和舌面均具锐利小齿。体被弱圆鳞，易脱落，头部只有鳃盖骨被鳞。有小脂鳍。尾鳍深叉形。身体具多个银色的圆形发光器。

**鉴别要点** 由于底灯鱼主要以发光器位置进行鉴定，相对专业，若要区分请参考《中国动物志 硬骨鱼纲 灯笼鱼目 鲸口鱼目 骨舌鱼目》等资料，下文仅简单罗列。a. 虹膜后半部没有白色的月牙形组织；b.VLO（腹鳍上方发光器）、$SAO_3$（肛门上方发光器 3）、Pol（体后侧发光器）位于侧线以下，Prc（尾前部发光器）1~2 个；c.PLO（胸鳍上方发光器）在胸鳍基上方，AOa（臀前部发光器）和 AOp（臀后部发光器）不连续；d.$VO_2$（腹部发光器 2）位于 $VO_1$ 和 $VO_3$ 之间的上方；e.$Prc_2$ 在侧线之上或下缘，且无 So（眶下发光器）；f.$Op_2$（鳃盖发光器 2）位于眼下缘线下方，PLO 位于侧线和胸鳍基部之间，$SAO_1$ 位于 VLO 和 $SAO_2$ 连线之上或略高于 VLO。

**生态习性** 近海中上层小型鱼类，栖息水深 15~150 m；以浮游硅藻和甲壳类等为食。

**分布区域** 大西洋、印度洋和太平洋的热带、亚热带海域均有分布；我国见于东海和南海。本种在浙江南部海域常见，各季节均有出现，夏季和秋季相对较多；整个海域均有分布，主要分布于水深 30 m 以深海域。

# 38. 拟尖鳍犀鳕

***Bregmaceros pseudolanceolatus* Torii, Javonillo & Ozawa, 2004**

标本全长 101 mm

鳕形目Order Gadiformes | 犀鳕科Family Bregmacerotidae | 犀鳕属Genus *Bregmaceros* Thompson, 1840

**原始记录** *Bregmaceros pseudolanceolatus* Torii, Javonillo & Ozawa, 2004, Ichthyological Research Ⅴ. 51 (no. 2): 110, Figs. 2B, 3B, 4B. 5B, 7 (Bangkok Fish Market, Thailand).

**同种异名** 无

**英 文 名** False lance codlet (Australia)

**中文别名** 犀鳕、海泥鳅

**形态特征** 体延长，侧扁。眼背缘被脂眼睑。上下颌、犁骨具齿，腭骨无齿。体被中型圆鳞，易脱落，头部无鳞，鳃盖具鳞。无侧线。背鳍2个，第一背鳍为一丝状延长鳍条。腹鳍喉位，外侧3鳍条延长为丝状。尾鳍圆形或略尖。身体黑色素会随生长改变，成鱼体背具数列黑色素细胞，体腹部黄色或稍淡。背鳍前叶具有一黑斑或无，胸鳍上半部深黑色，下半部透明，臀鳍接近透明或仅有少数黑色素细胞，尾鳍前半部透明，后半部黑色。

**鉴别要点** a. 臀鳍起点与第二背鳍起点相对或略后 1 鳍条；b. 胸鳍大半黑色，尾鳍圆形或略尖。

**生态习性** 近海暖水性中上层鱼类，栖息于水深 20~50 m 海域上层，喜结群洄游；以浮游生物为食。

**分布区域** 印度洋和西太平洋的泰国、日本等海域均有分布；我国见于东海和南海。本种在浙江南部海域常见，各季节均有出现；主要分布于水深 30 m 以深的海域。

**分类短评** 据庄平等（2018）研究，麦氏犀鳕（*Bregmaceros mcclellandi* Thompson, 1840）在我国应无分布，产于我国的应为拟尖鳍犀鳕或银腰犀鳕（*Bregmaceros nectabanus* Whitley, 1941），其主要区别为银腰犀鳕的胸鳍色浅、尾鳍浅凹，而拟尖鳍犀鳕的胸鳍大半部黑色、尾鳍圆形。

# 39. 多棘腔吻鳕

***Coelorinchus multispinulosus*** **Katayama, 1942**

标本全长 270 mm

长尾鳕科Family Macrouridae | 腔吻鳕属Genus *Coelorinchus* Giorna, 1809

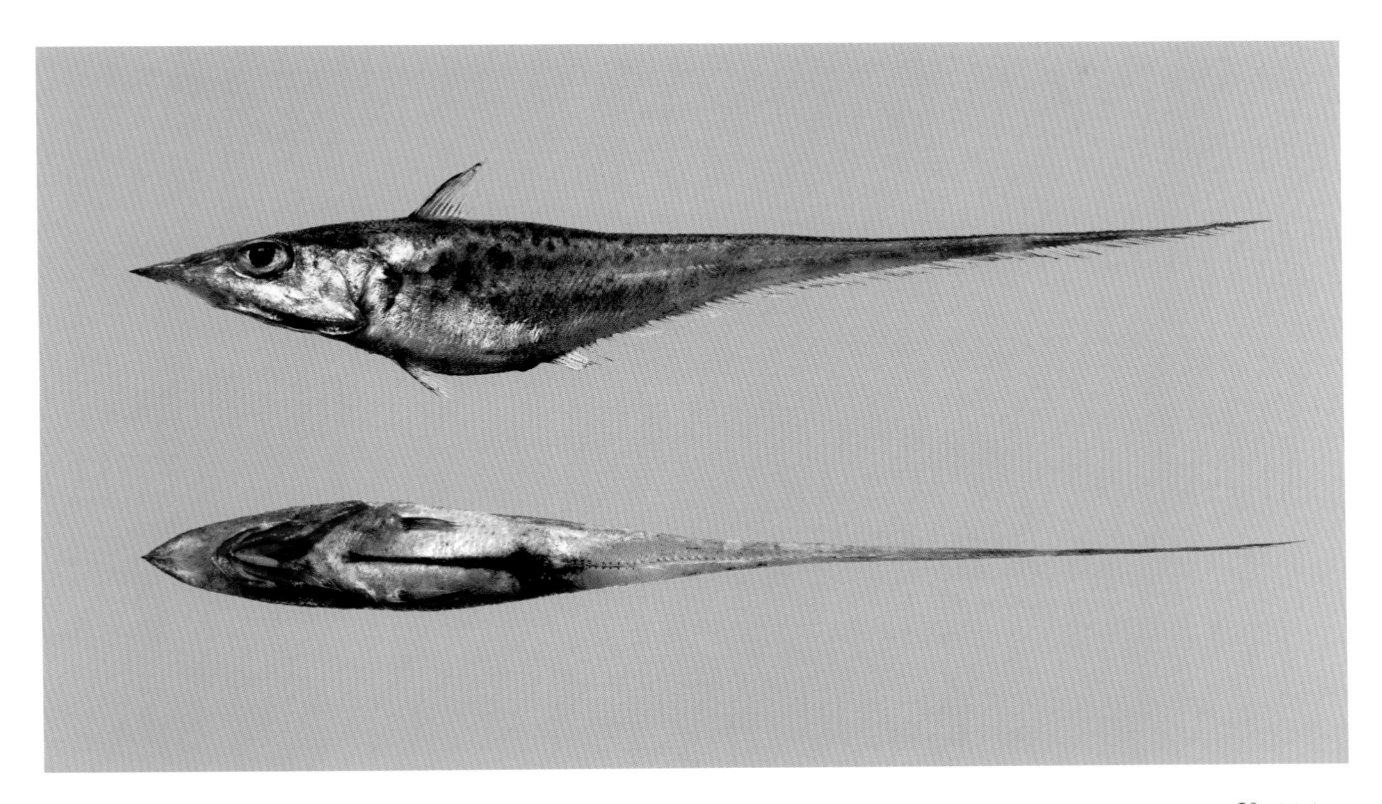

**原始记录** *Coelorinchus multispinulosus* Katayama, 1942, Dobutsugaku Zasshi = Zoological Magazine Tokyo Ⅴ. 54 (no. 8): 332, Fig.1 (Tsuiyama fish market, Yogo Prefecture, Japan).

**同种异名** *Coelorhynchus vermicularis* Matsubara, 1943

**英 文 名** Spearnose grenadier (FAO)

**中文别名** 多刺腔吻鳕、多棘须鳕、老鼠鱼

**形态特征** 体细长而侧扁，向后渐细小。腹面正中发光器较长。头部具弱棱嵴。吻尖凸。上下颌具齿，犁骨、腭骨和舌均无齿。下颌具一短颏须。体被薄而横宽的鳞片，吻中央鳞列由 9~10 片鳞组成。头部背面在吻的前端、鼻窝和头部腹面为无鳞区。体银灰色，体侧具 3 纵行不规则断续黑色斑块，沿侧线具一浅色纵带，发光器黑色。

**鉴别要点** a. 第一背鳍和第二背鳍分离，第二背鳍不发达；背鳍第二鳍棘前缘光滑；b. 吻长，吻端尖锐，眼下隆起线平直；c. 鳞片具弱小刺，粗糙感相对较低；头腹侧仅尖端有鳞，其余区域均无鳞，吻背部前侧无鳞区大；d. 发光器长，可达喉部，肛门与臀鳍紧邻；e. 体侧有明显的不规则虫状斑纹。

**生态习性** 近海暖水性底层鱼类，常栖息于水深 150~300 m 海域；以多毛类、甲壳类等为食。

**分布区域** 西太平洋的日本等海域有分布；我国见于黄海、东海和南海。本种在浙江南部海域常见，夏季相对较多；主要分布于玉环 — 温岭水深 50 m 以深海域。

# 40. 棘鼬鳚

***Hoplobrotula armata* (Temminck & Schlegel, 1846)**

标本全长 285 mm

鼬鳚目Order Ophidiiformes | 鼬鳚科Family Ophidiidae | 棘鼬鳚属Genus *Hoplobrotula* Gill, 1863

**原始记录** *Brotula armata* Temminck & Schlegel, 1846, Fauna Japonica Parts 10~14: 255 (Seas of Japan).

**同种异名** *Brotula armata* Temminck & Schlegel, 1846

**英 文 名** Armoured cusk (Australia); Armored brotula (Japan)

**中文别名** 棘鳚、鼬鱼

**形态特征** 体延长，侧扁。前颌骨能伸缩。前颌骨、下颌骨、犁骨和腭骨均有绒状齿。前鳃盖骨具 3 根强棘，主鳃盖骨有一大尖棘。体被稍小圆鳞，除吻部、上下颌、眼间隔和头顶外全被鳞。腹鳍喉位，左右腹鳍紧邻，各有 2 根长丝状鳍条。尾鳍窄长，完全与背鳍和臀鳍相连。体灰棕色，背侧较暗。鳍多为淡黄色，背鳍、臀鳍后半部边缘向后渐为褐色和黑褐色，尾鳍除基端附近外大部为黑色。

**鉴别要点** a. 吻端无须，前鳃盖骨具 3 根强棘；b. 背鳍起点在胸鳍中部上方，腹鳍起点位于眼的正下方；c. 腹鳍短，各有 2 根长丝状鳍条，不超过鳃盖后端，背鳍鳍条数 85~90；d. 体背深褐色，腹部淡色。

**生态习性** 近海暖水性底层鱼类，常栖息于水深 200~350 m 的泥沙质底海域；主要以底栖生物等为食。

**分布区域** 太平洋的日本和澳大利亚等海域均有分布；我国见于黄海、东海和南海。本种在浙江南部海域常见，秋季相对较多；主要分布于水深 50 m 以深海域。

# 41. 黄鮟鱇

**_Lophius litulon_ (Jordan, 1902)**

**标本全长 385 mm**

鮟鱇目Order Lophiiformes | 鮟鱇科Family Lophiidae | 鮟鱇属Genus *Lophius* Linnaeus, 1758

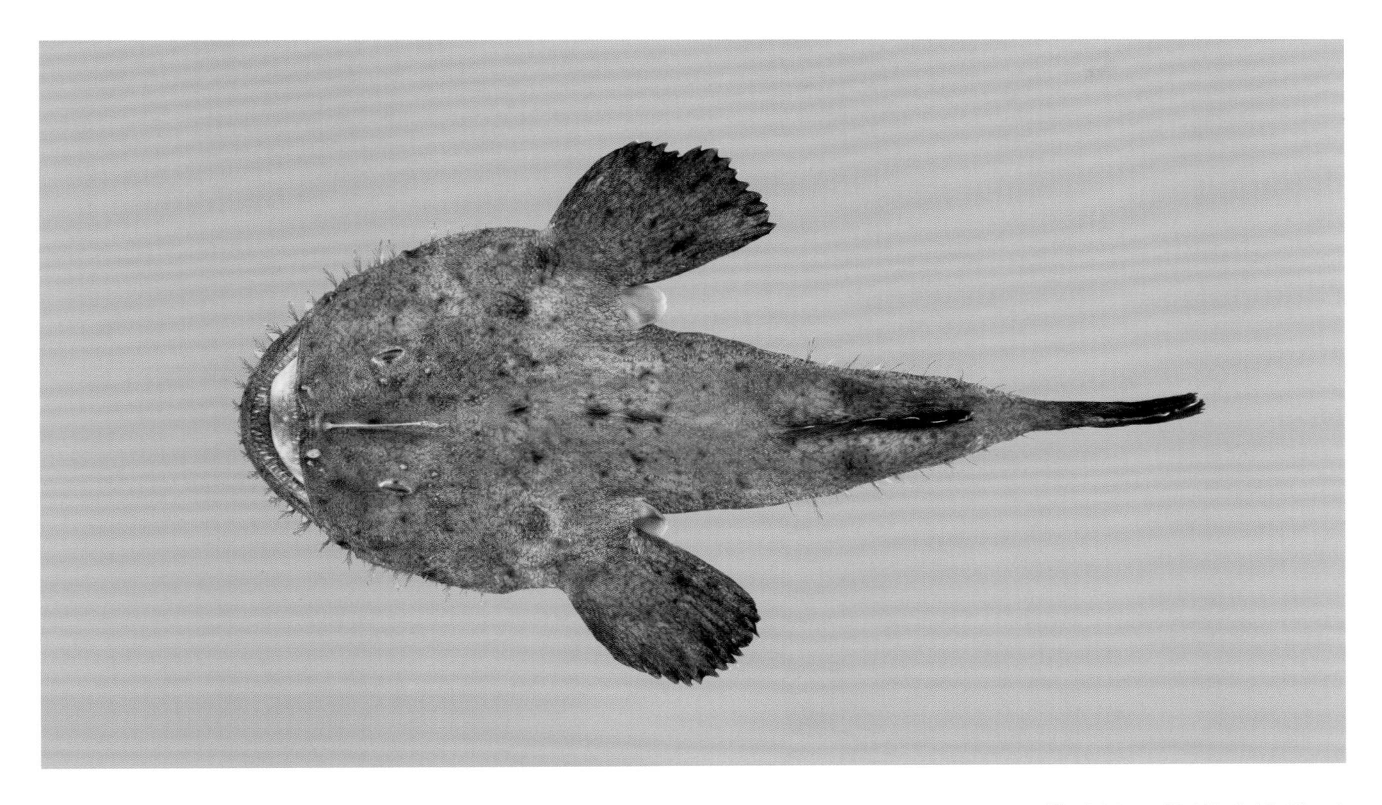

**原始记录** *Lophiomus litulon* Jordan, 1902, Proceedings of the United States National Museum Ⅴ. 24 (no. 1261): 364, Fig. 1 (Tokyo, Japan).

**同种异名** *Lophiomus litulon* Jordan, 1902

**英 文 名** Yellow goosefish (FAO)

**中文别名** 鮟鱇、蛤蟆鱼、老头鱼

**形态特征** 体前端甚平扁，躯干部粗短，呈圆锥形。头部有不少棘突。上下颌、犁骨、腭骨和舌上均具尖形齿，能倒伏。体裸露无鳞，头、体上方和两颌边缘均有很多大小不等的皮质突起。背鳍 2 个，第一背鳍第一鳍棘细杆状，顶端有皮质穗。胸鳍很宽，辐状骨 2 块，在鳍基形成假臂状构造，埋于皮下。尾鳍近截形。体背紫褐色，腹部白色，背鳍、尾鳍黑色。胸鳍背面褐色，腹鳍白色。口底前部黄色。

**鉴别要点** a. 背鳍鳍条数 9~12，臀鳍鳍条数 8~10，脊椎骨数 26~31；b. 下颌齿 1~2 行，口底前部黄色。

**生态习性** 近海冷温性底层鱼类；以鱼类、虾类等为食。

**分布区域** 西北太平洋的日本、朝鲜半岛海域均有分布；我国见于渤海、黄海、东海和南海。本种在浙江南部海域常见，冬季相对较多；主要分布于水深 30 m 以深海域，沿岸可能存在其繁殖区域。

# 42. 带纹躄鱼

***Antennarius striatus* (Shaw, 1794)**

**标本全长 114 mm**

躄鱼科Family Antennariidae | 躄鱼属Genus *Antennarius* Daudin, 1816

**原始记录** *Lophius striatus* Shaw, 1794, The Naturalist's Miscellany: no page number, Pl. 175 (Tahiti, Society Islands, French Polynesia, South Pacific).

**同种异名** *Lophius striatus* Shaw, 1794；*Chironectes tricornis* Cloquet, 1817；*Chironectes tridens* Temminck & Schlegel, 1845；*Chironectes tigris* Poey, 1852；*Antennarius pinniceps* Bleeker, 1856；*Antennarius lacepedii* Bleeker, 1856；*Antennarius melas* Bleeker, 1857；*Saccarius lineatus* Günther, 1861；*Antennarius nox* Jordan, 1902；*Antennarius cunninghami* Fowler, 1941；*Phrynelox atra* Schultz, 1957；*Phrynelox zebrinus* Schultz, 1957；*Antennarius fuliginosus* Smith, 1957；*Antennarius glauerti* Whitley, 1957；*Antennarius delaisi* Cadenat, 1959；*Antennarius occidentalis* Cadenat, 1959；*Phrynelox lochites* Schultz, 1964

**英 文 名** Striated frogfish (FAO、AFS)；Blotched anglerfish (Australia)；Striped frogfish (Japan)；Toadfish (Malaysia)；Striped anglerfish (Indonesia)

**中文别名** 斑条躄鱼、三齿躄鱼、条纹躄鱼、黑躄鱼、杂躄鱼

**形态特征** 体侧扁，长卵圆形。上下颌、犁骨及腭骨均具齿。体表粗糙，被双叉小棘。背鳍 2 个，第一背鳍具 3 根鳍棘，第一鳍棘末端特化成钓饵，由 2~7 片皮瓣组成；第二鳍棘游离；第三鳍棘末端弯向后方。尾鳍圆形。体色多变，黄色、绿色、浅红色、浅黄褐色、褐色及黑色等皆有，体侧或具暗褐色蠕状斑纹、或具暗色斑点、或斑点及斑纹俱在、或完全无斑点及斑纹。

**鉴别要点** a. 体表被小刺或小突起；b. 第一背鳍第一鳍棘末端钓饵具 2~7 片皮瓣，位于上颌缝合处；c. 鳃孔位于胸鳍腋下，尾鳍分支鳍条数 9。

**生态习性** 近海暖水性底层鱼类，喜潜伏于海湾滩涂、沙泥质底海域；以小鱼和甲壳动物等为食。

**分布区域** 大西洋、印度洋和太平洋的菲律宾、澳大利亚、印度尼西亚、日本等海域均有分布；我国见于东海和南海。本种在浙江南部海域常见，夏季和秋季相对较多；主要分布于水深 40 m 以深海域。

# 43. 棘茄鱼

***Halieutaea stellata* (Vahl, 1797)**

标本全长 200 mm

蝙蝠鱼科Family Ogcocephalidae | 棘茄鱼属Genus *Halieutaea* Valenciennes, 1837

**原始记录** *Lophius stellatus* Vahl, 1797, Skrivter af Naturhistorie-Selskabet Kiøbenhavn Ⅴ. 4: 214, Pl. 3 (Figs. 3~4) (China).

**同种异名** *Lophius stellatus* Vahl, 1797；*Halieutaea maoria* Powell, 1937

**英 文 名** Minipizza batfish (China)；Batfish (FAO)；Spiny sea-bat (Malaysia)；Red batfish (Japan)；Starry handfish (Viet Nam)；Starry seabat (Australia)

**中文别名** 无

**形态特征** 体盘呈圆形，甚平扁。具吻棘。上下颌及舌上具绒毛状齿，腭骨无齿。体背面密被强棘，腹面具绒毛状细棘。体盘及尾部边缘则具顶端分叉棘。背鳍 2 个，第一背鳍特化成吻触手，藏于吻部凹槽内。第二背鳍基底短。尾鳍略呈圆形。体背一致为红褐色，具许多黑色小点，连成网状纹，腹面白色。

**鉴别要点** a. 体明显平扁，头后部不隆起，体盘圆形；b. 背鳍鳍条数 5，腹面具绒毛状细棘；c. 胸鳍、尾鳍和臀鳍边缘不发黑，体盘鲜红色。

**生态习性** 近海暖水性底层鱼类，喜潜伏于沙泥质底的海域；以小型动物等为食。

**分布区域** 印度洋和太平洋的菲律宾、澳大利亚、印度尼西亚、日本等海域均有分布；我国见于渤海、黄海、东海和南海。本种在浙江南部海域少见；2019 年 9 月于象山码头发现。

# 44. 前鳞平鮻

***Planiliza affinis* (Günther, 1861)**

标本体长 230 mm

鲻形目Order Mugiliformes | 鲻科Family Mugilidae | 平鮻属Genus *Planiliza* Whitley, 1945

**原始记录** *Mugil affinis* Günther, 1861, Catalogue of the fishes in the British Museum Ⅴ. 3: 433, Fig. (Amoy, China).

**同种异名** *Mugil affinis* Günther, 1861；*Myxus profugus* Mohr, 1927

**英 文 名** Eastern keelback mullet (FAO)；Grey mullet (China)

**中文别名** 前鳞龟鮻、棱鮻、前鳞鮻、隆背鲻、青筋鲻、三棱鲻

**形态特征** 体延长，前部亚圆筒形，后部侧扁。背面正中自背鳍起点至眼间隔中部具一纵行隆起嵴。脂眼睑不发达。两颌、犁骨、腭骨和舌均无齿。无侧线。尾鳍分叉。背侧青灰色，腹侧银白色。体侧有数条色暗的纵带。背鳍、尾鳍灰黑色，其余各鳍色淡或淡黄色。

**鉴别要点** a. 上颌末端终止于口裂处或口裂下方，且眶前骨前缘凹陷或具凹陷，闭口时，上颌骨明显位于口角下方；b. 第一背鳍前方正中有一纵行隆起嵴。

**生态习性** 暖水性鱼类，多栖息于河口和近岸水域，有时亦会进入河流下游江段；以附生藻类和有机碎屑等为食。

**分布区域** 西太平洋的日本等海域均有分布；我国见于东海和南海。本种在浙江南部海域常见，春季和冬季相对较多；主要分布于水深 20 m 以浅海域，沿岸应有其繁殖区域。

**分类短评** 刘璐等（2016）通过形态学和分子学的研究，认为我国近海原命名为棱鮻〔*Liza carinata*（Valenciennes, 1836)〕是 *Liza affinis*（Günther, 1861）和 *Planiliza affinis*（Günther, 1861）的误鉴；又根据 Durand 等（2012）基于分子生物学的研究对鲻科的分类进行了修订，将本种与相似的 7 个种归入平鮻属；夏蓉（2014）和 Xia 等（2016）验证了 Durand 等（2012）的分子结果。

# 45. 平鲅

***Planiliza haematocheila*** **(Temminck & Schlegel, 1845)** **标本体长 285 mm**

**原始记录** *Mugil haematocheila* Temminck & Schlegel, 1845, Fauna Japonica Parts 7~9: 135, Pl. 72, Fig. 2 (Nagasaki, Japan).

**同种异名** *Mugil haematocheilus* Temminck & Schlegel, 1845；*Mugil soiuy* Basilewsky, 1855；*Liza menada* Tanaka, 1916；*Liza borealis* Popov, 1930

**英 文 名** So-iuy mullet (FAO)；Haarder (Russia)

**中文别名** 龟鲅、梭鱼、黄眼鲻、红眼鲻、草鲻

**形态特征** 体延长，前部近圆筒形，后部侧扁。脂眼睑不发达。齿细小呈绒毛状，上颌齿单行，下颌、犁骨、腭骨和舌均无齿。体被大栉鳞，栉齿细弱。头部除鼻孔前方无鳞外，余均被圆鳞。无侧线。尾鳍浅分叉。头、体背面青灰色，两侧浅灰色，腹侧银白色。体侧上方有数条黑色纵纹。各鳍浅灰色，边缘色较深。鲜活标本瞳孔前后和上方的眼球呈橘红色。

**鉴别要点** a. 上颌末端终止于口裂处或口裂下方，且眶前骨前缘凹陷或具凹陷，闭口时，上颌骨明显位于口角下方；b. 鲜活标本瞳孔前后和上方的眼球呈橘红色。

**生态习性** 广温广盐性鱼类，喜栖息于河口和内湾，亦会进入淡水水体；以桡足类、轮虫、砂壳虫、枝角类、双壳类软体动物的幼虫和硅藻等为食。

**分布区域** 西北太平洋的日本、朝鲜半岛等海域均有分布；我国见于渤海、黄海和东海。本种在浙江南部海域常见，春季和冬季相对较多；主要分布于水深 20 m 以浅海域，沿岸应有其繁殖区域。

**分类短评** 根据 Durand 等（2012）基于分子生物学的研究对鲻科的分类进行了修订，将本种与相似的 7 个种归入平鲅属；夏蓉（2014）和 Xia 等（2016）验证了 Durand 等（2012）的分子结果。

# 46. 鲻

## *Mugil cephalus* Linnaeus, 1758

标本体长 393 mm

鲻属Genus *Mugil* Linnaeus, 1758

**原始记录** *Mugil cephalus* Linnaeus, 1758, Systema Naturae, Ed. XV. 1: 316 (European sea, Europe).

**同种异名** *Mugil albula* Linnaeus, 1766；*Mugil provensalis* Risso, 1810；*Mugil lineatus* Valenciennes, 1836；*Mugil cephalotus* Valenciennes, 1836；*Mugil japonicus* Temminck & Schlegel, 1845；*Mugil rammelsbergii* Tschudi, 1846；*Mugil dobula* Günther, 1861；*Mugil ashanteensis* Bleeker, 1863；*Myxus superficialis* Klunzinger, 1870；*Mugil gelatinosus* Klunzinger, 1872；*Myxus caecutiens* Günther, 1876；*Mugil mexicanus* Steindachner, 1876；*Mugil grandis* Castelnau, 1879；*Mugil muelleri* Klunzinger, 1879；*Mugil hypselosoma* Ogilby, 1897；*Myxus barnardi* Gilchrist & Thompson, 1914；*Mugil peruanus* Hildebrand, 1946

**英 文 名** Flathead grey mullet (FAO)；Striped mullet (AFS)；Bully mullet (Malaysia)；Hardgut mullet (Australia)

**中文别名** 头鲻、乌鲻、黑鲻、泡头、拉氏鲻

**形态特征** 体延长，前部亚圆筒形，后部侧扁。前后脂眼睑发达，伸达瞳孔。齿细弱，上下颌均具齿。犁骨、腭骨、舌上均无齿。体被大弱栉鳞，头部被圆鳞，除第一背鳍外，各鳍均被小圆鳞。无侧线。尾鳍叉形，上叶稍长于下叶。体青灰色，腹部白色，体侧上半部有几条暗色纵带。各鳍浅灰色，胸鳍基部有一黑色斑块。

**鉴别要点** a. 上颌末端终止于口裂处或口裂上方，且眶前骨前缘不具凹陷；b. 脂眼睑发达。

**生态习性** 广温广盐性鱼类，喜栖息于近岸浅海、河口和内湾，亦会进入淡水水体；以浮游动物为食。

**分布区域** 太平洋、印度洋、大西洋和地中海的温带、亚热带、热带海域均有分布；我国见于渤海、黄海、东海和南海。本种在浙江南部海域常见，冬季相对较多；主要分布于水深 20 m 以浅海域。

# 47. 乔氏吻鱵

***Rhynchorhamphus georgii* (Valenciennes, 1847)**

**标本全长 145 mm**

颌针鱼目Order Beloniformes | 鱵科Family Hemiramphidae | 吻鱵属Genus *Rhynchorhamphus* Fowler, 1928

**原始记录** *Hemiramphus georgii* Valenciennes, 1847, Histoire naturelle des poissons Ⅴ. 19: 37, Pl. 555 [not 521] (Mumbai and Coromandel, India).

**同种异名** *Hemiramphus georgii* Valenciennes, 1847；*Hemiramphus eclancheri* Valenciennes, 1847；*Hemiramphus leucopterus* Valenciennes, 1847；*Hemiramphus russeli* Valenciennes, 1847；*Hemirhamphus plumatus* Blyth, 1858；*Hemirhamphus cantori* Bleeker, 1866；*Loligorhamphus normani* Whitley, 1931

**英 文 名** Long billed half beak (FAO)；Halfbeak (Malaysia)；Half beak Gar fish (India)；Duckbill garfish (Australia)

**中文别名** 鱵鱼、乔氏鱵、水针、补网师

**形态特征** 体延长，侧扁。鼻孔大，每侧 1 个，深凹，鼻瓣由 10~12 丝指状皮瓣组成。下颌延长，形成扁平长针状。上下颌具细齿，犁骨、腭骨和舌均无齿。下颌两侧和喙部腹面具皮质瓣膜。体被大圆鳞，头部近上颌三角部具鳞，余皆无鳞。侧线下侧位，在胸鳍下方具 2 条平行分支，向上伸达胸鳍基部。体呈银白色，背侧淡绿色，体侧自胸鳍基上方至尾鳍基具一银色纵带纹，纵带在背鳍下方最宽。项部、头背面、下颌针状部、唇膜和吻端边缘均为黑褐色。背鳍和尾鳍边缘淡黑色，其余各鳍色淡。背部鳞具淡黑色边缘。

**鉴别要点** a. 上颌前缘向前突出呈明显的三角形或梯形，上颌被鳞，眼前具隆嵴，鳔为单室；b. 鼻乳突为圆形、扇形或丝状，不突出于鼻孔；c. 胸鳍较短，不超过体长的 28%，鳍条数 10~14，尾鳍凹形或叉形，尾鳍下叶较上叶长，背鳍鳍条数 13~18；d. 犁骨和舌上无齿；e. 侧线位于胸鳍基底下方，具 2 个向上分支。

**生态习性** 近海暖水性中上层鱼类，栖息于近海表层，一般成群洄游；以浮游生物等为食。

**分布区域** 印度洋和西太平洋的暖水海域均有分布；我国见于东海和南海。本种在浙江南部海域少见；2019 年 9 月于洞头码头发现。

# 48. 点带棘鳞鱼

## *Sargocentron rubrum* (Forsskål, 1775)

标本体长 156 mm

金眼鲷目Order Beryciformes | 鳂科Family Holocentridae | 棘鳞鱼属Genus *Sargocentron* Fowler, 1904

**原始记录** *Sciaena rubra* Forsskål, 1775, Descriptiones animalium (Forsskål): 48, XI (off Customs dock, Port Sudan Harbour, Sudan, Red Sea, depth 3~4 meters).

**同种异名** *Sciaena rubra* Forsskål, 1775; *Holocentrus alboruber* Lacepède, 1802; *Holocentrum orientale* Cuvier, 1829; *Holocenthrus aureoruber* Fowler, 1904; *Holocentrum dimidicauda* Marshall, 1953

**英 文 名** Redcoat (FAO); Red soldierfish (India); Redcoat squirrelfish (Malaysia); Red striped squirrelfish (Australia); Soldier fish (China)

**中文别名** 红鳂、红真鳂、黑带棘鳍鱼、金鳞甲、将军甲

**形态特征** 体长椭圆形，稍侧扁。眼较大，各围眶骨均具锯齿缘。上下颌、犁骨与腭骨均具绒毛状齿群。鳃盖部各骨后缘均具较大的锯齿，鳃盖骨后上方具 2 根棘；前鳃盖骨下角具 1 根棘，几伸达胸鳍基部附近。体被强栉鳞，鳞缘上锯齿较尖锐。尾鳍分叉。体背侧鲜红色，幼体红褐色或褐色。体侧沿鳞的中央具 8~9 条银色纵带。各鳍淡红色。背鳍鳍膜白色，尖端红褐色。背鳍第一和第三鳍条、臀鳍第一鳍条和尾鳍上下缘鳍条均为红褐色。

**鉴别要点** a. 臀鳍鳍条数 7~10，鳍棘数 4，第三鳍棘最粗壮且最长；b. 前鳃盖骨后缘有一强棘，下颌不长于上颌；c. 背鳍、臀鳍、尾鳍和胸鳍基部无黑斑；d. 侧线鳞数少于 40，体侧有 8~9 条银色纵带；e. 前鳃盖骨具鳞 5 行。

**生态习性** 暖水性近底层鱼类，喜栖息于珊瑚礁或岩礁海域；以甲壳类和小鱼等为食。

**分布区域** 印度洋和太平洋的澳大利亚、日本等海域均有分布；我国见于东海和南海。本种在浙江南部海域少见。

# 49. 云纹亚海魴

***Zenopsis nebulosa*** **(Temminck & Schlegel, 1845)** **标本体长 255 mm**

海魴目Order Zeiformes | 海魴科Family Zeidae | 亚海魴属Genus *Zenopsis* Gill, 1862

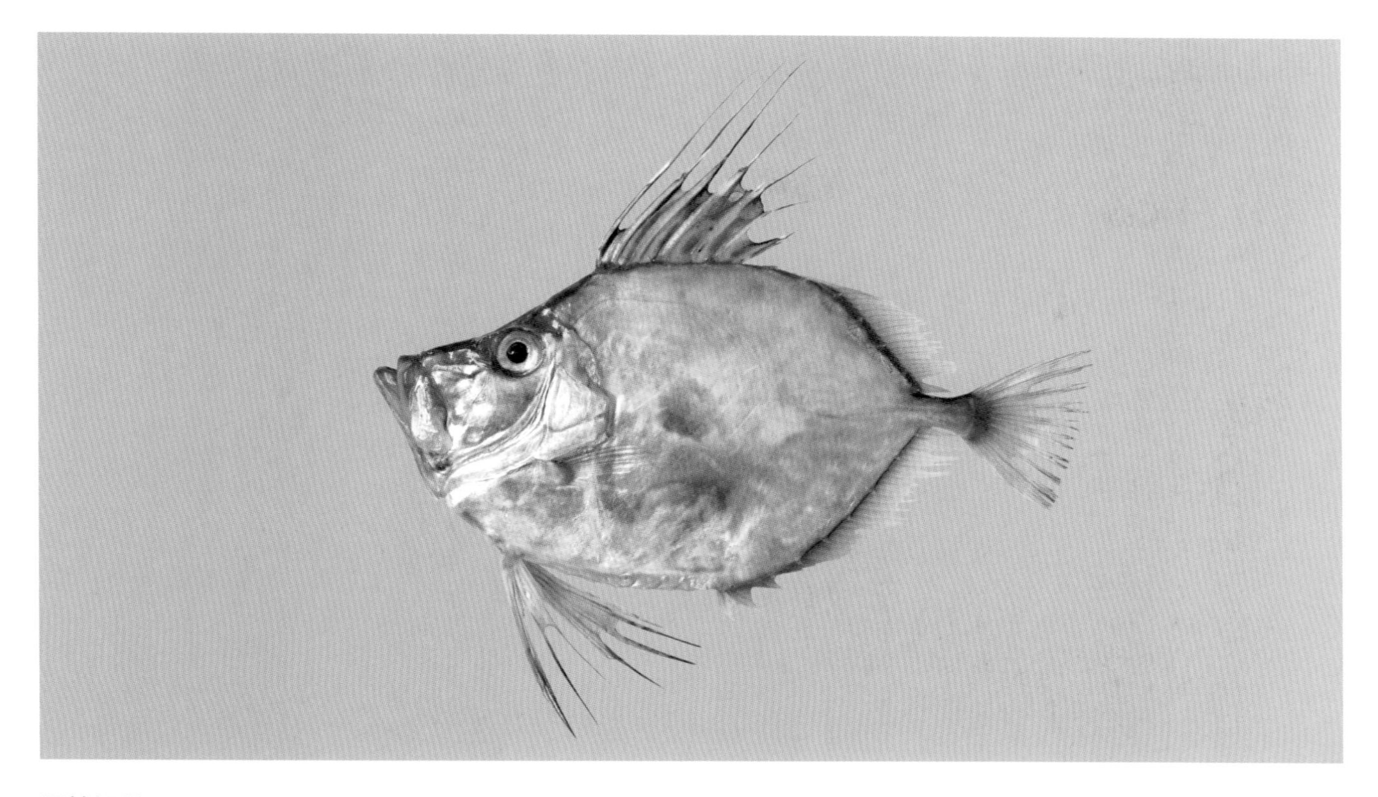

**原始记录** *Zeus nebulosus* Temminck & Schlegel, 1845, Fauna Japonica Parts 7~9: 123, Pl. 66 (Nagasaki, Japan, northwestern Pacific).

**同种异名** *Zeus nebulosus* Temminck & Schlegel, 1845

**英 文 名** Mirror dory (FAO、AFS)；Deepsea dory (Australia)；Dory (Malaysia)

**中文别名** 褐海魴、雨印亚海魴、云纹雨印鯛、雨印鯛

**形态特征** 体卵圆形，高而侧扁。上下颌、犁骨均具齿，腭骨无齿。体光滑无鳞。侧线明显，为一管状线。棘状骨板沿背鳍基底两侧各有 12~14 个，臀鳍基底两侧各有 7~9 个，每一骨板中央具 1 根明显的向后棘；体下侧沿胸部和腹部两侧各具 1 列棘状骨板（胸板数 5~6，腹板数 5~7），板上棘短小，形成锯齿缘。尾鳍上下各具一弱棘状鳍条。体银灰色，体侧中央有一约与眼径等大的暗褐色圆斑，成鱼较不明显。100 mm 以下的幼体体侧较均匀地散有暗褐色圆斑。背鳍鳍棘部、腹鳍和尾鳍后半部黑色。

**鉴别要点** a. 臀鳍具 3 根棘；b. 头部背面内陷，体侧中央有一约与眼径等大的暗褐色圆斑。

**生态习性** 近海暖温性深海底层鱼类，栖息于水深 200~800 m 的泥质底海域。

**分布区域** 印度洋和太平洋的日本、澳大利亚、新西兰及美国加利福尼亚、秘鲁纳斯卡海岭等海域均有分布；我国见于东海。本种在浙江南部海域少见；2019 年 9 月于象山码头发现。

# 50. 远东海鲂

## *Zeus faber* Linnaeus, 1758

标本体长 250 mm

海鲂属Genus *Zeus* Linnaeus, 1758

**原始记录** *Zeus faber* Linnaeus, 1758, Systema Naturae, Ed. XV. 1: 267 (Seas of Europe).

**同种异名** *Zeus pungio* Cuvier, 1829；*Zeus japonicus* Valenciennes, 1835；*Zeus australis* Richardson, 1845；*Zeus faber mauritanicus* Desbrosses, 1937

**英 文 名** John dory (FAO)；Keparu (Australia)；Dory (Malaysia)

**中文别名** 日本海鲂、澳洲海鲂、豆的鲷、马头鲷、多利鱼

**形态特征** 体长椭圆形，侧扁。两颌齿呈绒毛状齿带，犁骨有齿，腭骨无齿。体被细小圆鳞，微凹，排列不规则，头仅颊部具鳞。侧线明显，为一管状线。沿背鳍条和臀鳍条的基部各具 1 行棘状骨板。体下侧胸腹部亦各具 1 行骨板。尾鳍圆形。体暗灰色，体侧中部侧线下方有一大于眼径的黑色椭圆斑，外绕一白环，背、臀鳍棘部鳍膜与尾鳍鳍膜淡黑色，腹鳍鳍条部黑色。

**鉴别要点** a. 臀鳍具 4 根棘，头部背面凸出；b. 体侧中央具一大于眼径的黑色椭圆形大斑，外绕一白环。

**生态习性** 近海暖温性中下层鱼类，栖息于水深 100~200 m 的泥质底海域；以小型鱼类和甲壳类等为食。

**分布区域** 东大西洋、印度洋和太平洋的日本、朝鲜半岛、澳大利亚及挪威、非洲等海域均有分布；我国见于黄海、东海和南海。本种在浙江南部海域少见，仅在夏季发现；主要分布于玉环东侧水深 50 m 以深海域。

# 51. 三斑海马

***Hippocampus trimaculatus* Leach, 1814**

**标本全长 95 mm**

海龙目Order Syngnathiformes | 海龙科Family Syngnathidae | 海马属Genus *Hippocampus* Rafinesque, 1810

**原始记录** *Hippocampus trimaculatus* Leach, 1814, Zoological miscellany; being descriptions of new, or interesting animals Ⅴ. 1~3: 104 (Indian and Chinese seas).

**同种异名** *Hippocampus mannulus* Cantor, 1849；*Hippocampus kampylotrachelos* Bleeker, 1854；*Hippocampus manadensis* Bleeker, 1856；*Hippocampus planifrons* Peters, 1877；*Hippocampus dahli* Ogilby, 1908；*Hippocampus takakurae* Tanaka, 1916

**英 文 名** Longnose seahorse (FAO)；Smooth seahorse (Indonesia)；Lowcrown seahorse (Australia)

**中文别名** 低冠海马、西仓海马、海马

**形态特征** 体侧扁，腹部凸出。躯干部骨环呈七棱形，尾部骨环四棱形，尾部卷曲。头部除个别棘较尖锐外，其他各棘和各骨环间棘均短钝。头冠短小，顶端具 5 个短小棘突。眼小而圆，眶上棘 2 根。颈部背方具一隆起嵴，颊部下方具一细尖弯曲锐棘。体无鳞，全由骨质环所包。无侧线。无腹鳍和尾鳍。各鳍无棘，鳍条不分支。雄鱼尾部腹面具孵卵囊。体灰棕色或深褐色，眼上具放射状褐色斑纹。体侧背方第一、第四、第七节小棘基部各具一大黑斑。

**鉴别要点** a. 无尾鳍，头部与躯干部呈直角；b. 体环数 11，背鳍基底处的体环上有明显的 2~3 个突起；c. 体轮的棘钝或无；d. 吻长较眼后头长短或相等；e. 胸鳍鳍条数 15~20，背鳍鳍条数 20~21；f. 顶冠不显著，体背部有 3 个黑色斑点（但也存在无斑点的情况）。

**生态习性** 近海暖水性小型鱼类，喜栖息于海藻繁茂海域；以端足类、磷虾、糠虾和莹虾等为食。

**分布区域** 印度洋和西太平洋的印度尼西亚、日本等海域均有分布；我国见于东海和南海。本种在浙江南部海域少见，仅在冬季发现；仅在苍南外海水深 60 m 处发现。

**保护等级** 列入《国家重点保护野生动物名录》，属二级保护动物。

# 52. 薛氏海龙

***Syngnathus schlegeli* Kaup, 1856**

**标本全长 153 mm**

海龙属Genus *Syngnathus* Linnaeus, 1758

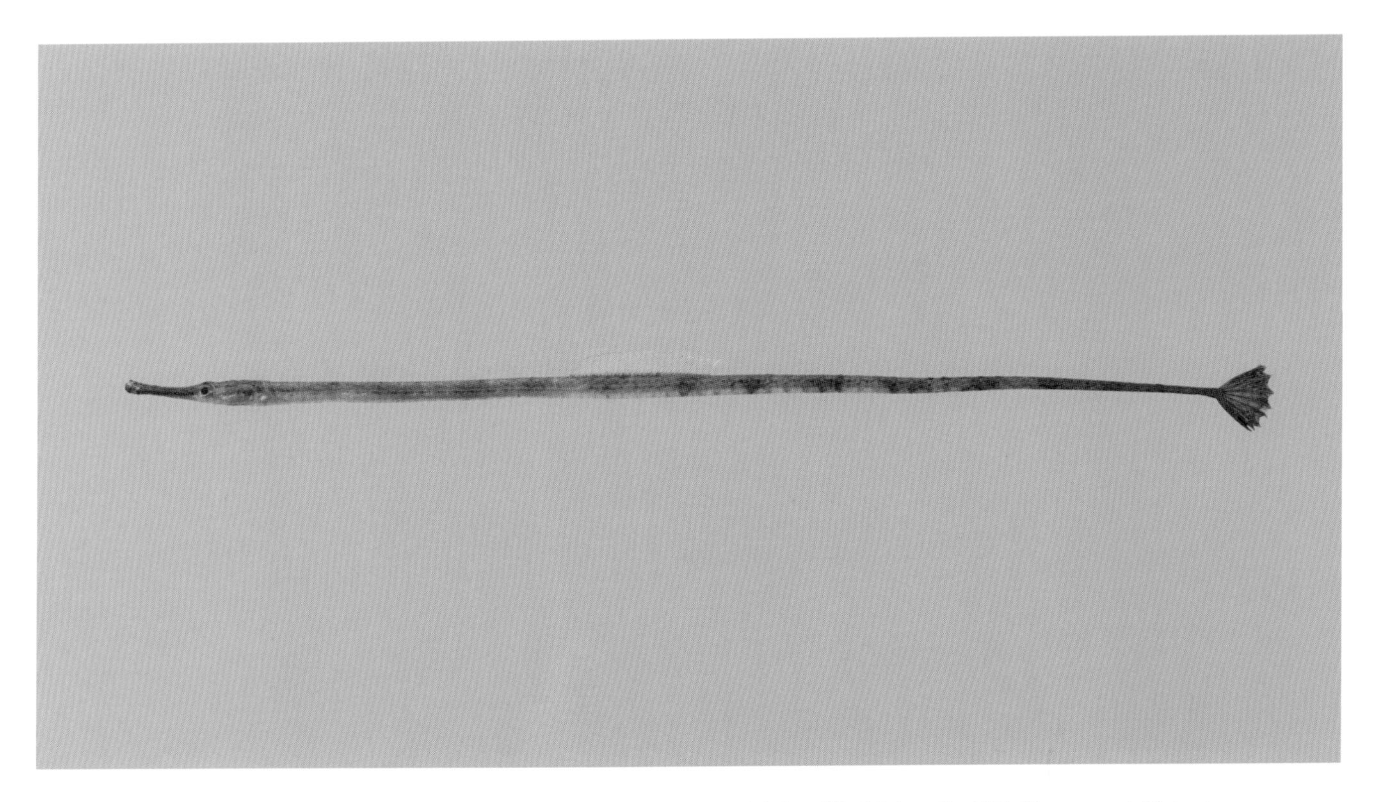

**原始记录** *Syngnathus schlegeli* Kaup, 1856, Archiv für Naturgeschichte Ⅴ. 19 (pt. 1): 232 (Japan and China).

**同种异名** *Syngnathus acusimilis* Günther, 1873

**英 文 名** Seaweed pipefish (USA)；Pipefish (Korea)；Pacific pipefish (Russia)

**中文别名** 舒氏海龙，海龙

**形态特征** 体细长，鞭状，躯干部七棱形，尾部四棱形，后方渐细。腹部中央棱形微凸出。头尖长，与体轴在同一直线上。上下颌短小，微可伸缩。无齿。鳃盖隆起，具一直线形隆起嵴。体无鳞，全由骨质环所包。环上骨片具线状纹，光滑。无侧线。尾鳍圆形。体黄绿色，腹侧淡黄色，体侧具不规则横带多条。背鳍、臀鳍、胸鳍淡色，尾鳍黑褐色。

**鉴别要点** a. 有尾鳍；b. 躯干部与尾部上侧棱不相连续，躯干部下侧棱与尾部下侧棱相连续，躯干部中侧棱与尾上侧棱相接近；c. 各隆起线光滑，主鳃盖骨的隆起嵴不发达（幼鱼除外）。

**生态习性** 近海暖水性小型鱼类，喜栖息于有海藻丛的海域；以小型浮游甲壳类等为食。

**分布区域** 西北太平洋的朝鲜半岛、日本等海域均有分布；我国见于渤海、黄海、东海和南海。本种在浙江南部海域常见，春季和冬季相对较多；整个海域均有分布。

# 53. 锯粗吻海龙

***Trachyrhamphus serratus* (Temminck & Schlegel, 1850)** 标本全长 221 mm

粗吻海龙属Genus *Trachyrhamphus* Kaup, 1853

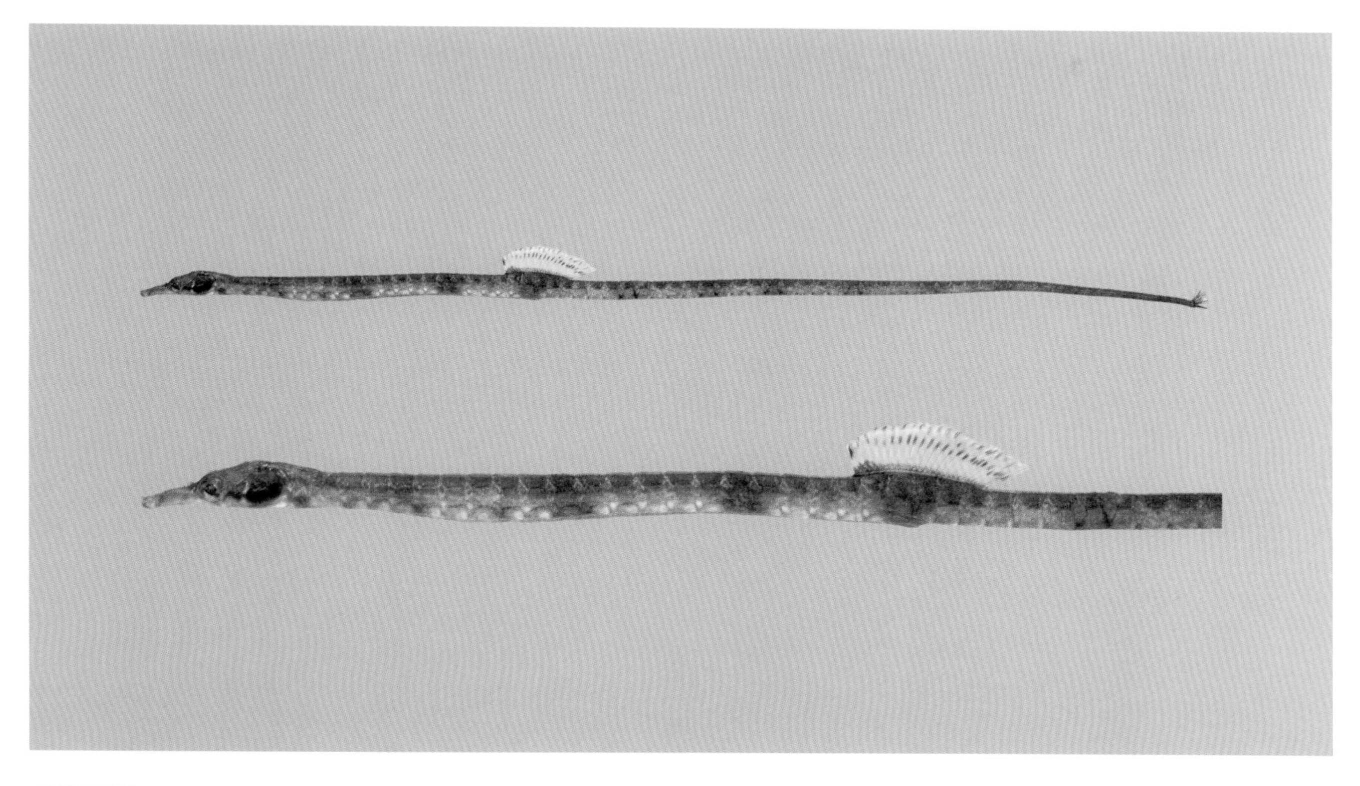

**原始记录** *Syngnathus serratus* Temminck & Schlegel, 1850, Fauna Japonica Last part (15): 272, Pl. 120 (Fig. 4) (Japan).

**同种异名** *Syngnathus serratus* Temminck & Schlegel, 1850

**英 文 名** Saw pipefish (Viet Nam)

**中文别名** 锯吻海龙、粗吻海龙

**形态特征** 体延长、纤细。躯干部七棱形，尾部四棱形。吻部背中棱完全，呈锯齿状，在鼻孔附近微微隆起。主鳃盖具一隆起而向上弯曲的棱背。体环边缘平滑，或有皮瓣，或无。体无鳞，完全包于骨环中。体呈褐色，有时混杂一些淡色斑驳。吻上缘淡色。体侧具 9~14 条暗色横带，或不显。

**鉴别要点** a. 有尾鳍；b. 躯干部与尾部上侧棱不相连续，下侧棱近连续，躯干部中侧棱与尾部下侧棱相连续；c. 体侧具 9~14 条暗色横带，或不显。

**生态习性** 近海暖水性小型鱼类，喜栖息于有海藻丛的海域；以小型浮游甲壳类等为食。

**分布区域** 印度洋和西太平洋的朝鲜半岛、日本等海域均有分布；我国见于东海和南海。本种在浙江南部海域较为常见，各季节均有分布，秋季相对较多；主要分布于洞头周围水深 20 m 以深海域。

# 54. 鳞烟管鱼

## *Fistularia petimba* Lacepède, 1803

标本体长 840 mm

烟管鱼科Family Fistulariidae | 烟管鱼属Genus *Fistularia* Linnaeus, 1758

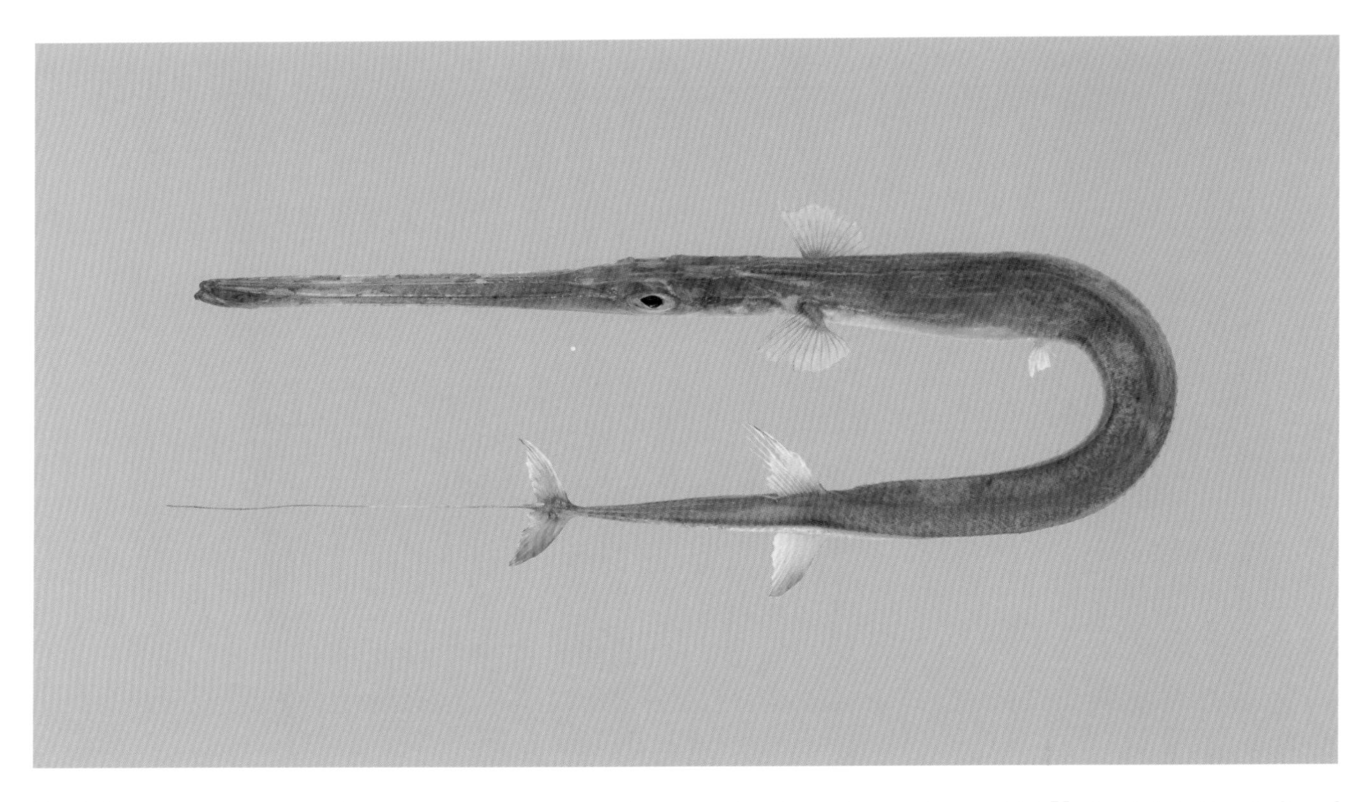

**原始记录** *Fistularia petimba* Lacepède, 1803, Histoire naturelle des poissons (Lacepéde) Ⅴ. 5: 349, 350 (straits of New Britain, Bismarck Archipelago, Papua New Guinea, western Pacific；Réunion, western Mascarenes, southwestern Indian Ocean；Antilles, western Atlantic).

**同种异名** *Fistularia serrata* Cuvier, 1816；*Fistularia immaculate* Cuvier, 1816；*Fistularia villosa* Klunzinger, 1871；*Fistularia rubra* Miranda Ribeiro, 1903；*Fistularia starksi* Jordan & Seale, 1905

**英 文 名** Red cornetfish (FAO、AFS)；Flutefish (Malaysia)；Rough flutemouth (Australia)；Pipefish (China)

**中文别名** 毛烟管鱼、巨齿烟管鱼、鳞马鞭鱼、土管、喇叭

**形态特征** 体延长，呈管鞭状。吻特别长，呈管状。吻背方具 2 平行嵴，于前方形成弧形线。上下颌、犁骨、腭骨具尖齿。鳃孔长大，鳃盖膜不与颊部相连。体上除侧线在背鳍、臀鳍间形成线状骨鳞外，大部裸露无鳞。侧线完全，在背鳍和臀鳍后方具嵴状侧线鳞。尾鳍叉形，中间鳍条延长呈丝状。体淡红或粉红色。

**鉴别要点** a. 尾柄部的侧线鳞片有向后伸出的尖锐棘刺；b. 背部中线上有嵴状鳞片；c. 活体呈淡红色或粉红色。

**生态习性** 近海暖水性底层鱼类，喜栖息于浅水泥沙质底、岩礁或珊瑚礁海域；以幼鱼、虾类或无脊椎动物等为食。

**分布区域** 大西洋、印度洋和太平洋的日本、澳大利亚等海域均有分布；我国见于黄海、东海和南海。本种在浙江南部海域少见，仅在春季发现；主要分布于洞头 — 玉环 50 m 以深海域。

# 55. 褐菖鲉

***Sebastiscus marmoratus*** **(Cuvier, 1829)**

**标本体长 117 mm**

鲉形目Order Scorpaeniformes | 鲉科Family Scorpaenidae | 菖鲉属Genus *Sebastiscus* Jordan & Starks, 1904

**原始记录** *Sebastes marmoratus* Cuvier, 1829, Histoire naturelle des poissons Ⅴ. 4: 345 (Japan).

**同种异名** *Sebastes marmoratus* Cuvier, 1829

**英 文 名** False kelpfish (Australia); Marbled rockfish (Japan); Filefish (China)

**中文别名** 褐平鲉、虎头鱼、小红斑、石狗公、石头鱼

**形态特征** 体延长，侧扁，长椭圆形。头大，头部棘和棱明显。眶下棱低平，无棘。鼻孔每侧 2 个，前鼻孔具皮瓣突起。两颌齿细小，绒毛状，排列成齿带，犁骨和腭骨均具绒毛状齿群。前鳃盖骨后缘具 5 根棘，鳃盖骨后上方具 2 根棘。体上除胸部和腹部被小圆鳞外，皆被栉鳞。背鳍、尾鳍和臀鳍基部均具细鳞。尾鳍截形或后缘微圆略凸。体红褐色，侧线上方具数条较明显的褐色横纹；侧线下方横纹不显著，分散呈云石状或网状。背鳍和尾鳍具暗色斑点和斑块，胸鳍前部具暗色斑块，后部具一行至数行斑点，腹鳍和臀鳍灰暗色或淡色。

**鉴别要点** a. 胸鳍上半部后缘浅凹或呈截形，胸鳍鳍条数 17~20；b. 尾鳍后缘截形或圆形，胸鳍腋部无皮瓣，颊部无刺；c. 体呈红褐色、褐色、暗红色底色上有许多圆形淡色斑；d. 侧线上方的白斑不清晰，体侧白斑为不规则圆形。

**生态习性** 近岸暖温性底层鱼类，栖息于岩礁附近，尤以海底洞穴、空隙、珊瑚礁、卵石和海藻带居多；以多毛类、口足类、长尾类、短尾类、鱼类和头足类等为食。

**分布区域** 太平洋的日本、朝鲜半岛和菲律宾等海域均有分布；我国见于渤海、黄海、东海和南海。本种在浙江南部海域常见，各季节均有出现，春季和夏季相对较多；主要分布于各岛礁和周边海域。

# 56. 白斑菖鲉

***Sebastiscus albofasciatus* (Lacepède, 1802)**

标本体长 125 mm

**原始记录** *Holocentrus albofasciatus* Lacepède, 1802, Histoire naturelle des poissons (Lacepède) Ⅴ. 4: 333, 372 (China).

**同种异名** *Holocentrus albofasciatus* Lacepède, 1802

**英 文 名** Yellowbarred red rockfish (Japan)

**中文别名** 白带大目鲉、白条纹石狗公、石狗公、石头鱼

**形态特征** 体中长，侧扁，长椭圆形。眼中大，上侧位，眼球高达头背缘。眶下棱有棘。上下颌、犁骨和腭骨具细齿。鼻孔每侧 2 个，前鼻孔后缘具皮瓣。体被中大栉鳞，胸部和腹部具小圆鳞。尾鳍圆形。体褐红色，体侧散布黄色蠕纹和褐色斑块。

**鉴别要点** a. 胸鳍上半部后缘浅凹或呈截形，胸鳍鳍条数 16~18；b. 尾鳍后缘截形或圆形，胸鳍腋部无皮瓣，颊部有棘；c. 活体躯干部有红底黄色虫状斑纹。

**生态习性** 近海暖水性底层鱼类，栖息于岩礁和泥沙底附近；以鱼类、甲壳类和无脊椎动物等为食。

**分布区域** 西北太平洋的日本、朝鲜半岛等海域均有分布；我国见于东海和南海。本种在浙江南部海域少见；2019 年 9 月于洞头码头发现。

# 57. 伊豆鲉

***Scorpaena izensis* Jordan & Starks, 1904**

标本体长 90 mm

鲉属Genus *Scorpaena* Linnaeus, 1758

**原始记录** *Scorpaena izensis* Jordan & Starks, 1904, Proceedings of the United States National Museum Ⅴ. 27 (no. 1351): 134, Fig.10 (Suruga Bay, Japan).

**同种异名** 无

**英 文 名** Izu scorpionfish (Japan)

**中文别名** 裸胸鲉、络腮鲉、红色石狗公、石头鱼

**形态特征** 体延长，侧扁。头部棘棱和皮瓣发达。眼上缘有小皮瓣 1 行。鼻孔每侧 2 个，前鼻孔边缘具皮瓣。两颌约等长，下颌腹面每侧有黏液孔 6 个。上下颌、犁骨和腭骨均具齿群。前鳃盖骨边缘具 5 根棘，下缘有宽短皮瓣 2 片；鳃盖骨具 2 根棘。体被中大栉鳞，腹部被小圆鳞，头部、胸部和胸鳍基部无鳞。头顶有细小乳头状突起。侧线具粗而深的黏液管。胸鳍宽圆，腋部具 1 片皮瓣。尾鳍截形。体红色，体侧和头部有暗色斑块。背鳍鳍条部、尾鳍、臀鳍、胸具暗色小斑，腹鳍末端稍呈灰黑色。

**鉴别要点** a. 背鳍具 12 根鳍棘，臀鳍具 3 根鳍棘，胸鳍具分支鳍条；b. 腭骨具齿，眼间隔后方具一顶枕窝，体被栉鳞；c. 无额棘，眶下棱具棘；d. 胸鳍腋部具 1 片皮瓣。

**生态习性** 近海暖水性底层鱼类，栖息于潮间带至深水的岩礁或沙底附近，常潜伏在珊瑚礁、石礁、岩缝洞穴中或海藻间；以小鱼、甲壳类和其他无脊椎动物等为食。

**分布区域** 西北太平洋的朝鲜半岛和日本等海域均有分布；我国见于渤海、黄海、东海和南海。本种在浙江南部海域少见；2018 年 8 月于乐清码头发现。

# 58. 斑鳍鲉

*Scorpaena neglecta* Temminck & Schlegel, 1843

标本体长 225 mm

**原始记录** *Scorpaena neglecta* Temminck & Schlegel, 1843, Fauna Japonica Parts 2~4: 43, Pl.17 (Fig.4) (Nagasaki, Japan).

**同种异名** 无

**英 文 名** Scorpionfish (China)

**中文别名** 常鲉、石狗公、石头鱼

**形态特征** 体延长，侧扁。头部棘棱和皮瓣发达。鼻孔每侧 2 个，前鼻孔边缘具薄膜突起，后缘具 1 片皮瓣。上下颌、犁骨和腭骨均具齿群。前鳃盖骨边缘有 5 根棘，鳃盖骨具 2 根棘。体被中大栉鳞，胸部、胸鳍基底和腹部被小圆鳞。胸鳍宽圆，腋部具 1 片皮瓣。尾鳍圆形。体红色，头部和体侧有黑褐色斑块，背鳍具黑色斑纹，雄鱼在第六至第七鳍棘间有一黑色大斑，尾鳍、腹鳍和臀鳍均具灰黑色斑点，胸鳍斑纹显著。

**鉴别要点** a. 背鳍具 12 根鳍棘，臀鳍具 3 根鳍棘，胸鳍具分支鳍条；b. 腭骨具齿，眼间隔后方具一顶枕窝，体被栉鳞；c. 无额棘，眶下棱显著，具 3 根棘；d. 腋部具 1 片皮瓣，雄鱼在第六至第七鳍棘间有一黑色大斑。

**生态习性** 近海暖水性底层鱼类，栖息于潮间带至深水的岩礁或沙质底附近，常潜伏在珊瑚礁、石礁、岩缝洞穴中或海藻间；以小鱼和甲壳类为食。

**分布区域** 西北太平洋的朝鲜半岛和日本等海域均有分布；我国见于渤海、黄海、东海和南海。本种在浙江南部海域少见，冬季相对较多；主要分布于水深 50 m 以深海域。

# 59. 锯棱短棘蓑鲉

***Brachypterois serrulata*** **(Richardson, 1846)**

**标本体长 98 mm**

短棘蓑鲉属Genus *Brachypterois* Fowler, 1938

**原始记录** *Sebastes serrulatus* Richardson, 1846, Report of the British Association for the Advancement of Science 15th meeting (1845): 215 (Off Dong Kang, Picgtung, southern Taiwan (23°31′N, 120°22′E), depth 100 meters).

**同种异名** *Sebastes serrulatus* Richardson, 1846

**英 文 名** Sawcheek scorpionfish (Malaysia); Pygmy lionfish (Indonesia)

**中文别名** 狮子鱼

**形态特征** 体延长，侧扁。头无皮瓣，棘棱低平。上颌中央有一凹缺。上下颌和犁骨均具绒毛状齿群，腭骨无齿。鼻孔每侧 2 个，前鼻孔具一小皮瓣。体和头部均被栉鳞，头部鳞较小，吻部无鳞。侧线伸达尾鳍基底。尾鳍圆形。体红色，体侧具不规则灰褐色斑块。背鳍具红色斑纹，臀鳍具褐红色斜纹，胸鳍具浅黄色点纹，腹鳍具浅黄色斑点，尾鳍具褐红色点列横纹。

**鉴别要点** a. 腹鳍具 1 根鳍棘、5 根鳍条，胸鳍上半部鳍条分支；b. 胸鳍和背鳍均很大，胸鳍至少可伸达臀鳍基底的后半部；c. 下颌腹面有锯齿状隆起棱，体被中大栉鳞。

**生态习性** 近海暖水性底层鱼类，栖息于泥沙质底海域，通常为较深或非隐蔽的河口；以虾类和蟹类等为食。

**分布区域** 印度洋和太平洋的菲律宾、日本等海域均有分布；我国见于东海和南海。本种在浙江南部海域常见，秋季相对较多；主要分布于水深 30 m 以深海域。

# 60. 棱须蓑鲉

## *Apistus carinatus* (Bloch & Schneider, 1801)

标本体长 114 mm

须蓑鲉科Family Apistidae | 须蓑鲉属*Genus Apistus* Cuvier, 1829

**原始记录** *Scorpaena carinata* Bloch & Schneider, 1801, M. E. Blochii, Systema Ichthyologiae: 193 (Tranquebar, Tharangambadi, India).

**同种异名** *Scorpaena carinata* Bloch & Schneider, 1801；*Apistus israelitarum* Cuvier, 1829；*Apistus faurei* Gilchrist & Thompson, 1908；*Apistus balnearum* Ogilby, 1910

**英 文 名** Ocellated waspfish (FAO)；Longfin waspfish (Australia)；Ring-tailed cardinalfish (Malaysia)

**中文别名** 须蓑鲉、狮子鱼

**形态特征** 体延长，侧扁。头背棘棱低弱。上下颌、犁骨和腭骨均具细齿。下颌有 3 根长须。体被细鳞。胸鳍尖长，可伸达尾柄中部，下方具一游离鳍条。尾鳍圆形。体侧上部灰蓝色，下部淡色。背鳍鳍棘部具一大于眼径的黑斑，背鳍上下缘和中央各具一褐红色纵纹，鳍条部具斜行褐色小斑。臀鳍具纵纹，尾鳍具点列横纹，胸鳍褐黑色，腹鳍褐色。

**鉴别要点** a. 胸鳍最下侧具一长游离鳍条，下颌有 3 根长须；b. 背鳍第八至第十三鳍棘具一长椭圆形黑斑。

**生态习性** 近海暖水性底层鱼类，栖息于泥沙或砾石质底的较深海域；以虾类和蟹类等为食。

**分布区域** 印度洋和太平洋的印度尼西亚、菲律宾、澳大利亚、日本等海域均有分布；我国见于东海和南海。本种在浙江南部海域少见；2018 年 9 月于苍南码头发现。

# 61. 虻鲉

***Erisphex pottii* (Steindachner, 1896)**

**标本体长 75 mm**

绒皮鲉科Family Aploactinidae | 虻鲉属Genus *Erisphex* Jordan & Starks, 1904

**原始记录** *Cocotropus pottii* Steindachner, 1896, Annalen des Naturhistorischen Museums in Wien V. 11: 203, Pl. 4 (Fig. 1) (Kobe, Japan).

**同种异名** *Cocotropus pottii* Steindachner, 1896；*Eisphex achrurus* Regan, 1905

**英 文 名** Spotted velvetfish (Japan)

**中文别名** 蜂鲉、绒鲉、黑虎、老虎鱼

**形态特征** 体延长，颇侧扁。头无皮瓣，具多棘。下唇边缘细裂成小须状，下颌腹面具黏液孔 3 对。上下颌、犁骨具绒毛状齿群，腭骨无齿。前鳃盖骨边缘具 4 根尖棘，第一棘最大，鳃盖骨具 2 根小棘。鳞退化，体被绒毛状细刺。侧线具黏液小管 12~14。尾鳍圆形。体灰褐色，腹部浅色，背侧面有时具不规则黑色斑块或小点。背鳍鳍条部、尾鳍、臀鳍和胸鳍黑色，幼鱼尾鳍白色。

**鉴别要点** a. 腹鳍具 1 根鳍棘、1~2 根鳍条；b. 背鳍在第三鳍棘后方有深凹，臀鳍具 1 根鳍棘、10~13 根鳍条；c. 前鳃盖骨具 4 根棘；d. 身体密布绒毛状细刺，体密布不规则斑块或小点。

**生态习性** 近海暖水性底层鱼类，栖息于泥沙质底的较深海域；以虾类和蟹类等为食。

**分布区域** 西太平洋的印度尼西亚、朝鲜半岛和日本等海域均有分布；我国见于渤海、黄海、东海和南海。本种在浙江南部海域常见，冬季相对较多；主要分布于水深 30 m 以深海域。

# 62. 棘绿鳍鱼

***Chelidonichthys spinosus* (McClelland, 1844)**

标本体长 180 mm

鲂鮄科Family Triglidae | 绿鳍鱼属Genus *Chelidonichthys* Kaup, 1873

**原始记录** *Trigla spinosus* McClelland, 1844, Calcutta Journal of Natural History V. 4 (no. 4): 396, Pl. 22 (Fig. 2) (China).

**同种异名** *Trigla spinosa* McClelland, 1844

**英 文 名** Spiny red gurnard (FAO); Bluefin searobin (Japan)

**中文别名** 小眼绿鳍鱼、棘黑角鱼、绿姑、鲂鮄

**形态特征** 体延长，稍侧扁，近似圆筒形。头背面与侧面均被骨板。吻前端中央凹入，两侧吻突广圆形，具几个小钝棘。鼻孔每侧 2 个，前鼻孔具鼻瓣。两颌齿呈绒毛状，排列成齿带。上颌中央具一凹缺，无齿。犁骨具绒毛状齿群，腭骨无齿。前鳃盖骨下角具 2 根棘，鳃盖骨具 2 根棘，肩胛棘大而尖锐。体被细小圆鳞，腹部前半部和胸鳍基底周围无鳞。两背鳍基底盾板分别为 10 对和 15 对，每板具一指向后方的尖棘。胸鳍下方具 3 根指状游离鳍条。尾鳍后缘浅凹。体背侧呈红褐色，具蠕虫状斑纹。腹面白色。第一背鳍和尾鳍红色，第二背鳍具不明显红色纵带，胸鳍内侧呈墨绿色，边缘蓝色。

**鉴别要点** a. 第二背鳍基底有小棘状骨质板，第二背鳍鳍条数 14~18；b. 颊部有显著的隆起线；c. 胸鳍内侧呈墨绿色，边缘蓝色。

**生态习性** 近海暖温性底层鱼类，栖息于泥沙质底的海域，以胸鳍游离鳍条可在海底匍匐爬行；以长尾类、小鱼、头足类、磷虾和糠虾等为食。

**分布区域** 西北太平洋的朝鲜半岛和日本等海域均有分布；我国见于渤海、黄海、东海和南海。本种在浙江南部海域常见，各季节均有出现，冬季和春季相对较多；整个海域均有分布。

# 63. 翼红娘鱼

***Lepidotrigla alata* (Houttuyn, 1782)**

标本体长 81 mm

红娘鱼属Genus *Lepidotrigla* Günther, 1860

**原始记录** *Trigla alata* Houttuyn, 1782, Verhandelingen der Hollandsche Maatschappij der Wetenschappen, Haarlem V. 20 (pt 2) :336 (Japan).

**同种异名** *Trigla alata* Houttuyn, 1782

**英 文 名** Forksnout searobin (Japan)

**中文别名** 翼鳞角鱼、红双角鱼、角仔鱼

**形态特征** 体延长，稍侧扁，前部粗大，向后渐细小。头背面及侧面全被骨板。吻前两侧各有一状似锐三角的大突起，边缘常具锯齿。上下颌具绒毛状齿群，犁骨和腭骨无齿。两背鳍基底两侧各具 1 列有棘盾板。体被栉鳞，不易脱落。头部、胸部及腹部前方无鳞。第一背鳍第 1~3 鳍棘前缘具锯齿。体鲜红色，腹侧白色。胸鳍内侧茶绿色，新鲜时带有红棕色的边缘。

**鉴别要点** a. 第二背鳍基底有小棘状骨质板，第二背鳍鳍条数 14~18；b. 颊部无显著的隆起线；c. 吻突宽大，呈三角形；d. 胸鳍后端不达第二背鳍中央。

**生态习性** 近海暖水性底层鱼类，栖息于泥沙质底的海域；以虾类等无脊椎动物为食。

**分布区域** 西北太平洋的朝鲜半岛和日本等海域均有分布；我国见于东海和南海。本种在浙江南部海域常见，各季节均有出现，冬季和秋季相对较多；主要分布于水深 30 m 以深海域。

# 64. 日本红鲬

***Bembras japonica* Cuvier, 1829**

**标本体长 120 mm**

红鲬科Family Bembridae | 红鲬属Genus *Bembras* Cuvier, 1829

**原始记录** Bembras japonicus Cuvier, 1829, Histoire naturelle des poissons V. 4: 282, Pl. 83 (Japan).

**同种异名** 无

**英 文 名** Red flathead (Japan)

**中文别名** 红鲬、日本赤鲬、红牛尾

**形态特征** 体延长，前部稍侧扁，后部亚圆筒形，向后渐细小。头部棘和棱均发达。鼻孔每侧 2 个，前鼻孔具短瓣。上下颌、犁骨、腭骨均具绒毛状齿群。前鳃盖骨具 4 根棘，上棘较大，前与眶下棱连续。鳃盖骨具 3 根棘。体被中大栉鳞，除吻和眼间隔后部光滑外，头部均被小栉鳞。尾鳍后缘凹截形，上部鳍条稍长。体红色，体侧和背鳍上有黑色斑点，尾柄后端下方具一暗色大斑。胸鳍下方灰黑色。

**鉴别要点** a. 第一背鳍具 1 根鳍棘，臀鳍无鳍棘，鳍条数 13~15；b. 前鳃盖骨具 4 根棘，下鳃盖骨具 1 根棘；c. 体侧和背鳍具黑斑。

**生态习性** 暖水性底层鱼类，常埋于沙中；以无脊椎动物和鱼类等为食。

**分布区域** 西北太平洋的日本等海域有分布；我国见于东海和南海。本种在浙江南部海域少见，仅在夏季发现；仅在玉环水深 60 m 以深的海域发现。

# 65. 鳄鲬

***Cociella crocodilus* (Cuvier, 1829)**

**标本体长 142 mm**

鲬科Family Platycephalidae | 鳄鲬属Genus *Cociella* Whitley, 1940

**原始记录** *Platycephalus crocodilus* Cuvier, 1829, Histoire naturelle des poissons V. 4: 256 (Nagasaki, Japan).

**同种异名** *Platycephalus crocodilus* Cuvier, 1829；*Platycephalus crocodilus* Tilesius, 1814；*Platycephalus guttatus* Cuvier, 1829；*Platycephalus inermis* Jordan & Evermann, 1902

**英 文 名** Crocodile flathead (FAO)；Spotted flathead (India)；Flathead (Malaysia)

**中文别名** 斑瞳鲬、斑点鳄牛尾鱼、正鳄鲬、眼眶牛尾鱼

**形态特征** 体延长，平扁，向后渐细尖。头平扁，尖长，棘棱显著。鼻孔每侧 2 个，前鼻孔具鼻瓣，后鼻孔具短管状突起。上下颌、犁骨和腭骨均具绒毛状齿群。前鳃盖骨具 2 根棘，上棘大，鳃盖骨具 2 条细棱，后端各具 1 根棘。体被小栉鳞，头部前端和腹面无鳞。侧线完全，前方第 2~4 片侧线鳞各具 1 根弱棘。尾鳍圆形。体黄褐色，背侧面具 4~5 条暗褐色宽大横纹和许多棕黑色小圆斑。第一背鳍后半部黑色，第二背鳍具 3~4 纵行暗色斑点。臀鳍和腹鳍灰褐色。胸鳍上部具灰褐色斑点，下部暗褐色。尾鳍具黑褐色不规则斑块。

**鉴别要点** a. 眼间隔狭，头部棘强大，眶前骨具棘；b. 侧线孔数一般 60 以下；c. 吻短，吻长仅为眼径的 1.3~1.5 倍；d. 侧线前方数鳞具棘；e. 间鳃盖骨下缘无皮瓣。

**生态习性** 近海暖水性底层鱼类，栖息于泥沙质底的海域；以小鱼、虾和无脊椎动物等为食。

**分布区域** 印度洋的红海和太平洋的日本、澳大利亚、菲律宾等海域均有分布；我国见于渤海、黄海、东海和南海。本种在浙江南部海域少见，2018 年 9 月于洞头码头发现。

# 66. 横带棘线鲬

***Grammoplites scaber*** **(Linnaeus, 1758)**

标本体长 198 mm

棘线鲬属Genus *Grammoplites* Fowler, 1904

**原始记录** *Cottus scaber* Linnaeus, 1758, Systema Naturae, Ed. XV. 1: 265 (probably East Indies).

**同种异名** *Cottus scaber* Linnaeus, 1758；*Platycephalus neglectus* Troschel, 1840

**英 文 名** Rough flathead (FAO)；Flathead (Malaysia)

**中文别名** 棘线鲬、横带牛尾鱼、竹甲、狗祈仔、牛尾

**形态特征** 体延长，平扁，向后渐狭小。头平扁，尖长，背面无颗粒状突起，棘棱显著。眼稍小，虹膜略下凸。鼻孔每侧 2 个，前鼻孔具鼻瓣，后鼻孔具短管。上下颌、犁骨和腭骨均具绒毛状齿群，犁骨齿群分离。前鳃盖骨具 2 根棘，鳃盖骨具 2 条长棱，末端具小棘。体被栉鳞，后部和胸部鳞细小，吻部无鳞。每一侧线鳞各具 1 根棘。尾鳍圆截形。体褐黄色，背侧具 4 条黑褐色宽大横纹。第一背鳍、胸鳍、腹鳍灰黑色，第二背鳍和尾鳍具多行黑点列纹。

**鉴别要点** a. 眼间隔狭，头部棘强大，眶前骨具棘，眶下棱具 2~4 根棘；b. 侧线孔数一般 60 以下；c. 吻短，吻长仅为眼径的 1.3~1.5 倍；d. 侧线鳞均具棘，棘强可超过后一鳞片后缘；e. 眼间隔为头长的 9%~13.1%。

**生态习性** 近海暖水性底层鱼类，栖息于泥沙质底的海域；以小鱼、虾和无脊椎动物等为食。

**分布区域** 印度洋和太平洋的印度尼西亚、越南、泰国等海域均有分布；我国见于东海和南海。本种在浙江南部海域少见，仅在秋季发现；仅在苍南水深 20 m 处海域发现。

# 67. 鲬

***Platycephalus indicus*** **(Linnaeus, 1758)** **标本体长 255 mm**

鲬属Genus *Platycephalus* Bloch, 1795

**原始记录** *Callionymus indicus* Linnaeus, 1758, Systema Naturae, Ed. XV. 1: 250 (Indo-West Pacific, Asia).

**同种异名** *Callionymus indicus* Linnaeus, 1758；*Cottus insidiator* Forsskål, 1775；*Cottus madagascariensis* Lacepède, 1801

**英 文 名** Bartail flathead (FAO)；Indian flathead (Malaysia)；Flathead (China)

**中文别名** 印度鲬、印度牛尾鱼、牛尾

**形态特征** 体延长，平扁，向后渐狭小。头平扁，骨棱低平。鼻孔每侧 2 个，前鼻孔后缘具一鼻瓣。上下颌、犁骨和腭骨均具绒毛状齿群。前鳃盖骨具 2 根棘，鳃盖骨具 1 条细棱，间鳃盖骨具一舌状皮瓣。体被小栉鳞，吻部和头的腹面无鳞。尾鳍圆截形。体黄褐色，背侧具暗黑色斑点。臀鳍浅灰色，胸鳍灰黑色，密具暗褐色小斑，腹鳍浅褐色，具不规则小斑，尾鳍具黑斑。

**鉴别要点** a. 眼间隔大，头部棘弱，侧线孔数一般 60 以上，眶前骨棘不明显；b. 体呈黄褐色，腹面白色，尾鳍具黑斑。

**生态习性** 近海暖水性底层鱼类，栖息于沿岸泥沙质底的海域；以甲壳类、鱼类、头足类和贝类等为食。

**分布区域** 印度洋和太平洋的菲律宾、马来西亚、日本等海域均有分布；我国见于渤海、黄海、东海和南海。本种在浙江南部海域常见，夏季相对较多；整个海域均有分布。

# 68. 吉氏棘鲬

***Hoplichthys gilberti*** **Jordan & Richardson, 1908**

标本体长 105 mm

棘鲬科Family Hoplichthyidae | 棘鲬属Genus *Hoplichthys* Cuvier, 1829

**原始记录** *Hoplichthys gilberti* Jordan & Richardson, 1908, Proceedings of the United States National Museum Ⅴ. 33 (no. 1581): 647, Fig. 6 (Suruga Bay, Japan, depth 8 fathoms).

**同种异名** 无

**英 文 名** Gilbert’s spiny flathead (Japan)；Ghost flathead (Malaysia)

**中文别名** 短指棘鲬、吉氏针鲬、吉贝特针鲬、针牛尾

**形态特征** 体延长，平扁。头背面粗糙，棱和棘均发达。上下颌、犁骨和腭骨均具颗粒状齿群。前鳃盖骨具一大棘，鳃盖骨有2条棱，后端各具1根棘，下鳃盖骨无棘。胸鳍基部上方具1根棘。体侧具1纵行骨板，27~28个，每一骨板具1斜行粒状锯齿和2根棘，上棘大，下棘不明显。头部、体下侧和腹面无鳞，各鳍均无鳞。无侧线。胸鳍具丝状延长鳍条，伸达臀鳍前端上方，下方具3~4根游离鳍条，不伸达胸鳍后端。尾鳍截形，略圆凸。体黄褐色，具斑点和斑纹。头部具1条横纹。体侧在第一背鳍前半部，第二背鳍第1~2鳍条，第7~10鳍条和第13~15鳍条等处下方各具1条横纹。第一背鳍前方具一白斑。胸鳍有少数斑点。第二背鳍、臀鳍、腹鳍和尾鳍无斑纹。

**鉴别要点** a. 下颌腹面有小棘；b. 体侧骨板后方有一强棘，吻较短；c. 胸鳍下方游离鳍条不达胸鳍上叶末端。

**生态习性** 暖水性底层鱼类，栖息于水深170~280 m海底，常半埋于沙土中；以无脊椎动物等为食。

**分布区域** 印度洋和太平洋的菲律宾、日本等海域均有分布；我国见于东海和南海。本种在浙江南部海域少见，仅在冬季发现；仅在玉环东侧水深50 m处发现。

# 69. 日本发光鲷

***Acropoma japonicum*** **Günther, 1859**

**标本体长 72 mm**

鲈形目Order Perciformes | 发光鲷科Family Acropomatidae | 发光鲷属Genus *Acropoma* Temminck & Schlegel, 1843

**原始记录** *Acropoma japonicum* Günther, 1859, Catalogue of the fishes in the British Museum Ⅴ. 1: 250 (Japanese Sea).

**同种异名** *Synagrops splendens* Lloyd, 1909

**英 文 名** Glowbelly (FAO)；Japanese bass (Australia)

**中文别名** 发光鲷、光棘尖牙鲷、目本仔、深水恶

**形态特征** 体长椭圆形而侧扁，腹面具“U”形发光器。下颌缝合处不具棘状突起。上颌两侧齿呈绒毛带状，前端内侧具犬齿；下颌齿细小，单行缝合处具 2 枚小犬齿；犁骨和腭骨具绒毛状齿。体被弱栉鳞，鳞较大且易脱落。侧线鳞数 43~45。尾鳍深叉形。肛门周围黑色，位于腹鳍末端之前。体略呈浅赤色，腹部色较淡。

**鉴别要点** a. 臀鳍鳍棘数 3，腹鳍鳍棘前缘光滑；b. 肛门距腹鳍起点较臀鳍起点近或相等，且肛门位于腹鳍末端之前；c. 体高为体长的 30% 以上，侧线鳞数 43~45。

**生态习性** 近海暖水性底层鱼类；以桡足类、糠虾和底栖端足类等为食。

**分布区域** 印度洋和太平洋的印度尼西亚、日本、澳大利亚等海域均有分布；我国见于黄海、东海和南海。本种在浙江南部海域常见，各季节均有出现，夏季相对较多；主要分布于水深 30 m 以深海域。

# 70. 赤鯥

***Doederleinia berycoides* (Hilgendorf, 1879)**

标本体长 126 mm

赤鯥属Genus *Doederleinia* Steindachner, 1883

**原始记录** *Anthias berycoides* Hilgendorf, 1879, Sitzungsberichte der Gesellschaft Naturforschender Freunde zu Berlin 1879: 79 (Honshu, Japan).

**同种异名** *Anthias berycoides* Hilgendorf, 1879；*Doederleinia orientalis* Steindachner & Döderlein, 1883；*Rhomboserranus gracilispinis* Fowler, 1943

**英 文 名** Blackthroat seaperch (FAO)；Rosy seabass (Australia)

**中文别名** 红臭鱼、红鲈、黑喉

**形态特征** 体长椭圆形而侧扁。下颌缝合处不具棘状突起。上下颌前端具犬齿，侧边、腭骨、犁骨则具绒毛状齿，舌上不具齿。前鳃盖骨具小棘，下缘具细齿。鳃盖骨具 2 根棘。体被弱栉鳞，鳞大易脱落。侧线鳞数 41~49。尾鳍浅叉形。鲜活时体一致为赤红色，腹部较淡。背鳍鳍棘部和尾鳍边缘黑色。

**鉴别要点** a. 臀鳍鳍棘数 3，腹鳍鳍棘前缘光滑；b. 肛门距臀鳍起点较腹鳍起点近，且下颌前端无棘；c. 活体为赤红色，侧线鳞数 41~49，为栉鳞。

**生态习性** 暖水性底层鱼类；以甲壳动物和软体动物等为食。

**分布区域** 印度洋和太平洋的日本、澳大利亚等海域均有分布；我国见于黄海和东海。本种在浙江南部海域少见，仅在春季发现；仅在南麂东侧水深 60 m 处发现。

# 71. 菲律宾尖牙鲈

***Synagrops philippinensis*** (Günther, 1880)

**标本体长 56 mm**

尖牙鲈属Genus *Synagrops* Alcock, 1889

**原始记录** *Acropoma philippinense* Günther, 1880, Report on the shore fishes procured during the voyage of H. M. S. Challenger in the years 1873—1876 Ⅴ. 1 (pt 6): 51 (Philippines, Challenger station 201, depth 82~102 fathoms).

**同种异名** *Acropoma philippinense* Günther, 1880；*Synagrops malayanus* Weber, 1913

**英 文 名** Sharptooth seabass (Malaysia)

**中文别名** 腹棘尖牙鲈、小鳞尖牙鲈、深水天竺鲷、深水大面侧仔

**形态特征** 体长椭圆形而侧扁。上下颌前端具犬齿，侧边、腭骨、犁骨则具绒毛状齿。前鳃盖骨后缘平滑，下缘具细齿。体被圆鳞，鳞大易脱落。尾鳍深叉形。体一致为黑褐色，腹部较淡。除尾鳍色深外，各鳍颜色皆较淡。

**鉴别要点** a. 臀鳍鳍棘数 2，腹鳍鳍棘前缘锯齿状；b. 第一背鳍和臀鳍第二鳍棘前缘光滑。

**生态习性** 暖水性底层鱼类，栖息水深 30~200 m；肉食性。

**分布区域** 印度洋和太平洋的菲律宾、日本、澳大利亚等海域均有分布；我国见于东海和南海。本种在浙江南部海域常见，夏季相对较多；主要分布于水深 30 m 以深海域。

# 72. 中国花鲈

**_Lateolabrax maculatus_ (McClelland, 1844)**

标本体长 613 mm

花鲈科Family Lateolabracidae | 花鲈属Genus *Lateolabrax* Bleeker, 1855

**原始记录** *Holocentrum maculatum*, McClelland, 1844, J. Nat. Hist. Calcutta, 4: 395, Pl.21, Fig.1 (Ningbo and Zhoushan, China).

**同种异名** *Holocentrum maculatum* McClelland, 1844

**英 文 名** Chinese Sea Bass (Japan)

**中文别名** 花鲈、鲈鱼、海鲈鱼

**形态特征** 体延长、侧扁。上下颌、犁骨和腭骨均具绒毛状齿带，舌无齿。前鳃盖骨后缘具齿，隅角处锯齿较大，下缘有 3 根棘。鳃盖骨后缘具一扁平而尖的大棘。头、体被小栉鳞，背鳍和臀鳍基部具鳞鞘。尾鳍分叉较浅。侧线完全。体侧和第一背鳍鳍膜具若干黑色斑点，随年龄增长黑斑会逐渐隐退。

**鉴别要点** a. 尾柄细长，背鳍鳍条数 12~14（少数 15），尾鳍后缘深凹；b. 躯干部有黑斑，且黑斑大小可大于鳞片。

**生态习性** 近海暖温性底层鱼类，栖息于河口咸淡水水域，可进入内河索饵；以虾类、蟹类和鱼类等为食。

**分布区域** 西太平洋的越南、朝鲜半岛和日本等海域均有分布；我国见于渤海、黄海、东海和南海。本种在浙江南部海域常见，各季节均有出现；冬季在整个海域均有分布，其他季节主要分布于等深线 20 m 以浅海域。

**分类短评** 据 Yokogawa 等 (1995) 研究，中国花鲈与日本花鲈〔*Lateolabrax japonicus* (Cuvier, 1828)〕应为不同物种；Seung 等 (2016) 从分子角度亦同意此观点。在形态上，前者的色素点相对较大，其大小可超过单个鳞片的大小；而后者色素点无或较小，其大小均小于单个鳞片的大小。本书协助者莫文军先生在温岭码头发现的日本花鲈，与中国花鲈在形态上存在较大差异；故本书认为其应为 2 个有效种。

# 73. 双带黄鲈

***Diploprion bifasciatum* Cuvier, 1828**

**标本体长 80 mm**

鮨科Family Serranidae | 黄鲈属Genus *Diploprion* Cuvier, 1828

**原始记录** *Diploprion bifasciatum*, Cuvier, 1828, Histoire naturelle des poissons Ⅴ. 2: 137, Pl. 21 (Java, Indonesia).

**同种异名** 无

**英 文 名** Barred soapfish (FAO)；Two banded grouper (Indonesia)；Two-banded perch (Malaysia)；Yellow emperor (Australia)

**中文别名** 黄鲈、双带鲈、涎鱼、虱梅鱼

**形态特征** 体延长而侧扁。上下颌、腭骨和犁骨均具齿。前鳃盖后缘锯齿状。体被细小栉鳞，侧线鳞数 94~108。尾鳍圆形。体前半部淡黄色，后半部黄色。体侧有两条暗灰色宽横带，其中一条在头部，另一条在体中部。除背鳍硬棘部暗色，腹鳍具黑缘外，各鳍为黄色。幼鱼背鳍第 2~3 鳍棘特别延长，呈丝状。

**鉴别要点** a. 背鳍鳍棘数 6~9，鳍条数 13~16；臀鳍鳍棘数 2，鳍条数 12~13；b. 腹鳍第五鳍条与腹部间有膜相连，背鳍鳍棘部鳍膜发达；c. 前鳃盖骨后缘锯齿状；d. 身体呈淡黄色，有两条暗灰色横带。

**生态习性** 近海暖水性鱼类，栖息于珊瑚礁或岩礁的洞穴或缝隙中；以虾类、蟹类和鱼类等为食。

**分布区域** 印度洋和太平洋的菲律宾、印度尼西亚、日本等海域均有分布；我国见于东海和南海。本种在浙江南部海域少见；2018 年 9 月于苍南码头发现。

# 74. 赤点石斑鱼

***Epinephelus akaara*** **(Temminck & Schlegel, 1842)**

标本体长 193 mm

石斑鱼属Genus *Epinephelus* Bloch, 1793

**原始记录** *Serranus akaara* Temminck & Schlegel, 1842, Fauna Japonica Part 1: 9, P1. 3 (Fig.1) (Nagasaki, Nagasaki Prefecture, Kyūshū, Japan).

**同种异名** *Serranus akaara* Temminck & Schlegel, 1842；*Serranus shihpan* Richardson, 1846；*Serranus variegatus* Richardson, 1846；*Epinephelus ionthas* Jordan & Metz, 1913；*Epinephelus lobotoides* Nichols, 1913

**英 文 名** Hong Kong grouper (FAO)；Red grouper (China)

**中文别名** 双棘石斑鱼、石斑、过鱼

**形态特征** 体长椭圆形，侧扁而粗壮。上下颌前端具少数大犬齿，两侧齿细尖，可向后倒伏。前鳃盖骨后缘具弱锯齿，下缘光滑。鳃盖骨后缘具 3 根扁棘。体被细小栉鳞，侧线鳞数 92~100。尾鳍圆形。体灰褐色，头部、体侧和奇鳍上散布小型橙黄色、红色或橘色斑点。体侧另具 6 条不明显的暗色横带。背鳍基底具一黑斑。

**鉴别要点** a. 背鳍鳍棘数 11，臀鳍鳍条数 8；b. 背鳍鳍棘前部高于后部，侧线管仅 1 个开口，尾鳍后缘圆形；c. 活体头体部均密布红色或橙色斑点，背鳍基底中部有一黑色斑块。

**生态习性** 近海暖温性中下层鱼类，栖息于岩礁质底海域；以虾类和鱼类等为食。

**分布区域** 西北太平洋的朝鲜半岛、日本等海域均有分布；我国见于东海和南海。本种在浙江南部海域少见；2018 年 9 月于苍南码头发现。

# 75. 青石斑鱼

*Epinephelus awoara* (Temminck & Schlegel, 1842)

标本体长 178 mm

**原始记录** *Serranus awoara* Temminck & Schlegel, 1843, Fauna Japonica Part 1: 9, P1. 3 (Fig.2) (Nagasaki, Japan).

**同种异名** *Serranus awoara* Temminck & Schlegel, 1842

**英 文 名** Yellow grouper (FAO)；Banded grouper (Japan)

**中文别名** 石斑、糯米格、过鱼、鲙

**形态特征** 体呈长椭圆形，侧扁。上下颌前端具圆锥齿，两侧齿细尖。犁骨和腭骨具绒毛状齿，舌上无齿。前鳃盖骨后缘具细锯齿，鳃盖骨后缘具 3 根扁棘。体被细小栉鳞，侧线鳞数 98~104。尾鳍圆形。头部和体侧上半部呈灰褐色，腹部则呈金黄色或色淡。体侧具 4 条暗色横带，尾柄处亦具 1 条横斑，另在头颈部具一不明显横斑。头部和体侧散布小黄点，体侧和奇鳍常具灰白色小点。背鳍、臀鳍鳍条部和尾鳍具黄缘。

**鉴别要点** a. 背鳍鳍棘数 11，臀鳍鳍条数 8；b. 背鳍鳍棘前部高于后部，侧线管仅 1 个开口，尾鳍后缘圆形；c. 侧线鳞中央无淡色区域，体侧具 4 条暗色横带；d. 体侧上半部暗色横带边缘无黑色斑点，活体体侧散布黄色斑点。

**生态习性** 近海暖水性中下层鱼类，栖息于沿海岛礁海域；以虾类和鱼类等为食。

**分布区域** 西太平洋的越南、朝鲜半岛和日本等海域均有分布；我国见于东海和南海。本种在浙江南部海域少见；2018 年 9 月于苍南码头发现。

# 76. 寿鱼

## *Banjos banjos* (Richardson, 1846)

标本体长 198 mm

寿鱼科Family Banjosidae | 寿鱼属Genus *Banjos* Bleeker, 1876

**原始记录** *Anoplus banjos* Richardson, 1846: Report of the British Association for the Advancement of Science 15th meeting (1845): 236 (Seas of Japan).

**同种异名** *Anoplus banjos* Richardson, 1846；*Banjos typus* Bleeker, 1876；*Banjos banjos brevispinis* Matsunuma & Motomura, 2017

**英 文 名** Banjofish (Viet Nam)

**中文别名** 扁棘鲷、打铁婆

**形态特征** 体甚高，明显侧扁。上下颌齿细小，犁骨具齿，腭骨无齿。前鳃盖骨具锯齿缘，鳃盖骨无棘。两眼间隔区有 2 条纵脊。体被弱栉鳞，易脱落。尾鳍微凹形。体灰褐色，背鳍和臀鳍鳍条部上具有一大黑斑，腹鳍黑色，尾鳍具多个黑斑，奇鳍均具白色边缘。

**鉴别要点** a. 鳃盖骨无棘，上下颌、犁骨具齿，腭骨无齿；b. 背鳍和臀鳍鳍条部上具一大黑斑。

**生态习性** 近海暖水性中下层鱼类，栖息于沿海岛礁海域；以虾类和鱼类等为食。

**分布区域** 西太平洋的越南和日本等海域均有分布；我国见于东海和南海。本种在浙江南部海域少见，2018 年 9 月于苍南码头发现。

# 77. 日本牛目鲷

## *Cookeolus japonicus* (Cuvier, 1829)

标本体长 225 mm

大眼鲷科Family Priacanthidae | 牛目鲷属Genus *Cookeolus* Fowler, 1928

**原始记录** *Priacanthus japonicus* Cuvier, 1829: Histoire naturelle des poissons Ⅴ. 3: 106, Pl. 50 (Japan).

**同种异名** *Priacanthus japonicus* Cuvier, 1829；*Priacanthus macropterus* Valenciennes, 1831；*Priacanthus macropus* Valenciennes, 1831；*Priacanthus alticlarens* Valenciennes, 1862；*Priacanthus supraarmatus* Hilgendorf, 1879；*Priacanthus velabundus* McCulloch, 1915

**英 文 名** Longfinned bullseye (FAO)；Bulleye (AFS)；Big-fin bigeye (Indonesia)

**中文别名** 黑鳍大眼鲷、日本红目大眼鲷、大目仔、红目鲢

**形态特征** 体较高，侧扁，呈卵圆形。眼较大。上下颌骨、犁骨和腭骨均具齿。前鳃骨后缘和下缘具锯齿并具有一后向的强棘。头体部被栉鳞，不易脱落。侧线完全，侧线上鳞列数 16~20。腹鳍长而大，等于或大于头长。尾鳍圆形。体一致呈红色。腹鳍鳍膜呈黑色，背鳍、臀鳍和尾鳍具黑缘。

**鉴别要点** a. 体长为体高的 2 倍以上，眼较大；b. 背鳍无缺刻，腹鳍巨大，向后可越过臀鳍起点。

**生态习性** 近海暖水性中下层鱼类，栖息于水深 60~400 m 的岛礁海域；以鱼类和甲壳类等为食。

**分布区域** 大西洋、印度洋和太平洋的热带、亚热带海域均有分布；我国见于东海和南海。本种在浙江南部海域少见，2019 年 8 月于洞头码头发现。

# 78. 短尾大眼鲷

***Priacanthus macracanthus*** **Cuvier, 1829**

标本体长 165 mm

大眼鲷属Genus *Priacanthus* Oken, 1817

**原始记录** *Priacanthus macracanthus* Cuvier, 1829, Histoire naturelle des poissons Ⅴ. 3: 108 (Ambon Island, Molucca Islands, Indonesia).

**同种异名** *Priacanthus benmebari* Temminck & Schlegel, 1842；*Priacanthus junonis* De Vis, 1884

**英 文 名** Red bigeye (FAO)；Red bullseye (Philippines)；Large-spined big-eye (Malaysia)；Spotted-fin glasseye (Australia)；Short-tailed big-eye (China)

**中文别名** 大棘大眼鲷、大目仔、大眼鲷、红目鲢

**形态特征** 体呈长椭圆形，侧扁。眼较大，瞳孔大半位于体中线下方。上下颌齿细小，犁骨和腭骨均具绒毛状齿，舌上无齿。前鳃骨边缘具细锯齿，隅角处有一强棘。头体部被栉鳞，不易脱落。侧线完全。腹鳍中长，短于头长。尾鳍浅凹，上下叶不延长。全体呈红色，腹部较浅。背鳍、腹鳍和臀鳍鳍膜具黄色斑点。

**鉴别要点** a. 体长为体高的 2 倍以上；b. 背鳍无缺刻，腹鳍不达或刚达臀鳍起点；c. 尾鳍浅凹，背鳍、臀鳍和腹鳍上具黄色斑点，最大体高在肛门附近。

**生态习性** 近海暖水性近底层鱼类，栖息于水深 20~400 m 的岩礁性海域；以小型头足类、浮游甲壳类、短尾类和小鱼等为食。

**分布区域** 太平洋的澳大利亚、印度尼西亚、俄罗斯和日本等海域均有分布；我国见于渤海、黄海、东海和南海。本种在浙江南部海域常见，夏季相对较多；主要分布于水深 30 m 以深海域。

# 79. 宽条鹦天竺鲷

***Ostorhinchus fasciatus* (White, 1790)**

**标本体长 65 mm**

天竺鲷科Family Apogonidae | 鹦天竺鲷属Genus *Ostorhinchus* Lacepède, 1802

**原始记录** *Mullus fasciatus* White, 1790, Journal of a voyage to New South Wales: 268, Pl. 53 (Fig. 1) (Port Jackson, New South Wales, Australia).

**同种异名** *Mullus fasciatus* White, 1790；*Apogon quadrifasciatus* Cuvier, 1828；*Apogon monogramma* Günther, 1880；*Apogon evanidus* Fowler, 1904；*Amia elizabethae* Jordan & Seale, 1905

**英 文 名** Broadbanded cardinalfish (FAO)；Sawcheek cardinalfish (AFS)；Four-banded cardinalfish (Malaysia)；Indian striped cardinalfish (Indonesia)；Twostripe cardinal (Viet Nam)；Cardinal fish (China)

**中文别名** 四线天竺鲷、宽条天竺鲷、大目侧仔

**形态特征** 体呈长椭圆形，侧扁。鼻孔每侧 2 个，前鼻孔具鼻瓣。上下颌、犁骨、腭骨具绒毛状齿，舌上无齿。前鳃盖骨边缘具细锯齿，鳃盖骨后缘具 1 棘。体被弱栉鳞，易脱落。头部仅颊部、鳃盖被鳞。尾鳍浅凹。体银灰色，体侧有 2 条灰褐色纵带；一条较细，自眼眶上方起至第二背鳍基底末端下方；另一条较粗，自吻端起经眼直达尾鳍末端。第二背鳍近基底处具一黑褐色细带，其余各鳍色浅。

**鉴别要点** a. 腹部无发光器，消化道黑色；b. 第一背鳍鳍棘数 7，臀鳍鳍条数 8~9，侧线鳞数少于 29；c. 背鳍第四鳍棘最长，尾鳍后缘浅凹；d. 体侧具纵带可伸达尾鳍末端，尾柄无黑斑。

**生态习性** 近海暖水性中下层鱼类，栖息于泥沙质底的海域；雄鱼具口孵行为；以多毛类和其他底栖无脊椎动物等为食。

**分布区域** 红海、波斯湾、菲律宾、日本和澳大利亚等海域均有分布；我国见于东海和南海。本种在浙江南部海域常见，夏季相对较多；主要分布于水深 30 m 以深海域。

**分类短评** 据Fraser (2005) 研究，四线天竺鲷 (*Apogpn quadrifasciatus* Cuvier, 1828) 是宽条鹦天竺鲷的同种异名。

# 80. 半线鹦天竺鲷

***Ostorhinchus semilineatus*** **(Temminck & Schlegel, 1842)**

标本体长 64 mm

**原始记录** *Apogon semilineatus* Temminck & Schlegel, 1842, Fauna Japonica Part 1: 4, Pl. 2 (Fig. 3) (Japan).

**同种异名** *Apogon semilineatus* Temminck & Schlegel, 1842

**英 文 名** Half-lined cardinal (FAO)；Black-tipped cardinalfish (Malaysia)

**中文别名** 半线天竺鲷、大目侧仔

**形态特征** 体呈长椭圆形，侧扁。鼻孔每侧 2 个，前鼻孔具鼻瓣。上下颌、犁骨、腭骨均具绒毛状齿，舌上无齿。前鳃盖骨边缘具细锯齿，鳃盖骨后缘具短棘。体被弱栉鳞，易脱落。头部仅颊部、鳃盖被鳞。尾鳍浅凹。体桃红色，体侧有 2 条黑色纵带：一条较细，自吻端经眼上缘向后伸达第二背鳍基底中央下方；另一条较粗，自吻端穿越眼至鳃盖骨边缘。尾柄末端中央具一黑色圆斑。第一背鳍鳍棘顶端具一黑斑。其余各鳍色浅。

**鉴别要点** a. 腹部无发光器，消化道黑色；b. 第一背鳍鳍棘数 7，臀鳍鳍条数 8~9，侧线鳞数少于 29；c. 尾鳍后缘浅凹；d. 体侧具纵带，仅伸达体前半部，尾柄具一黑斑。

**生态习性** 近海暖水性中下层鱼类，栖息于岩礁海域，喜群居；雄鱼具口孵行为；以浮游动物或其他底栖无脊椎动物为食。

**分布区域** 印度洋和太平洋的印度尼西亚、日本、澳大利亚和菲律宾等海域均有分布；我国见于渤海、黄海、东海和南海。本种在浙江南部海域少见，夏季相对较多；主要分布于水深 30 m 以深海域。

**分类短评** 据 Mabuchi 等（2014）基于形态学和分子系统发育的研究，将本种由天竺鲷属（*Apogon*）调整至鹦天竺鲷属。

# 81. 斑鳍银口天竺鲷

***Jaydia carinatus* (Cuvier, 1828)**

标本全长 70 mm

银口天竺鲷属Genus *Jaydia* Smith, 1961

**原始记录** *Apogon carinatus* Cuvier, 1828, Histoire naturelle des poissons Ⅴ. 2: 157 (Japan).

**同种异名** *Apogon carinatus* Cuvier, 1828

**英 文 名** Ocellate cardinalfish (Australia)；Spotsail cardinalfish (Japan)；Backspot cardinalfish (Viet Nam)

**中文别名** 斑鳍天竺鲷、单斑天竺鲷、大目侧仔

**形态特征** 体长椭圆形，侧扁。鼻孔每侧 2 个，前鼻孔具鼻瓣。上下颌、犁骨和腭骨均具绒毛状齿，舌无齿。前鳃盖骨边缘具小锯齿。体被弱栉鳞，易脱落。颊部和鳃盖部被鳞。尾鳍圆形。体棕灰色，每一鳞片边缘色较深，各鳞片相连时呈不明显的若干纵条。在第二背鳍第 6~9 鳍条基底上具一大黑斑点。臀鳍具黑色边缘。

**鉴别要点** a. 腹部无发光器，消化道黑色；b. 臀鳍鳍条数 8~9，第一背鳍鳍棘数 7，侧线鳞数少于 29；c. 背鳍第四鳍棘长于第三鳍棘，尾鳍后缘圆形、截形或微凸；d. 第二背鳍具一大黑斑，臀鳍外缘黑色，体侧无色暗的细横带。

**生态习性** 近海暖水性底层鱼类，栖息于泥沙质底的海域；雄鱼具口孵行为；以小型底栖无脊椎动物等为食。

**分布区域** 朝鲜半岛、日本和澳大利亚等海域均有分布；我国见于东海和南海。本种在浙江南部海域常见，秋季相对较多；主要分布于水深 40 m 以深海域。

**分类短评** 据 Mabuchi 等（2014）基于形态学和分子系统发育的研究，将本种由天竺鲷属（*Apogon*）调整至银口天竺鲷属。

# 82. 截尾银口天竺鲷

***Jaydia truncata* (Bleeker, 1855)**

标本体长 60 mm

**原始记录** *Apogon truncatus* Bleeker, 1855, Natuurkundig Tijdschrift voor Nederlandsch Indië Ⅴ. 7 (no. 3): 415 (Jakarta, Java, Indonesia).

**同种异名** *Apogon truncatus* Bleeker, 1855；*Apogonichthys taeniopterus* Bleeker, 1860；*Apogon arafurae* Günther, 1880

**英 文 名** Flagfin cardinalfish (FAO)

**中文别名** 截尾天竺鲷、黑边天竺鱼、黑边银口天竺鲷、天竺鲷、大目侧仔

**形态特征** 体呈长椭圆形，侧扁。鼻孔每侧 2 个，前鼻孔具鼻瓣。上下颌、犁骨和腭骨均具绒毛状齿，舌无齿。前鳃盖骨边缘光滑，隅角具细锯齿。体被弱栉鳞，易脱落。头部仅颊部被鳞。尾鳍圆形。体侧有时隐具暗色黑斑 5~6 个。头顶部、颌部具黑色小斑点。第一背鳍端部黑色，第二背鳍中央具一黑色纵带，边缘黑色，臀鳍中央具一黑色纵带。胸鳍浅色。尾鳍后缘黑色。

**鉴别要点** a. 腹部无发光器，消化道黑色；b. 第一背鳍鳍棘数 7，臀鳍鳍条数 8~9，侧线鳞数少于 29；c. 背鳍第四鳍棘长于第三鳍棘，尾鳍后缘圆形、截形或微凸；d. 体侧无横纹，第二背鳍中央具一黑色纵带，臀鳍中央具一黑条纹，尾鳍边缘黑色。

**生态习性** 近海中下层鱼类，栖息于泥沙质底的 100 m 以浅海域；雄鱼具口孵行为；以多毛类和其他底栖无脊椎动物等为食。

**分布区域** 印度洋和太平洋的印度尼西亚、马绍尔群岛、日本和澳大利亚等海域均有分布；我国见于东海和南海。本种在浙江南部海域少见，夏季相对较多；仅在洞头东侧水深 50 m 处海域发现。

**分类短评** 据 Gon（1996）基于形态学的研究，黑边天竺鲷（*Apogpn ellioti* Day, 1875）是截尾银口天竺鲷的同种异名；Mabuchi 等（2014）亦同意此观点。且据 Mabuchi 等（2014）基于形态学和分子系统发育的研究，将本种由天竺鲷属（*Apogon*）调整至银口天竺鲷属。

# 83. 细条银口天竺鲷

***Jaydia lineata*** **(Temminck & Schlegel, 1842)**

**标本体长 66 mm**

**原始记录** *Apogon lineatus* Temminck & Schlegel, 1842, Fauna Japonica Part 1: 3 (Nagasaki, Japan).

**同种异名** *Apogon lineatus* Temminck & Schlegel, 1842

**英 文 名** Indian perch (Malaysia); Verticalstriped cardinalfish (Japan)

**中文别名** 细条天竺鲷、天竺鲷、大目侧仔

**形态特征** 体呈长椭圆形，侧扁。两颌具 1 行绒毛状齿，犁骨和腭骨均具细齿，舌无齿。前鳃盖骨下缘波纹状，鳃盖骨无棘。体被弱栉鳞。头部仅颊部被鳞。尾鳍圆形。体侧具 9~11 条灰褐色细横条纹。头顶部、背鳍和尾鳍边缘具稀疏小黑点，各鳍色浅。

**鉴别要点** a. 腹部无发光器，消化道黑色；b. 第一背鳍鳍棘数 7，臀鳍鳍条数 8~9，侧线鳞数少于 29；c. 背鳍第四鳍棘长于第三鳍棘，尾鳍后缘圆形、截形或微凸；d. 体侧具横条纹，条宽小于条间隔。

**生态习性** 近岸暖温性中下层鱼类，栖息于泥沙质底的浅海，喜结群；雄鱼具口孵行为；以长尾类和桡足类等为食。

**分布区域** 印度洋和西太平洋的日本、朝鲜半岛、马来西亚等海域均有分布；我国见于渤海、黄海、东海和南海。本种在浙江南部海域常见，各季节均有出现，夏季和秋季相对较多；主要分布于水深 30 m 以深海域。

**分类短评** 据 Mabuchi 等（2014）基于形态学和分子系统发育的研究，将本种由天竺鲷属（*Apogon*）调整至银口天竺鲷属。

# 84. 中国鱚

*Sillago sinica* Gao & Xue, 2011

标本体长 115 mm

鱚科Family Sillaginidae | 鱚属Genus *Sillago* Cuvier, 1816

**原始记录** *Sillago sinica* Gao & Xue, 2011, Zoological Studies Ⅴ. 50 (no. 2): 256, Figs. 1, 3F (Estuarine area of Feiyun R, 27°40′N, 120°44′E, East China Sea).

**同种异名** 无

**英 文 名** 无

**中文别名** 无

**形态特征** 体细长略侧扁。背鳍 2 个，第一背鳍鳍膜上具有排列不规则的黑色小斑点；第二背鳍沿鳍条有 3~4 行规则排列的黑色小斑点；臀鳍浅黄色，与第二背鳍相对，鳍膜上具细小黑点；尾鳍浅凹，尾鳍上下缘密布黑点。侧线上鳞数 5~6，侧线鳞数 75~80。体背侧深褐色，腹部银白色。

**鉴别要点** a. 体无黑色斑点；b. 背鳍起点处侧线上鳞不少于 5 片，第二背鳍鳍膜通常具斑点，臀鳍黄色；c. 第一背鳍鳍棘数 10~11，第二背鳍鳍条部有 3~4 纵行黑点，侧线鳞数 75~80，脊椎骨数 37~39。

**生态习性** 习性未知。

**分布区域** 目前仅见于我国黄海和东海。本种在浙江南部海域常见，秋季相对较多；整个海域均有分布，主要分布于水深 20~50 m 海域。

**分类短评** 据肖家光等（2018）基于形态学和分子系统发育的研究，多鳞鱚〔*Sillago sihama*（Forsskål, 1775)〕仅分布于福建晋江以南海域，与中国鱚在形态上也有所区分：前者侧线鳞数 68~72，脊椎骨数 34~35；后者侧线鳞数 75~80，脊椎骨数 37~39。

# 85. 白方头鱼

***Branchiostegus albus*** **Dooley, 1978**

**标本体长 430 mm**

弱棘鱼科Family Malacanthidae | 方头鱼属Genus *Branchiostegus* Rafinesque, 1815

**原始记录** *Branchiostegus albus* Dooley, 1978, NOAA (National Oceanic and Atmospheric Administration) Technical Report NMFS (National Marine Fisheries Service) Circular No. 411: 38, Fig. 23 (Kagoshima, Japan).

**同种异名** 无

**英 文 名** White horsehead (Japan)

**中文别名** 白马头鱼、方头鱼、白甘鲷

**形态特征** 体延长，侧扁，背鳍前中央有一纵向棱脊。上下颌具齿。前鳃盖骨后缘具细小锯齿，下缘光滑。体侧上部粉红色，腹侧白色。吻部黄色，颊部眶下区有一不明显的宽银带。背鳍前背部淡黄色。背鳍与臀鳍透明，边缘色稍深。尾鳍色较暗，鳍条偏黄，鳍膜具小黄点，尾鳍下叶无三角形暗色区，上下叶边缘白色。

**鉴别要点** a. 背鳍前中央有一纵向棱脊，颊部眶下区有一不明显的宽银带；b. 背鳍无暗色斑点，尾鳍具黄色斑点，上下叶边缘白色；c. 颊部鳞小、大小均一，

**生态习性** 近海暖水性底层鱼类，栖息于泥沙质底的海域；以小鱼和虾类等为食。

**分布区域** 太平洋的日本、朝鲜半岛和菲律宾等海域均有分布；我国见于东海和南海。本种在浙江南部海域少见，仅在秋季发现；仅在苍南水深 60 m 处海域发现。

# 86.日本方头鱼

***Branchiostegus japonicus* (Houttuyn, 1782)**

标本体长 320 mm

**原始记录** *Coryphaena japonica* Houttuyn, 1782, Verhandelingen der Hollandsche Maatschappij der Wetenschappen, Haarlem Ⅴ. 20 (pt 2): 315 (Nanao, Japan).

**同种异名** *Coryphaena japonica* Houttuyn, 1782；*Latilus ruber* Kishinouye, 1907

**英 文 名** Horsehead tilefish (FAO)；Red horsehead (Japan)；Red tilefish (Malaysia)；Horse head (China)

**中文别名** 日本马头鱼、方头鱼、马头

**形态特征** 体延长，侧扁，背鳍前中央有一纵向棱脊。上下颌具齿。前鳃盖骨后缘具细小锯齿，下缘光滑。体呈银白带粉红色，腹部白色，体侧中央接近背鳍附近开始有成群黄色记号，体背部为红色。自眼眶骨后方到前鳃盖中央有一大三角形白色斑。背鳍粉红色，中央有黄色不连续色带。臀鳍色暗，每条软条间有小型白斑点。腹鳍黄色，前缘白色。尾鳍具 5~6 条辐射黄纵带，纵带下并无黄色小点，下叶呈三角暗色区。

**鉴别要点** a. 背鳍前方中央具黑线，眼周围有白斑或白带；b. 眼后下缘有银白色三角形斑；c. 颊部鳞埋于皮下，不明显。

**生态习性** 近海暖温性底层鱼类，栖息于质底为泥沙的海域；以小鱼和虾类等为食。

**分布区域** 西北太平洋的日本和朝鲜半岛等海域均有分布；我国见于黄海、东海和南海。本种在浙江南部海域少见，仅在春季发现；仅在玉环水深 60 m 处海域发现。

# 87. 鲯鳅

*Coryphaena hippurus* Linnaeus, 1758

标本体长1070 mm（上，雄性）、940 mm（下，雌性）

鲯鳅科Family Coryphaenidae ｜ 鲯鳅属Genus *Coryphaena* Linnaeus, 1758

**原始记录** *Coryphaena hippurus* Linnaeus, 1758, Systema Naturae, Ed. XV. 1: 261 (open Seas).

**同种异名** *Scomber pelagicus* Linnaeus, 1758；*Coryphaena fasciolata* Pallas, 1770；*Coryphaena chrysurus* Lacepède, 1801；*Coryphaena imperialis* Rafinesque, 1810；*Lepimphis hippuroides* Rafinesque, 1810；*Coryphaena immaculata* Agassiz, 1831；*Lampugus siculus* Valenciennes, 1833；*Coryphaena scomberoides* Valenciennes, 1833；*Coryphaena margravii* Valenciennes, 1833；*Coryphaena suerii* Valenciennes, 1833；*Coryphaena dorado* Valenciennes, 1833；*Coryphaena dolfyn* Valenciennes, 1833；*Coryphaena virgate* Valenciennes, 1833；*Coryphaena argyrurus* Valenciennes, 1833；*Coryphaena vlamingii* Valenciennes, 1833；*Coryphaena nortoniana* Lowe, 1839

**英 文 名** Common dolphinfish (FAO)；Dolphin fish (India)；Dorado (Malaysia)

**中文别名** 鳛鱼、鬼头刀、飞乌虎、万鱼、阴凉鱼、青衣

**形态特征** 体延长，侧扁，前部高大，向后渐变细。头大，背部很窄，额部有一骨质隆起，随成长而越明显。上下颌、犁骨、腭骨和舌均具齿。体被细小圆鳞，不易脱落。尾鳍深叉形。体呈绿褐色，腹部银白色至浅灰色，且带淡黄色泽，体侧散布有绿色斑点。背鳍为紫青色，胸鳍、腹鳍边缘呈青色，尾鳍银灰而带金黄色泽。

**鉴别要点** 体背侧和腹侧呈直线状，最大体高位于腹鳍起点附近，背鳍鳍条数 55~67。

**生态习性** 暖水性中上层鱼类，喜栖息于浮藻等的阴影下，偶尔发现于沿岸海域；主要摄食鱼类和头足类等，常追捕沙丁鱼、飞鱼等表层鱼类。

**分布区域** 大西洋、印度洋和太平洋的热带、亚热带海域均有分布；我国见于渤海、黄海、东海和南海。本种在浙江南部海域常见，夏季、秋季相对较多。

# 88. 军曹鱼

***Rachycentron canadum* (Linnaeus, 1766)**

标本体长 305 mm

军曹鱼科Family Rachycentridae | 军曹鱼属Genus *Rachycentron* Kaup, 1826

**原始记录** *Gasterosteus canadus* Linnaeus, 1766, Systema naturae sive regna tria naturae Ⅴ.1 (pt 1): 491 (Carolina, South Carolina, USA).

**同种异名** *Gasterosteus canadus* Linnaeus, 1766；*Scomber niger* Bloch, 1793；*Centronotus gardenii* Lacepède, 1801；*Centronotus spinosus* Mitchill, 1815；*Rachycentron typus* Kaup, 1826；*Elacate motta* Cuvier, 1829；*Elacate bivittata* Cuvier, 1832；*Elacate atlantica* Cuvier, 1832；*Elacate malabarica* Cuvier, 1832；*Elacate pondiceriana* Cuvier, 1832；*Elacate nigerrima* Swainson, 1839；*Elacate falcipinnis* Gosse, 1851；*Thynnus Canadensis* Gronow, 1854

**英 文 名** Cobia (FAO、AFS)；Lemon fish (Australia)；Butterfish (India)；Black kingfish (Malaysia)

**中文别名** 海鲡、海龙鱼、黑鲋

**形态特征** 体延长，近圆筒状。头平扁。上下颌、犁骨和舌均具绒毛状齿带。眼小，有狭窄的脂眼睑，眼间隔宽平。体被细鳞，埋于皮下。尾柄两侧无隆起棱脊。背鳍鳍棘短且分离，可完全收入沟内。体背部深褐色，腹部色淡而略带黄色。体侧具显明的 2 条银色纵带，幼鱼时有第三条淡色纵带，两条纵带之间为黑色。各鳍红褐色至深褐色，尾鳍边缘白色。

**鉴别要点** a. 背鳍鳍棘粗短而强，棘间膜低，近似分离；b. 体侧有 2 条银色纵带。

**生态习性** 外海暖水性鱼类，栖息海域环境多变，包括泥沙、珊瑚礁、岩礁、红树林沼泽、河口等，喜结群；以鱼类、甲壳类和头足类等为食。

**分布区域** 大西洋、印度洋和太平洋（除东太平洋区域）的热带、亚热带海域均有分布；我国见于渤海、黄海、东海和南海。本种在浙江南部海域少见，仅在秋季发现；仅在苍南水深 50 m 处海域发现。

# 89. 鮣

***Echeneis naucrates* Linnaeus, 1758**

**标本体长 256 mm**

鮣科Family Echeneidae | 鮣属Genus *Echeneis* Linnaeus, 1758

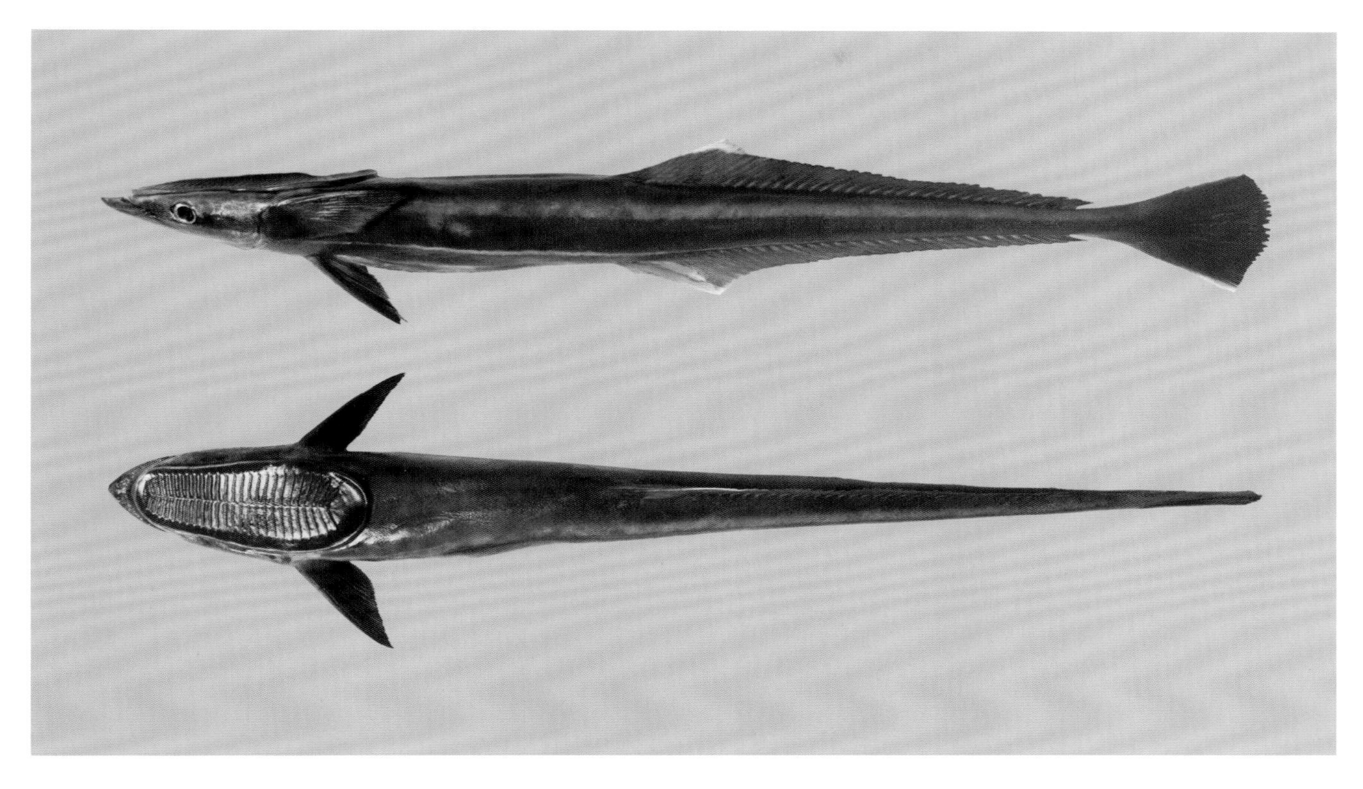

**原始记录** *Echeneis naucrates* Linnaeus, 1758, Systema Naturae, Ed. XV. 1: 261 (Indian Ocean).

**同种异名** *Echeneis lunata* Bancroft, 1831；*Echeneis vittata* Rüppell, 1838；*Echeneis fasciata* Gronow, 1854；*Echeneis fusca* Gronow, 1854；*Echeneis guaican* Poey, 1860；*Echeneis metallica* Poey, 1860；*Leptecheneis flaviventris* Seale, 1906

**英 文 名** Live sharksucker (FAO)；Sharksucker (AFS)；Shark remora (Indonesia)；Striped suckerfish (Australia)；Butterfish (India)；Sucking fish (Malaysia)

**中文别名** 长鮣鱼、吸盘鱼

**形态特征** 体细长，前端平扁，向后渐呈圆柱状。头及体前部背面有 1 个由第一背鳍形成的吸盘，其鳍条由盘中央向两侧裂生成为鳍瓣，有 21~28 对。上下颌、犁骨、腭骨和舌上均具绒毛状齿群。体被小圆鳞，除头部和吸盘无鳞外，全身均被鳞。侧线完全。尾鳍变异大，幼鱼尖长形，成鱼凹叉形。体色棕黄或黑色，体侧经常有一色暗水平狭带，较眼径宽，由下颌端经眼达尾鳍基底。

**鉴别要点** a. 第一背鳍特化为吸盘，体细长；b. 胸鳍尖端锐利，臀鳍鳍条数 29 以上，脊椎骨数 30 以上。

**生态习性** 暖水性大洋鱼类，通常单独活动于近海浅水区，也以吸盘吸附于船底或大鱼等寄主身上进行远距离移动；以宿主的残饵料、体外寄生虫，或自行捕捉浅海鱼类或无脊椎动物等为食。

**分布区域** 全世界的热带和温带海域均有分布；我国见于渤海、黄海、东海和南海。本种在浙江南部海域少见。

# 90. 丝鲹

*Alectis ciliaris* (Bloch, 1787)

标本体长 185 mm

鲹科Family Carangidae | 丝鲹属Genus *Alectis* Rafinesque, 1815

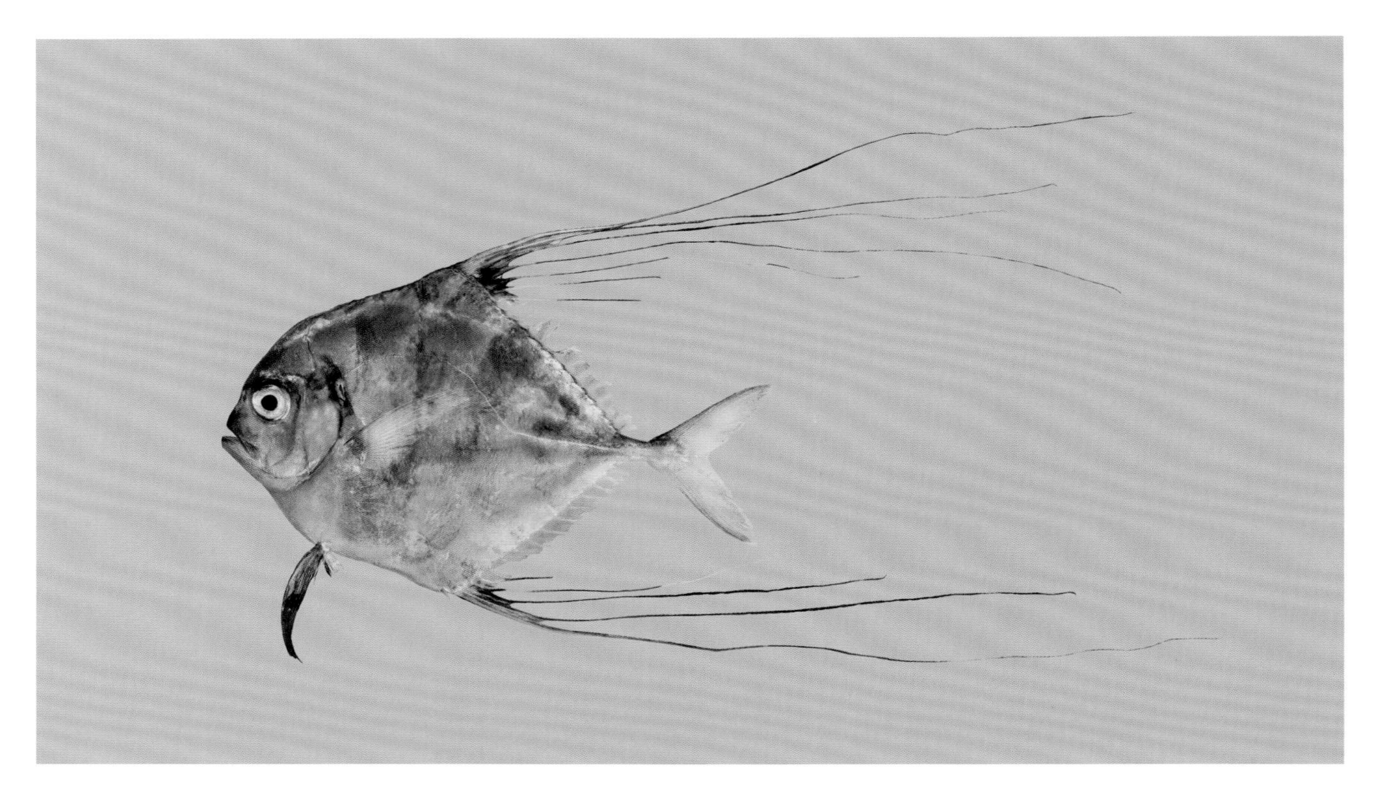

**原始记录** *Zeus ciliaris* Bloch, 1787, Naturgeschichte der ausländischen Fische Ⅴ. 3: 36, Pl. 191 (Surate, India, Indian Ocean).

**同种异名** *Zeus ciliaris* Bloch, 1787；*Zeus gallus* Linnaeus, 1758；*Gallus virescens* Lacepède, 1802；*Zeus crinitus* Mitchill, 1826；*Blepharis fasciatus* Rüppell, 1830；*Blepharis sutor* Cuvier, 1833；*Blepharis major* Cuvier, 1833；*Hynnis cubensis* Poey, 1860；*Scyris analis* Poey, 1868；*Hynnis hopkinsi* Jordan & Starks, 1895；*Carangoides ajax* Snyder, 1904；*Alectis temmincki* Wakiya, 1924；*Alectis breviventralis* Wakiya, 1924

**英 文 名** African pompano (FAO、AFS)；Threadfin trevally (Indonesia)；Pennant fish (Australia)；Ciliated threadfish (Philippines)；Amberjack (Malaysia)；Indian threadfin trevally (Viet Nam)

**中文别名** 短吻丝鲹、古巴犁嘴鲹、甘仔鱼

**形态特征** 幼时体甚侧扁而高，体长与体高约等长，略呈菱形。随着年龄的增长，鱼体逐渐向后延长。头高略大于头长，使得头背部轮廓陡斜。脂眼睑不发达。侧线完全，后半部具有弱的棱鳞。第一背鳍在小鱼时有 6~7 根硬棘，随生长而逐渐退化。幼鱼时第二背鳍、腹鳍和臀鳍前方数鳍条延长成丝状，随生长而逐渐变短。体银色，背侧较深。幼鱼体侧具 4~5 条弧形黑色横带，随生长而逐渐消失。第二背鳍和臀鳍的延长鳍条基部具黑斑。

**鉴别要点** a. 第一背鳍鳍棘短小，棘间有低膜相连，幼鱼棘明显，成鱼退化；b. 侧线直线部的后半部具棱鳞；c. 脂眼睑不发达；d. 眼前头部突出，鳃耙数 4~6+12~17；e. 幼鱼时第二背鳍、腹鳍和臀鳍前方数鳍条延长成丝状。

**生态习性** 暖水性中上层鱼类，主要栖息于近海礁区表层，喜结群；以甲壳类和小鱼等为食。

**分布区域** 印度洋和太平洋的夏威夷、日本、澳大利亚等海域均有分布；我国见于黄海、东海和南海。本种（幼体）在浙江南部海域少见；2019 年 9 月于洞头码头发现。

# 91. 及达副叶鲹

*Alepes djedaba* (Forsskål, 1775)

标本体长 214 mm

副叶鲹属Genus *Alepes* Swainson, 1839

**原始记录** *Scomber djedaba* Forsskål, 1775, Descriptiones animalium (Forsskål): 56, Ⅻ (Al-Luhayya, Yemen, Red Sea; Jeddah, Saudi Arabia, Red Sea; Suez, Egypt, Gulf of Suez, Red Sea).

**同种异名** *Scomber djedaba* Forsskål, 1775；*Caranx kalla* Cuvier, 1833；*Caranx microbrachium* Fowler, 1934

**英 文 名** Shrimp scad (FAO、AFS)；Horse mackerel (India)；Even-bellied crevalle (Philippines)；Yellowtail scad (Malaysia)；Banded scad (Viet Nam)；Shrimp caranx (China)

**中文别名** 丽叶鲹、及达叶鲹、吉打鲹、甘仔鱼、瓜仔鱼

**形态特征** 体呈长椭圆形。脂眼睑发达，覆盖眼后半部。上下颌齿各 1 列，犁骨、腭骨和舌上均具齿。体被圆鳞，胸部完全具鳞。侧线完全，具强棱鳞。体背蓝绿色，腹部银白。鳃盖后缘上方有一蓝黑色斑，其上缘另有一白点。第二背鳍前方鳍条暗色，且具白缘。尾鳍黄色而具黑缘。

**鉴别要点** a. 第一背鳍前方有一埋于皮下的向前平卧棘；b. 侧线直线部全被发达棱鳞，棱鳞数 39~51；c. 脂眼睑发达，上下颌齿各 1 列；d. 尾柄部无小鳍，肩带下部无突起；e. 第二背鳍与第一背鳍几乎同高，不呈显著镰刀状；f. 鳃盖后缘上方有一蓝黑色斑。

**生态习性** 暖水性中上层鱼类，主要栖息于近海礁区表层，喜结群；以虾类、桡足类和十足类等浮游甲壳动物为食，也摄食小鱼。

**分布区域** 印度洋和太平洋的夏威夷、日本、澳大利亚等海域均有分布；我国见于黄海、东海和南海。本种在浙江南部海域少见，夏季相对较多；主要分布于水深 30 m 以深海域。

# 92. 高体若鲹

***Carangoides equula* (Temminck & Schlegel, 1844)**

标本体长 155 mm

若鲹属Genus *Carangoides* Bleeker, 1851

**原始记录** *Caranx equula* Temminck & Schlegel, 1844, Fauna Japonica Parts 5~6: 111, Pl. 60 (Fig. 1) (ōmura Bay, Nagasaki, Nagasaki Prefecture, Kyūshū, Japan, western North Pacific).

**同种异名** *Caranx equula* Temminck & Schlegel, 1844；*Caranx dasson* Jordan & Snyder, 1907；*Carangoides acutus* Kotthaus, 1974

**英 文 名** Whitefin trevally (FAO、AFS)；Horse trevally (Australia)；Whitefin cavalla (Malaysia)

**中文别名** 高体鲹、高体水若鲹、平鲹、甘仔鱼

**形态特征** 体呈卵圆形，侧扁而高。胸部完全具鳞，或于腹鳍基底前方有时具一小块的裸露区域。侧线直线部始于第二背鳍第十三至第十五鳍条，侧线直线部后部具棱鳞。体背蓝灰色，腹部银白，第二背鳍和臀鳍中央部位具一条黑褐色的纵带，边缘则呈白色。幼鱼体侧具 5~6 条暗色横带。

**鉴别要点** a. 第一背鳍三角形，前方具一倒棘；b. 侧线直线部后部具棱鳞；c. 脂眼睑不发达；d. 上下颌齿细小，呈细带状；e. 臀鳍前方具 2 根游离短棘；f. 成鱼体侧无暗色横带和黄色纵带，幼鱼体侧具 5~6 条暗色横带；g. 第二背鳍和臀鳍边缘白色。

**生态习性** 近海暖水性中层鱼类，主要栖息于近海沙泥质底海域；以底栖甲壳类和小鱼为食。

**分布区域** 印度洋、太平洋和东南大西洋的暖水区域均有分布；我国见于黄海、东海和南海。本种在浙江南部海域少见，仅在春季发现；仅在洞头东侧水深 60 m 处发现。

# 93. 海兰德若鲹

***Carangoides hedlandensis*** **(Whitley, 1934)**

**标本体长 118 mm**

**原始记录** *Olistus hedlandensis* Whitley, 1934, Records of the Australian Museum Ⅴ. 19 (no. 2): 156, Fig. 2 (Port Hedland, Western Australia).

**同种异名** *Olistus hedlandensis* Whitley, 1934

**英 文 名** Bumpnose trevally (FAO、AFS)；Long-finned trevally (Australia)；Trevally (Malaysia)；Onion kingfish (India)

**中文别名** 少耙若鲹、海兰德铠鲹、甘仔鱼

**形态特征** 体呈卵圆形。随着年龄的增长，前额渐突出，长至成鱼时，头背部具一肿块凸起。胸部裸露。第二背鳍与臀鳍同形，雄鱼中部鳍条延长如丝状，幼鱼和雌鱼则无。体背蓝绿色带黑色光泽，腹部银灰色。鳃盖后缘上方有一黑斑。幼鱼时体侧具不明显的横斑，随生长而消失。幼鱼时腹鳍呈黑色，随着生长而渐呈淡色。

**鉴别要点** a. 背鳍鳍棘不埋于皮下，鳍棘间有鳍膜；b. 胸部有无鳞区，侧线直线部后方具棱鳞；c. 脂眼睑不发达；d. 腹鳍淡色，腹部无沟；e. 臀鳍具游离鳍棘；f. 体侧无暗色横带和黄色纵带；g. 背鳍鳍条数 18~23，臀鳍鳍条数 14~20，第一鳃弓下鳃耙数 14~17；h. 头部背缘突出，吻长小于或等于眼径。

**生态习性** 近海暖水性中层鱼类，主要栖息于近海沙泥质底海域；以底栖甲壳类和小鱼为食。

**分布区域** 印度洋和太平洋的马来西亚、澳大利亚、日本等海域均有分布；我国见于黄海、东海和南海。本种在浙江南部海域少见；2019 年 8 月于洞头码头发现。

# 94. 珍鲹

*Caranx ignobilis* (Forsskål, 1775)

标本体长 132 mm

鲹属Genus *Caranx* Lacepède, 1801

**原始记录** *Scomber ignobilis* Forsskål, 1775, Descriptiones animalium (Forsskål): 55, Ⅻ [Jeddah, Saudi Arabia, Red Sea; (Lohajæ Al-Luhayya, Yemen, Red Sea].

**同种异名** *Scomber ignobilis* Forsskål, 1775；*Scomber sansun* Forsskål, 1775；*Caranx lessonii* Lesson, 1831；*Caranx ekala* Cuvier, 1833；*Carangus hippoides* Jenkins, 1903

**英 文 名** Giant trevally (FAO)；Lowly trevally (Australia)；Yellowfin jack (India)；Horse mackerel (Malaysia)；Goyan fish (China)

**中文别名** 赖氏鲹、浪人鲹、牛公鲹、散鲹、牛港鲹

**形态特征** 体卵圆形，侧扁而高。脂眼睑发达。体被圆鳞，胸部仅腹鳍基部前方裸露无鳞（腹鳍基部前方有一小区域被鳞）。侧线完全，直线部全为棱鳞。第二背鳍与臀鳍同形，前方鳍条呈弯月形，不延长为丝状。体背蓝绿色，腹部银白色。各鳍淡色至淡黄色。鳃盖后缘不具任何黑斑，体侧亦无任何斑纹。

**鉴别要点** a. 背鳍鳍棘不埋于皮下；b. 侧线直线部具棱鳞；c. 脂眼睑发达，半月形；d. 尾柄部无小鳍，肩带下部无突起；e. 第二背鳍较第一背鳍高且呈镰刀状，胸部腹缘无鳞（仅腹鳍前小部分具鳞）；f. 吻背缘与体纵轴线呈 60°~70°，体高为体长的 41.0%~42.7%。

**生态习性** 近海暖水性鱼类，栖息于水质清澈的潟湖或具岩礁的海域，幼鱼会出现于河口区域；以甲壳类和鱼类等为食。

**分布区域** 印度洋和太平洋的夏威夷、日本、澳大利亚等海域均有分布；我国见于东海和南海。本种在浙江南部海域少见；2020 年 8 月于洞头码头发现。

# 95. 长体圆鲹

***Decapterus macrosoma* Bleeker, 1851**

标本体长 153 mm

圆鲹属Genus *Decapterus* Bleeker, 1851

**原始记录** *Decapterus macrosoma* Bleeker, 1851, Natuurkundig Tijdschrift voor Nederlandsch Indië Ⅴ. 1 (no. 4) : 358 (Jakarta, Java, Indonesia).

**同种异名** *Decapterus afuerae* Hildebrand, 1946

**英 文 名** Shortfin scad (FAO、AFS)；Slender mackerel scad (Australia)；Layang scad (India)；Shortfin scad (Malaysia)；Russel scad (China)

**中文别名** 阿氏圆鲹、长身圆鲹、四破、长鲹

**形态特征** 体细长圆形，微侧扁。脂眼睑发达。上颌无齿，下颌具 1 列细齿。犁骨、腭骨和舌上均具齿带。背鳍前鳞不达眼中央。侧线完全，侧线直线部后 3/4 具棱鳞。第二背鳍与臀鳍同形，均具一小鳍。体背蓝绿色，腹部银白。背鳍前方鳍条稍暗；尾鳍透明或稍暗，余鳍淡色至白色。鲜活个体体侧具一黄色纵带。

**鉴别要点** a. 侧线直线部后 3/4 具棱鳞；b. 脂眼睑发达；c. 尾柄部有小鳍，背鳍前鳞不达眼中央；d. 胸鳍末端不达第二背鳍起点；e. 鲜活个体体侧具一黄色纵带。

**生态习性** 中上层鱼类，栖息于水深 20~170 m 的开放海域，喜集群洄游；以浮游动物等为食。

**分布区域** 印度洋和太平洋的美洲西岸、日本、澳大利亚等海域均有分布；我国见于东海和南海。本种在浙江南部海域少见，仅在春季发现；主要分布于水深 30 m 以深海域。

# 96.蓝圆鲹

***Decapterus maruadsi* (Temminck & Schlegel, 1843)**

标本体长 212 mm

**原始记录** *Caranx maruadsi* Temminck & Schlegel, 1843, Fauna Japonica Parts 2~4 (Japan).

**同种异名** *Caranx maruadsi* Temminck & Schlegel, 1843

**英 文 名** Japanese scad (FAO)；Whitetip scad (AFS)；Round scad (Malaysia)；Mackerel scad (China)

**中文别名** 红背圆鲹、圆鲹、四破、硬尾、黄占

**形态特征** 体纺锤形，微侧扁。上下颌具细齿，犁骨、腭骨和舌上均具齿带。侧线完全，直线部全被棱鳞。第二背鳍与臀鳍同形，具小鳍。尾鳍深叉，上下叶约略等长。体背蓝绿色，腹部银白。棱鳞为金黄色。背鳍、胸鳍淡色至黄绿色。第二背鳍具黑缘，其前方鳍条末端具白色边缘。尾鳍黄色，余鳍淡色。

**鉴别要点** a. 臀鳍前方具 2 根游离棘，臀鳍鳍条数 25~30；b. 侧线上具棱鳞，棱鳞存在于侧线直线部的全部；c. 脂眼睑发达；d. 尾柄部有小鳍，背鳍前鳞可达眼前缘；e. 胸鳍末端可伸达第二背鳍起点，体高为体长的 23.5% 以上，鳃盖后缘光滑；f. 活体尾鳍黄色。

**生态习性** 暖水性中上层鱼类，喜集群洄游，白天常集群上浮，夜间有趋光性；以浮游动物、甲壳类、鱼类和头足类等为食。

**分布区域** 太平洋的马里亚纳群岛、日本和澳大利亚等海域均有分布；我国见于渤海、黄海、东海和南海。本种在浙江南部海域常见，春季和夏季相对较多；主要分布于水深 20 m 以深海域。

# 97. 大甲鲹

***Megalaspis cordyla* (Linnaeus, 1758)** 标本体长 205 mm

大甲鲹属Genus *Megalaspis* Bleeker, 1851

**原始记录** *Scomber cordyla* Linnaeus, 1758, Systema Naturae, Ed. XV. 1: 298 (America).

**同种异名** *Scomber cordyla* Linnaeus, 1758；*Scomber rottleri* Bloch, 1793；*Citula plumbea* Quoy & Gaimard, 1825

**英 文 名** Torpedo scad (FAO、AFS)；Finletted mackerel (Australia)；Finny scad (Malaysia)；Hard tailscad (India)；Cordyla scad (China)

**中文别名** 铅灰裸胸鲹、铁甲、扁甲

**形态特征** 体纺锤形。眼大，脂眼睑发达，仅于瞳孔中央处留下一长缝隙。上下颌、犁骨、腭骨和舌上均具齿。体被圆鳞，胸部部分裸露。第二背鳍与臀鳍有发达的鳞鞘。侧线直线部始于第一背鳍中部，棱鳞存在于侧线弯曲部后部和直线部全部，在尾柄处形成一显著隆起嵴。第二背鳍与臀鳍前方鳍条均为新月形，后部有 6~10 个小鳍。体背灰蓝色，腹部银白色。鳃盖后缘上方具一黑斑。背鳍和尾鳍浅黑而带淡棕色，胸鳍上部蓝色，下部淡黄色。

**鉴别要点** a. 第一背鳍短，有一向前平卧棘，臀鳍前方具 2 根游离短棘；b. 棱鳞存在于侧线弯曲部后部和直线部全部；c. 背鳍与臀鳍后具小鳍。

**生态习性** 暖水性中上层鱼类，主要栖息于近海表层，喜集群，具洄游习性；以浮游动物和鱼类等为食。

**分布区域** 印度洋和太平洋的印度尼西亚、日本、澳大利亚等海域均有分布；我国见于东海和南海。本种在浙江南部海域少见；2018 年 8 月于洞头码头发现。

# 98. 乌鲹

***Parastromateus niger* (Bloch, 1795)**

标本体长206 mm（成体）、41 mm（幼体）

乌鲹属Genus *Parastromateus* Bleeker, 1864

**原始记录** *Stromateus niger* Bloch, 1795, Naturgeschichte der ausländischen Fische Ⅴ. 9: 93, Pl. 422 (Tranquebar, Tharangambadi, India).

**同种异名** *Stromateus niger* Bloch, 1795；*Temnodon inornatus* Kuhl & van Hasselt, 1851；*Citula halli* Evermann & Seale, 1907

**英 文 名** Black pomfret (FAO、AFS)；Black batfish (Australia)；Butterfish (Malaysia)；Brown pomfret (India)

**中文别名** 乌鲳、三角昌、似乌鲳、昌鼠鱼、黑皮鲳、乌轮头

**形态特征** 体卵圆形，高而甚侧扁。尾柄每侧有一隆起嵴。脂眼睑不发达。上下颌各具 1 行稀细尖齿，腭骨和舌上均无齿。体被小圆鳞。侧线鳞在尾柄处呈棱鳞状，侧线完全。背鳍 1 个，幼鱼具 4 根鳍棘，成鱼的棘埋于皮下。幼鱼具腹鳍，但随着生长而消失。体黑褐色，各鳍暗色。幼鱼体侧具横斑，腹鳍则为黑色。

**鉴别要点** a. 成鱼无腹鳍，幼鱼具黑色腹鳍；b. 成鱼背鳍鳍棘埋于皮下，不易见到。

**生态习性** 暖水性中上层鱼类，栖息于水深 15~40 m 的泥沙质底海域；以浮游动物等为食。

**分布区域** 印度洋和西太平洋的印度尼西亚、越南、日本等海域均有分布；我国见于渤海、黄海、东海和南海。本种在浙江南部海域常见，秋季相对较多；主要分布于水深 30 m 以深海域。

# 99. 杜氏鰤

***Seriola dumerili* (Risso, 1810)**

**标本体长 318 mm**

鰤属Genus *Seriola* Cuvier, 1816

**原始记录** *Caranx dumerili* Risso, 1810, Ichthyologie de Nice: 175, Pl. 6 (Fig. 20) (Nice, France, northwestern Mediterranean Sea).

**同种异名** *Caranx dumerili* Risso, 1810；*Trachurus aliciolus* Rafinesque, 1810；*Trachurus fasciatus* Rafinesque, 1810；*Seriola boscii* Valenciennes, 1833；*Seriola purpurascens* Temminck & Schlegel, 1845；*Seriola tapeinometopon* Bleeker, 1853；*Seriola gigas* Poey, 1860；*Seriola simplex* Ramsay & Ogilby, 1886；*Regificola parilis* Whitley, 1948；*Seriola rhombica* Smith, 1959

**英 文 名** Greater amberjack (FAO、AFS)；Allied kingfish (Australia)；Amberjack (Malaysia)；Purplish amberjack (China)；Great yellowtail (China)

**中文别名** 高体鰤、鰤、红甘鲹、红甘、章红

**形态特征** 体长椭圆形，侧扁。脂眼睑不发达。上下颌具齿带，犁骨、腭骨和舌上均具齿。侧线无棱鳞。无小鳍。幼鱼头部具斜暗带，体侧具 5 条暗带；稍大，体侧和各鳍呈黄色；随着生长，头部斜暗带逐渐不显著，体侧暗带则消失；成鱼体色变化大。体侧具 1 条黄色纵带，但有时不显著。各鳍色暗，尾鳍下叶末端淡色或白色。

**鉴别要点** a. 第一背鳍短，有鳍膜，前方具一向前平卧倒棘；b. 侧线上无棱鳞；c. 臀鳍起点较第二背鳍靠后，背鳍与臀鳍后无小鳍；d. 眼位于自吻端至尾叉中间的体轴线上方，眼具暗色斜带；e. 第二背鳍不呈镰刀状，背鳍鳍条数 30~33，尾鳍下叶末端淡色或白色。

**生态习性** 近海暖水性中上层鱼类，主要栖息于较深的岩礁海域；以无脊椎动物和小鱼等为食。

**分布区域** 大西洋、印度洋、地中海和太平洋的夏威夷群岛、日本、朝鲜半岛等海域均有分布；我国见于渤海、黄海、东海和南海。本种在浙江南部海域少见；2019 年 8 月于洞头码头发现。

# 100. 长鳍鰤

*Seriola rivoliana* Valenciennes, 1833

标本体长 358 mm

**原始记录** *Seriola rivoliana* Valenciennes, 1833, Histoire naturelle des poissons Ⅴ. 9: 207.

**同种异名** *Seriola bonariensis* Valenciennes, 1833; *Seriola falcata* Valenciennes, 1833; *Seriola dubia* Lowe, 1839; *Seriola proxima* Poey, 1860; *Seriola coronata* Poey, 1860; *Seriola declivis* Poey, 1860; *Seriola ligulata* Poey, 1860; *Seriola colburni* Evermann & Clark, 1928; *Seriola songoro* Smith, 1959; *Seriola bovinoculata* Smith, 1959

**英 文 名** Longfin yellowtail (FAO); Almaco jack (AFS); Almaco amberjack (Cuba); Deep-water amberjack (Wallis Futuna); Falcate amberjack (USA); Greater amberjack (Hawaii)

**中文别名** 新西兰鰤、柯氏鰤、黄尾鲹、镰鰤、油甘

**形态特征** 体长椭圆形，侧扁。脂眼睑不发达。上下颌具齿带，犁骨、腭骨和舌上均具齿。侧线无棱鳞。无小鳍。幼鱼头部具斜暗带，体侧具 6 条暗带；稍大，体侧和各鳍呈黄色；随着生长，头部斜暗带逐渐不显著，体侧暗带则消失；成鱼体色变化大。体侧具 1 条黄色纵带，但有时不显著。各鳍色暗，尾鳍下叶末端不具淡色或白色边缘。

**鉴别要点** a. 第一背鳍短，有鳍膜，前方具一向前平卧倒棘；b. 侧线上无棱鳞；c. 臀鳍起点较第二背鳍靠后，背鳍与臀鳍后无小鳍；d. 眼位于自吻端至尾叉中间的体轴线上方，眼具暗色斜带（成体不明显）；e. 第二背鳍呈镰刀状，尾鳍下叶末端不显白色。

**生态习性** 成体喜群居，主要栖息在有岩礁的深水区域，栖息深度可达 160 m 或更深；幼体有随漂浮物漂游的习性；以小鱼为食，也会捕食无脊椎动物。

**分布区域** 印度洋、太平洋和大西洋均有分布；我国常见于东海和南海。本种在浙江南部海域少见；2019 年 8 月于温台渔场捕获。

# 101. 黑纹小条鰤

*Seriolina nigrofasciata* (Rüppell, 1829)

标本体长 284 mm

小条鰤属Genus *Seriolina* Wakiya, 1924

**原始记录** *Nomeus nigrofasciatus* Rüppell, 1829, Atlas zu der Reise im nördlichen Africa. Fische des Rothen Meeres: 92, Pl. 24 (Fig. 2) (Massawa, Eritrea, Red Sea).

**同种异名** *Nomeus nigrofasciatus* Rüppell, 1829；*Seriola intermedia* Temminck & Schlegel, 1845

**英 文 名** Blackbanded trevally (FAO)；Blackbanded amberjack (AFS)；Amberjack (Malaysia)；Butter amberfish (Australia)

**中文别名** 黑纹条鰤、小甘鲹、油甘、黑甘

**形态特征** 体呈长椭圆形。上下颌、腭骨、犁骨和舌上均具绒毛状齿。鳃耙绝大部分为瘤状，数目少，排列稀。侧线上无棱鳞。第一背鳍具鳍膜。无小鳍。体背蓝灰色，腹部白色。幼鱼时体侧具 5~7 条横带，随着生长，横带渐形成大小不一的斑块散于体侧，成鱼时则消失。第一背鳍黑色，腹鳍深黑色，第二背鳍和臀鳍暗棕色。尾鳍黄棕色至黑色，胸鳍色淡。

**鉴别要点** a. 第一背鳍短小，各鳍棘间有鳍膜相连；b. 侧线上无棱鳞；c. 背鳍与臀鳍后无小鳍，臀鳍起点在第二背鳍中部稍后下方，前方具一游离短棘；d. 第一背鳍黑色，幼鱼体侧具暗色横带，成鱼不明显。

**生态习性** 近海暖水性中上层鱼类，栖息于近岸珊瑚礁或岩礁质底海域；以无脊椎动物和小鱼等为食。

**分布区域** 印度洋和太平洋的新加坡、印度尼西亚、日本、菲律宾、澳大利亚等海域均有分布；我国见于东海和南海。本种在浙江南部海域少见；2018—2019 年 8 月于洞头码头发现。

# 102. 穆克鲳鲹

***Trachinotus mookalee* Cuvier, 1832**

标本体长 180 mm

鲳鲹属Genus *Trachinotus* Lacepède, 1801

**原始记录** *Trachinotus mookalee* Cuvier, 1832, Histoire naturelle des poissons Ⅴ. 8: 423 (Malabar coast, India).

**同种异名** 无

**英 文 名** Indian pompano (FAO、AFS)

**中文别名** 印度鲳鲹

**形态特征** 体卵圆形，高而侧扁，背中央近菱形。头背部中央的上枕骨嵴明显。脂眼睑不发达。口小，前下位，位于眼下缘水平线上。上下颌具绒毛状细齿，随生长退化，舌具窄齿带。体被小圆鳞，头部除眼后部有鳞外，余均裸露无鳞。第二背鳍和臀鳍有低鳞鞘。侧线上无棱鳞。第一背鳍有 1 根向前平卧棘（成鱼埋于皮下）和 6 根短棘，幼鱼棘间有膜相连，成鱼膜渐退化成为游离棘。尾鳍深叉形。体背部蓝青色，腹部银白色，体侧无黑色斑点。

**鉴别要点** a. 第一背鳍有 1 根向前平卧棘（成鱼埋于皮下）和 6 根短棘，幼鱼棘间有膜相连，成鱼膜退化而成游离棘；b. 臀鳍起点与第二背鳍起点接近，背鳍鳍条数 18~20，臀鳍鳍条数 16~18，臀鳍前方有 2 根短棘；c. 吻圆形，口裂与眼径相同或稍大；d. 体无黑色斑点，第一背鳍前骨呈倒“L”形，第二背鳍和臀鳍的前部鳍条均较短，等于或小于头长；e. 舌面具狭的齿带。

**生态习性** 近海暖水性中上层鱼类，栖息于近海沙泥底质的水域或内湾，或沿岸礁石底质水域；以小型甲壳类和软体动物等为食。

**分布区域** 印度洋和太平洋的日本等海域均有分布；我国见于黄海、东海和南海。本种在浙江南部海域少见；2020 年 8 月于洞头码头发现。

**分类短评** 伍汉霖等（2021）认为《东海鱼类志》（朱元鼎 等，1963）中的卵形鲳鲹（*Trachinotus ovatus*）应为本种穆克鲳鲹的误鉴。

# 103. 日本竹荚鱼

## *Trachurus japonicus* (Temminck & Schlegel, 1844)

标本体长 131 mm

竹荚鱼属Genus *Trachurus* Rafinesque, 1810

**原始记录** *Caranx trachurus japonicus* Temminck & Schlegel, 1844, Fauna Japonica Parts 5~6: 109, Pl. 59 (Fig. 1) (Japan).

**同种异名** *Caranx trachurus japonicas* Temminck & Schlegel, 1844；*Trachurus argenteus* Wakiya, 1924

**英 文 名** Japanese jack mackerel (FAO)；Japanese scad (AFS)；Japanese horse mackerel (Viet Nam)

**中文别名** 竹荚鱼、真鲹、巴拢

**形态特征** 体纺锤形，稍侧扁。脂眼睑发达。上下颌、犁骨、腭骨和舌上均具齿。胸部完全具鳞。侧线上全被棱鳞，棱鳞高而强。背部另有一副侧线，沿着背鳍基底一直延伸至第二背鳍基部起点下方。无小鳍。尾鳍深叉。体背蓝绿色或黄绿色，腹部银白色。鳃盖后缘上方具一明显黑斑。背鳍暗色，胸鳍淡色，其余各鳍黄色。

**鉴别要点** a. 第一背鳍具一倒棘，臀鳍前方具 2 根游离短棘；b. 整个侧线上均具棱鳞，无小鳍。

**生态习性** 近海暖温性中上层鱼类，喜集群洄游，白天栖息水层较深，夜间具趋光性；以浮游动物和小鱼等为食。

**分布区域** 西太平洋的越南、日本和朝鲜半岛等海域均有分布；我国见于渤海、黄海、东海和南海。本种在浙江南部海域常见，夏季相对较多；主要分布于水深 30 m 以深海域。

# 104. 白舌尾甲鲹

***Uraspis helvola*** **(Forster, 1801)**

标本体长 171 mm

尾甲鲹属Genus *Uraspis* Rafinesque, 1810

**原始记录** *Scomber helvolus* Forster, 1801, M. E. Blochii, Systema Ichthyologiae: 35 (Ascension Island, eastern Atlantic).

**同种异名** *Scomber helvolus* Forster, 1801；*Caranx micropterus* Rüppell, 1836；*Leucoglossa candens* Jordan, Evermann & Wakiya, 1927

**英 文 名** Whitetongue jack (FAO)；Whitemouth jack (AFS)；White mouth crevalle (Viet Nam)；Whitetongue crevalle (Japan)

**中文别名** 冲鲹、白舌鲹、黑面白鱼

**形态特征** 体椭圆形，侧扁而高。脂眼睑不发达。上下颌均具 1 列细齿，犁骨、腭骨和舌面均无齿。体被小圆鳞，胸部裸露区域自胸鳍基部下方 1/2 处延伸至腹鳍基部起点。侧线完全，直线部全为棱鳞。口腔周围深黑色，仅舌和口腔背面呈乳白色。体呈褐色或深褐色，幼鱼时体侧具暗色横斑，随着生长而逐渐不显著，成鱼则消失。背鳍、臀鳍暗色或黑色，有时有淡色缘。幼鱼时腹鳍基黑色，随着生长逐渐形成一致的白色。尾鳍暗黄色。

**鉴别要点** a. 第一背鳍低小，棘细弱，有鳍膜；b. 侧线直线部具棱鳞，尾柄部棱鳞很强；c. 脂眼睑不发达；d. 腹鳍常为乳白色，有的尖端黑色；e. 口腔上部和舌白色，其余黑色；f. 胸鳍基底无鳞区域连续，并延伸至腹鳍基部。

**生态习性** 近海暖水性中上层鱼类，主要栖息于泥沙质底的海域；以底栖无脊椎动物等为食。

**分布区域** 大西洋、印度洋和太平洋的夏威夷群岛、越南、日本、朝鲜半岛等海域均有分布；我国见于东海和南海。本种在浙江南部海域少见，仅在夏季发现；主要分布于水深 50 m 以深海域。

# 105. 眼镜鱼

***Mene maculata* (Bloch & Schneider, 1801)**

标本体长 126 mm

眼镜鱼科Family Menidae | 眼镜鱼属Genus *Mene* Lacepède, 1803

**原始记录** *Zeus maculatus* Bloch & Schneider, 1801, M. E. Blochii, Systema Ichthyologiae: 95, Pl. 22 [Tranquebar (Tharangambadi), India].

**同种异名** *Zeus maculatus* Bloch & Schneider, 1801

**英 文 名** Moonfish (FAO、AFS)；Razor moonfish (Australia)；Razor trevally (Malaysia)

**中文别名** 眼眶鱼、菜刀鱼、皮刀

**形态特征** 体高，甚侧扁，几呈三角形。口裂小，近垂直，能伸缩，向上倾斜如管状。体具极小的鳞片，肉眼不易看见。头、胸鳍和尾鳍均在身体的上半部。背鳍 1 个，具退化鳍棘，埋于皮下。幼鱼臀鳍具 2 根鳍棘，成鱼退化，臀鳍鳍条大部埋于皮下，仅外端外露。腹鳍具一短棘，成鱼第一鳍条延长为丝状。尾鳍分叉。体呈银白色，背部偏蓝，上有许多蓝色点散布。各鳍色淡。

**鉴别要点** a. 体甚侧扁，腹缘薄，体侧上方有 2~4 列暗色斑；b. 成鱼腹鳍第一鳍条延长为丝状。

**生态习性** 近海暖水性中上层鱼类，主要栖息于近海较深的海域，可进入河口区；以浮游动物和底栖生物等为食。

**分布区域** 印度洋和太平洋的马来西亚、澳大利亚、朝鲜半岛、日本等海域均有分布；我国见于东海和南海。本种在浙江南部海域常见，春季和秋季相对较多；主要分布于水深 30 m 以深海域。

# 106. 斯氏长鳍乌鲂

## *Taractichthys steindachneri* (Döderlein, 1883)

标本体长 610 mm

乌鲂科Family Bramidae | 长鳍乌鲂属Genus *Taractichthys* Mead & Maul, 1958

**原始记录** *Argo steindachneri* Döderlein, 1883, Denkschriften der Kaiserlichen Akademie der Wissenschaften in Wien, Mathematisch-Naturwissenschaftliche Classe. Ⅴ. 47 (pt 1): 242 [34], Pl. 7(Tokyo, Japan).

**同种异名** *Argo steindachneri* Döderlein, 1883；*Taractes miltonis* Whitley, 1938

**英 文 名** Sickle pomfret (FAO、AFS)

**中文别名** 凹尾长鳍乌鲂、大鳞乌鲂、深海三角仔、黑飞刀

**形态特征** 体呈卵圆形，侧扁而高。上下颌和腭骨具齿，犁骨有些许细齿。体被大型鳞，鳞片中央有棘突，成鱼则消失。无侧线，纵列鳞数 34~38。背鳍和臀鳍上被有细鳞，但基底无鳞鞘。背鳍和臀鳍的前方数鳍条延长而呈弯月形。尾鳍叉形。体色为银白色至银灰色带有古铜色泽，死亡后鱼体迅速转变为灰褐色至黑褐色。背鳍、臀鳍和尾鳍深褐色，尾鳍后缘白色，胸鳍淡色。

**鉴别要点** a. 背鳍始于鳃盖后方，背鳍、臀鳍上有小鳞；b. 眼间隔显著突出；c. 尾柄到尾鳍底部的鳞片快速变小，纵列鳞数 34~38；d. 腹鳍分离较远，腹鳍起点在胸鳍基部前方；e. 尾鳍后缘白色。

**生态习性** 大洋暖水性中上层鱼类，栖息水层 50~700 m；以鱼类、甲壳类和头足类等为食。

**分布区域** 印度洋和太平洋的印度尼西亚、夏威夷群岛、澳大利亚、日本等海域均有分布；我国见于东海。本种在浙江南部海域少见；9 月于象山码头发现。

# 107. 奥氏笛鲷

***Lutjanus ophuysenii* (Bleeker, 1860)**

标本体长 148 mm

笛鲷科Family Lutjanidae | 笛鲷属Genus *Lutjanus* Bloch, 1790

**原始记录** *Mesoprion ophuysenii* Bleeker, 1860, Acta Societatis Regiae Scientiarum Indo-Neêrlandicae Ⅴ. 8 (art. 2): 74(Benkulen, Sumatra, Indonesia; Nagasaki, Japan).

**同种异名** *Mesoprion ophuysenii* Bleeker, 1860

**英 文 名** Spotstripe snapper (UK)

**中文别名** 画眉笛鲷、赤笔仔

**形态特征** 体长椭圆形。前鳃盖缺刻不显著。上下颌具细齿多列；犁骨齿带三角形，其后方具有突出部；腭骨具绒毛状齿；舌无齿。体被栉鳞，颊部和鳃盖具多列鳞；前鳃盖骨后部下缘不具鳞；背鳍鳍条部和臀鳍基部具细鳞；侧线上方的鳞片斜向后背缘排列，下方的鳞片则与体轴平行。尾鳍内凹。体浅红色，体侧上方有黄褐色至暗褐色斜线。侧线下方有数条纵线，最上方一条最宽，呈褐色。体侧中央侧线下方有一显著的卵形黑斑。各鳍黄色，腹鳍淡色。

**鉴别要点** a. 背鳍和臀鳍基底被小鳞，前鳃盖骨后部下缘无鳞，背鳍中央鳍条不显著延长；b. 眼中央位于自吻端至尾叉中间的体轴线上方，头长为下眼眶骨宽的 3.3~8.9 倍，背鳍鳍条数通常不少于 13；c. 侧线上方鳞片斜行，下方平行；d. 犁骨齿三角形，中央后部突出；e. 体侧具一宽纵带，侧线下方有黑斑。

**生态习性** 近海暖水性鱼类，主要栖息于岩礁质底的海域。

**分布区域** 西北太平洋的日本和朝鲜半岛等海域均有分布；我国见于黄海、东海和南海。本种在浙江南部海域少见；2019 年 9 月于苍南码头发现。

# 108. 纵带笛鲷

*Lutjanus vitta* (Quoy & Gaimard, 1824)

标本体长 116 mm

**原始记录** *Serranus vitta* Quoy & Gaimard, 1824, Voyage autour du monde: 315, Pl. 58 (Fig. 3) [Waigeo (Waigiou), Indonesia].

**同种异名** *Serranus vitta* Quoy & Gaimard, 1824；*Mesoprion enneacanthus* Bleeker, 1849；*Mesoprion phaiotaeniatus* Bleeker, 1849

**英 文 名** Brownstripe red snapper (FAO)；Brown stripe snapper (Viet Nam)；Snapper (Malaysia)；Brownstripe seaperch (Australia)

**中文别名** 画眉笛鲷、黄笛鲷、赤笔仔

**形态特征** 体长椭圆形。上下颌具细齿多列；犁骨齿带三角形，其后方具有突出部；腭骨具绒毛状齿；舌面无齿。体被中大栉鳞，颊部及鳃盖具多列鳞；前鳃盖骨后部下缘具鳞；背鳍鳍条部及臀鳍基部具细鳞；侧线上方的鳞片斜向后背缘排列，下方的鳞片则与体轴平行。背鳍无明显缺刻，尾鳍内凹。体浅红色，体侧上方有黄褐色至暗褐色斜线；侧线下方则有数条纵线，其最上方一条最宽，呈褐色。各鳍黄色，腹鳍淡色。

**鉴别要点** a. 背鳍和臀鳍基底被小鳞，前鳃盖后部下缘具鳞，背鳍中央鳍条不显著延长；b. 眼中央位于自吻端至尾叉中间的体轴线上方，头长为下眼眶骨宽的 3.3~8.9 倍，背鳍鳍条数通常不少于 13；c. 侧线上方鳞片斜行，下方平行；d. 犁骨齿三角形，中央后部突出；e. 体侧无黑斑，体侧中央纵线较宽（褐色）。

**生态习性** 近海暖水性鱼类，主要栖息于岩礁质底海域；以底栖甲壳类和鱼类等为食。

**分布区域** 印度洋和太平洋的印度尼西亚、菲律宾、越南、日本等海域均有分布；我国见于东海和南海。本种在浙江南部海域少见；2020 年 11 月于南麂列岛钓获。

# 109. 松鲷

***Lobotes surinamensis* (Bloch, 1790)** 标本体长 204 mm

松鲷科Family Lobotidae | 松鲷属Genus *Lobotes* Cuvier, 1829

**原始记录** *Holocentrus surinamensis* Bloch, 1790, Naturgeschichte der ausländischen Fische Ⅴ. 4: 98, Pl. 243(Suriname, Caribbean Sea).

**同种异名** *Holocentrus surinamensis* Bloch, 1790；*Bodianus triourus* Mitchill, 1815；*Lobotes somnolentus* Cuvier, 1830；*Lobotes erate* Cuvier, 1830；*Lobotes farkharii* Cuvier, 1830；*Lobotes incurvus* Richardson, 1846；*Lobotes citrinus* Richardson, 1846；*Lobotes auctorum* Günther, 1859

**英 文 名** Tripletail (FAO)；Atlantic tripletail (AFS)；Black perch (Australia)；Brown tripletail (India)；Triple tail (Indonesia)

**中文别名** 石鲫、打铁鲈、黑猪肚、枯叶

**形态特征** 体呈长椭圆形，侧扁而高。前鳃盖骨后缘锯齿状，鳃盖骨后缘平滑无棘。上下颌具带状细齿，犁骨、腭骨和舌上均无齿。体被中大栉鳞，头部除吻和颏部外皆被细鳞。背鳍和臀鳍基底具鳞。尾鳍圆形。体呈灰褐色至黑褐色，背侧较深，腹部较淡。除胸鳍灰白色外，其余各鳍皆为黑褐色。

**鉴别要点** a. 体高而侧扁，犁骨、腭骨和舌上均无齿；b. 前鳃盖骨后缘有强锯齿，鳃盖骨后缘平滑无棘。

**生态习性** 暖水性中下层鱼类，成体主要栖息于具岛礁的海域，幼鱼可发现于红树林区、河口或河流下游；幼鱼有拟态习性，状似枯叶，漂浮在表层，随海流漂向岸边；以底栖甲壳类和小鱼等为食。

**分布区域** 大西洋、印度洋和太平洋的日本、朝鲜半岛等海域均有分布；我国见于黄海、东海和南海。本种在浙江南部海域少见；2018—2019 年 9 月于洞头码头发现。

# 110. 三线矶鲈

***Parapristipoma trilineatum* (Thunberg, 1793)**

**标本体长 73 mm**

仿石鲈科Family Haemulidae | 矶鲈属Genus *Parapristipoma* Bleeker, 1873

**原始记录** *Perca trilineata* Thunberg, 1793, Kongliga Vetenskaps Akademiens nya Handlingar, Stockholm Ⅴ. 14 (for 1793): 55, Pl. 1 (Japan).

**同种异名** *Perca trilineata* Thunberg, 1793；*Hapalogenys meyenii* Peters, 1866

**英 文 名** Chicken grunt (China)；Threeline grunt (Japan)

**中文别名** 三线鸡鱼、鸡仔鱼、黄公仔鱼

**形态特征** 体延长，侧扁。上下颌约等长，具绒毛状齿。犁骨、腭骨和舌上均无齿。鼻孔每侧 2 个，前鼻孔后缘具三角形鼻瓣。体被薄栉鳞，背鳍鳍条部、臀鳍基底和尾鳍上具细小鳞鞘，胸鳍和腹鳍外侧具腋鳞。尾鳍叉形。体背暗绿褐色，腹部色淡。体侧有 2~3 条褐色和灰白色纵带相间隔，幼鱼明显，成鱼则不显著。尾鳍红褐色，背鳍、臀鳍、腹鳍和胸鳍黄色。

**鉴别要点** 体侧有 2~3 条褐色和灰白色纵带相间隔，幼鱼明显，成鱼则不明显。

**生态习性** 近海暖温性底层鱼类，主要栖息于岩礁质底海域；以虾类和小鱼等为食。

**分布区域** 西北太平洋的日本和朝鲜半岛等海域均有分布；我国见于东海和南海。本种在浙江南部海域少见，仅在夏季发现；主要分布于南麂列岛和七星列岛周边海域。

# 111. 花尾胡椒鲷

***Plectorhinchus cinctus*** **(Temminck & Schlegel, 1843)**

**标本体长 205 mm**

胡椒鲷属Genus *Plectorhinchus* Lacepède, 1801

**原始记录** *Diagramma cinctum* Temminck & Schlegel, 1843, Fauna Japonica Parts 2~4: 61, Pl. 26 (Fig. 1) (Japan).

**同种异名** *Diagramma cinctum* Temminck & Schlegel, 1843

**英 文 名** Crescent sweetlips (FAO); Sweetlips (Malaysia); Threeband sweetlips (Japan); Dark-banded sweetlip (China); Yellow spotted grunt (China)

**中文别名** 胡椒鲷、花软唇、包公

**形态特征** 体延长而侧扁。吻短钝而唇厚，随着生长而肿大。上下颌齿细小，排列呈绒毛状齿带。犁骨、腭骨和舌上均无齿。颏孔 3 对，无须。前鳃盖骨边缘无棘。体被细小弱栉鳞。尾鳍截形。头和体侧灰褐色，腹面色淡。体侧具 3 条宽的黑色斜带。体背侧散布许多黑色小点，尤以后部为甚。背鳍和尾鳍灰黄色且散布许多黑色小点，腹鳍灰黑色。臀鳍内侧灰白色，外侧灰黑色。

**鉴别要点** a. 颏孔 3 对，无须；b. 背鳍鳍棘数 11 以上，鳍条数通常为 15~17；c. 腹鳍不伸达肛门，体侧具 3 条宽的黑色斜带，背鳍、尾鳍和体侧第二至第三黑带间散布黑色圆点。

**生态习性** 近海暖温性中下层鱼类，主要栖息于水深 50 m 以浅的岩礁质底海域；以甲壳类和小鱼等为食。

**分布区域** 印度洋和西太平洋的马来西亚、越南、日本、朝鲜半岛等海域均有分布；我国见于黄海、东海和南海。本种在浙江南部海域少见；2020 年 9 月于洞头码头发现。

# 112. 华髭鲷

***Hapalogenys analis* Richardson, 1845**

标本体长 88 mm

髭鲷科Family Hapalogenyidae | 髭鲷属Genus *Hapalogenys* Richardson, 1844

**原始记录** *Hapalogenys analis* Richardson, 1845, Ichthyology. Part 2. The zoology of the voyage of H. M. S. Sulphur: 85, Pl. 43 (Fig. 1) (East China Sea).

**同种异名** *Pristipoma mucronata* Eydoux & Souleyet, 1850

**英 文 名** Broadbanded velvetchin (Japan)

**中文别名** 横带髭鲷、臀斑髭鲷、打铁婆、黑文丞

**形态特征** 体长椭圆形，侧扁。上下颌齿细小，带状；犁骨、腭骨和舌上均无齿。颏部密生小髭，颏孔 3 对。体被小栉鳞，背鳍和臀鳍基部均具鳞鞘。背鳍前方具一向前平卧棘，鳍棘强大。尾鳍圆形。体背部灰褐色，腹部色淡。体侧具 6 条暗褐色横带。腹鳍灰褐色，背鳍和臀鳍鳍棘间膜暗褐色至黑色。背鳍、臀鳍和尾鳍淡黄色，有深黑色边缘。

**鉴别要点** a. 颏部具须，背鳍有一向前平卧棘；b. 背鳍、臀鳍和尾鳍边缘深黑色，体侧有显著暗色横带。

**生态习性** 近海暖温性鱼类，栖息于岩礁质底海域，喜结群；以虾类、蟹类、头足类和小鱼等为食。

**分布区域** 太平洋的菲律宾、日本和朝鲜半岛等海域均有分布；我国见于渤海、黄海、东海和南海。本种在浙江南部海域常见，各季节均有出现，夏季相对较多；主要分布于水深 20 m 以深海域。

**分类短评** 据 Iwatsuki 等（2000）研究，横带髭鲷〔*Hapalogenys mucronatus*（Eydoux & Souleyet, 1850)〕应为华髭鲷的同种异名。

# 113. 黑鳍髭鲷

*Hapalogenys nigripinnis* (Temminck & Schlegel, 1843)

标本体长 132 mm

**原始记录** *Pogonias nigripinnis* Temminck & Schlegel, 1843, Fauna Japonica Parts 2~4: 59, Pl. 25 (Nagasaki Bay, Japan).

**同种异名** *Pogonias nigripinnis* Temminck & Schlegel, 1843；*Hapalogenys nitens* Richardson, 1844；*Hapalogenys aculeatus* Nyström, 1887；*Hapalogenys guentheri* Matsubara, 1933

**英 文 名** Short barbeled velvetchin (FAO)；Short barbeled grunter (Japan)；Black fin javelinfish (Viet Nam)；Black grunt (China)

**中文别名** 斜带髭鲷、铜盆鱼、打铁婆、包公鱼

**形态特征** 体长椭圆形，侧扁。上下颌齿细小呈带状，犁骨、腭骨和舌上均无齿。颏部密生小髭，颏孔 3 对。体被小栉鳞，背鳍和臀鳍基部均具鳞鞘。背鳍前方具一向前平卧棘。尾鳍圆形。体上部黑褐色，腹部色淡。体侧具 3 条暗褐色斜带，前方带可达尾柄下侧，后方带至尾鳍基部上侧。腹鳍黑色；背鳍和臀鳍鳍棘间膜暗褐色至黑色；背鳍、尾鳍和臀鳍淡褐色。

**鉴别要点** a. 颏部具须，背鳍有一向前平卧棘；b. 体侧有 3 条暗褐色斜带；c. 上颌骨上方具小鳞。

**生态习性** 近海中下层鱼类，栖息于岛礁或泥质底海域；以虾类、蟹类和小鱼等为食。

**分布区域** 西北太平洋的日本和朝鲜半岛等海域均有分布；我国见于渤海、黄海、东海和南海。本种在浙江南部海域少见，夏季相对较多；在南麂 — 洞头东侧水深 50 m 处海域发现。

**分类短评** 据Iwatsuki等（2005）研究，斜带髭鲷（*Hapalogenys nitens* Richardson, 1844）应为黑鳍髭鲷的同种异名。

# 114. 长裸顶鲷

***Gymnocranius elongatus* Senta, 1973**

标本体长 90 mm

裸颊鲷科Family Lethrinidae | 裸顶鲷属Genus *Gymnocranius* Klunzinger, 1870

**原始记录** *Gymnocranius elongatus* Senta, 1973, Japanese Journal of Ichthyology Ⅴ. 20 (no. 3): 135, Figs. 1~5 (Sarawak state, Borneo, East Malaysia, 3°31′—3°37′N, 110°15′—110°23′E, depth 67~74 meters).

**同种异名** 无

**英 文 名** Forktail large-eye bream (FAO)；Large-eye bream (Malaysia)；Swallowtail sea bream (Australia)

**中文别名** 长身白鱲、龙占舅、踢马、龙尖

**形态特征** 体延长，呈长椭圆形，侧扁。上下颌具齿。颊部具鳞 4~6 列，胸鳍基部内侧不具鳞。尾鳍深分叉，两叶末端尖锐，中间鳍条短于眼径。体一致为银白色，体背有时呈淡褐色。体侧具约 8 条暗色横带，有时不明显。头侧无斑纹。各鳍透明至淡橘红色，尾鳍有时具红缘。

**鉴别要点** a. 颊部具鳞，侧线上鳞数 6；b. 尾鳍两叶末端尖，尾鳍中央鳍条短于眼径；c. 眼下缘位于自吻端至尾叉中间的体轴线上；d. 体侧具约 8 条暗色横带，有时不明显。

**生态习性** 近海鱼类，栖息于泥沙质底海域；以虾类、蟹类、头足类和小鱼等为食。

**分布区域** 印度洋和太平洋的所罗门群岛、日本、澳大利亚等海域均有分布；我国见于东海和南海。本种在浙江南部海域少见。

# 115. 黄鳍棘鲷

***Acanthopagrus latus*** **(Houttuyn, 1782)** 标本体长 249 mm

鲷科Family Sparidae | 棘鲷属Genus *Acanthopagrus* Peters, 1855

**原始记录** *Sparus latus* Houttuyn, 1782, Verhandelingen der Hollandsche Maatschappij der Wetenschappen, Haarlem Ⅴ. 20 (pt 2): 322 (Hirado Bay, Nagasaki, Japan).

**同种异名** *Sparus latus* Houttuyn, 1782；*Chrysophrys auripes* Richardson, 1846；*Chrysophrys xanthopoda* Richardson, 1846；*Chrysophrys rubroptera* Tirant, 1883；*Sparus chrysopterus* Kishinouye, 1907

**英 文 名** Yellowfin seabream (FAO)；Grey bream (Indonesia)；Houttuyn's yellowfin seabream (Japan)；Japanese bream (Australia)；Seabream (Malaysia)；Yellow sea bream (China)

**中文别名** 黄鳍鲷、黄鳍臼齿鲷、乌鲸、赤翅仔

**形态特征** 体长椭圆形。上下颌前端具圆锥齿，两侧具臼齿。犁骨、腭骨和舌上均无齿。体被薄栉鳞，背鳍和臀鳍棘部基部具鳞鞘，鳍条部基底被鳞。颊部具鳞 5 行。尾鳍叉形。体青灰色，体侧具若干灰色纵带和 4 条斜横带。鳃盖具黑色缘，侧线起点和胸鳍腋部各有一黑点。背鳍、尾鳍上叶和胸鳍灰黑色，腹鳍、臀鳍和尾鳍下叶在鱼体新鲜时呈鲜黄色，有时在鳍膜间具黑纹。

**鉴别要点** a. 上下颌侧面具 3 列以上臼齿，臀鳍鳍条数 8（少数 9）；b. 侧线鳞数 52 以下；c. 鲜活个体腹鳍、臀鳍和尾鳍下叶鲜黄色；d. 背鳍鳍棘中部至侧线间鳞 3.5 片。

**生态习性** 近海暖水性底层鱼类，喜栖息于岩礁海域；以多毛类、软体动物、甲壳类、棘皮动物和小鱼等为食。

**分布区域** 印度洋和太平洋的菲律宾、日本、澳大利亚等海域均有分布；我国见于东海和南海。本种在浙江南部海域少见，仅在秋季发现；主要分布于岛礁海域。

# 116. 黑棘鲷

*Acanthopagrus schlegelii* (Bleeker, 1854)

标本体长 162 mm

**原始记录** *Chrysophrys schlegelii* Bleeker, 1854, Natuurkundig Tijdschrift voor Nederlandsch Indië Ⅴ. 6 (no. 2): 400 (Nagasaki, Japan).

**同种异名** *Chrysophrys schlegelii* Bleeker, 1854；*Pagrus microcephalus* Basilewsky, 1855；*Sparus swinhonis czerskii* Berg, 1914

**英 文 名** Blackhead seabream (FAO)；Black porgy (AFS)；Black sea bream (China)

**中文别名** 黑鳍棘鲷、黑鲷、切氏黑鲷、乌格

**形态特征** 体长椭圆形，侧扁而高。上下颌前端具犬齿，两侧具臼齿。犁骨、腭骨和舌上均无齿。体被薄栉鳞，背鳍和臀鳍棘部基底具鳞鞘，各鳍鳍条基底被鳞。尾鳍叉形。体灰黑色，具银色光泽，腹部色浅。体侧具若干条褐色细纹和 6~8 条深色横带，侧线起点近主鳃盖上角和胸鳍腋部各具一黑点。背鳍、臀鳍和尾鳍鳍膜褐色，边缘黑色。

**鉴别要点** a. 上下颌侧面具 3 列以上臼齿，臀鳍鳍条数 8（少数 9），侧线鳞数 48~56；b. 体侧具若干条褐色细纹和 6~8 条深色横带；c. 背鳍鳍棘中部至侧线间鳞 5.5 片。

**生态习性** 浅海底层鱼类，喜栖息于岩礁或沙泥质底海域；以多毛类、软体动物、甲壳类、棘皮动物和小鱼等为食。

**分布区域** 西北太平洋的日本和朝鲜半岛等海域均有分布；我国见于渤海、黄海、东海和南海。本种在浙江南部海域常见，春季相对较多；主要分布于岛礁海域，水深 50 m 处亦有分布。

# 117. 黄背牙鲷

***Dentex hypselosomus* Bleeker, 1854**

标本体长 210 mm

牙鲷属Genus *Dentex* Cuvier, 1814

**原始记录** *Dentex hypselosoma* Bleeker, 1854, Natuurkundig Tijdschrift voor Nederlandsch Indië Ⅴ. 6 (no. 2): 402 (Nagasaki, Japan).

**同种异名** *Dentex hypselosoma* Bleeker, 1854

**英 文 名** Yellowback seabream (Japan)

**中文别名** 黄牙鲷、黄鲷、黄犁齿鲷、赤鯮

**形态特征** 体椭圆形，侧扁。上下颌前端具犬齿，两侧外列为圆锥齿。犁骨、腭骨和舌上均无齿。体被薄栉鳞，背鳍和臀鳍棘部基底具鳞鞘，鳍条基底被鳞。尾鳍叉形。体呈鲜红色而带银色光泽。鱼体新鲜时体背部具 3 个金黄色斑，吻上部和上颌金黄色。

**鉴别要点** a. 两颌侧面外列具 1 列圆锥齿，两眼间隔隆起；b. 背鳍前方鳍棘不延长，侧线鳞数 46~50；c. 活体体背有 3 个金黄色斑，吻上部和上颌金黄色。

**生态习性** 近海暖水性底层鱼类，栖息于水流较缓的沙泥质底海域；以头足类、甲壳类和小鱼等为食。

**分布区域** 西北太平洋的日本和朝鲜半岛等海域均有分布；我国见于黄海、东海和南海。本种在浙江南部海域少见，仅在夏季发现；仅在三门湾东侧水深 50 m 处发现。

**分类短评** 据 Iwatsuki 等（2007）的研究结果显示，《福建鱼类志》（《福建鱼类志》编写组，1985）中的黄鲷〔*Taius tumifrons*（Temminck & Schlegel, 1843）〕应为黄背牙鲷的同种异名；而 *Dentex tumifrons*（Temminck & Schlegel, 1843）则重新用于命名澳大利亚昆士兰州莫顿（Moreton）岛采集的相似物种鲷形牙鲷（*Dentex spariformis* Ogilby, 1910）。

# 118. 二长棘犁齿鲷

***Evynnis cardinalis* (Lacepède, 1802)**

标本体长 110 mm

犁齿鲷属Genus *Evynnis* Jordan & Thompson, 1912

**原始记录** *Sparus cardinalis* Lacepède, 1802, Histoire naturelle des poissons (Lacepéde) Ⅴ. 4: 46, 141 (China and Japan).

**同种异名** *Sparus cardinalis* Lacepède, 1802

**英 文 名** Threadfin porgy (FAO、AFS)；Cardinal seabream (China)

**中文别名** 二长棘鲷、红锄齿鲷、饭鲷、血鲷、立花、长鳍

**形态特征** 体呈椭圆形，侧扁。上下颌前端具犬齿，两侧具臼齿。犁骨、腭骨和舌上均无齿。体被薄栉鳞，背鳍和臀鳍棘部基底具发达鳞鞘，鳍条部基底被鳞。背鳍第三、第四鳍棘延长呈丝状。尾鳍叉形。体呈鲜红色而带银色光泽，鱼体新鲜时，在体侧有数列纵向且显著的钴蓝色点状线纹。

**鉴别要点** a. 上下颌侧面具 2 列臼齿，鳃膜红色部分窄，不到胸鳍基下方；b. 背鳍第三、第四鳍棘显著延长为丝状，臀鳍鳍条数 9。

**生态习性** 近海暖温性底层鱼类，栖息于岩礁、沙砾或沙泥质底海域；以甲壳类和小鱼等为食。

**分布区域** 太平洋的日本和菲律宾等海域均有分布；我国见于东海和南海。本种在浙江南部海域常见，夏季相对较多；主要分布于水深 20 m 以深海域。

# 119. 真赤鲷

***Pagrus major* (Temminck & Schlegel, 1843)**

**标本体长 229 mm**

赤鲷属Genus *Pagrus* Cuvier, 1816

**原始记录** *Chrysophrys major* Temminck & Schlegel, 1843, Fauna Japonica Parts 2~4: 71, Pl.35 (All bays of Japan).

**同种异名** *Chrysophrys major* Temminck & Schlegel, 1843

**英 文 名** Japanese seabream (FAO)；Madai (AFS)；Red seabream snapper (Japan)；Genuine porgy (Viet Nam)；Red pargo (China)；Red sea bream (China)

**中文别名** 真鲷、正鲷、真金鲷

**形态特征** 体椭圆形，侧扁。上下颌前端具犬齿，两侧具臼齿。犁骨、腭骨和舌上无齿。体被薄栉鳞，背鳍和臀鳍棘基部具鳞鞘，鳍条部基底被鳞。尾鳍叉形。体呈淡红色，略带绿色光泽，体侧背部散布若干蓝色小点。尾鳍边缘黑色。

**鉴别要点** a. 上下颌侧面具 2 列臼齿，臀鳍鳍条数 8；b. 背鳍鳍棘不延长，体长为体高的 2 倍以上，活体体侧背部具蓝色小点。

**生态习性** 近海暖温性底层鱼类，栖息于岩礁、沙砾或贝藻丛生的海域；以软体动物、棘皮动物、甲壳类和小鱼等为食。

**分布区域** 西北太平洋的日本和朝鲜半岛等海域均有分布；我国见于渤海、黄海、东海和南海。本种在浙江南部海域常见，春季和秋季相对较多；主要分布于岛礁海域，水深 50~60 m 处亦有分布。

# 120. 平鲷

***Rhabdosargus sarba* (Forsskål, 1775)**

标本体长 156 mm

平鲷属Genus *Rhabdosargus* Fowler, 1933

**原始记录** *Sparus sarba* Forsskål, 1775, Caroli a Linné ... Systema Naturae per regna tria naturae Ⅴ. 1 (pt 3): 31, Ⅺ (Jeddah, Saudi Arabia, Red Sea).

**同种异名** *Sparus sarba* Forsskål, 1775；*Sparus bufonites* Lacepède, 1802；*Sparus psittacus* Lacepède, 1802；*Chrysophrys chrysargyra* Valenciennes, 1830；*Chrysophrys aries* Temminck & Schlegel, 1843；*Sargus auriventris* Peters, 1855；*Chrysophrys natalensis* Castelnau, 1861；*Roughleyia tarwhine* Whitley, 1931

**英 文 名** Goldlined seabream (FAO、AFS)；Natal stumpnose (India)；Seabream (Malaysia)；Tarwhine (Australia)；Silver sea bream (China)

**中文别名** 黄锡鲷、白嘉鳙、平头、枋头

**形态特征** 体呈椭圆形，侧扁。上下颌具圆锥齿和臼齿。犁骨、腭骨和舌上均无齿。体被薄栉鳞，背鳍和臀鳍棘基部均具鳞鞘，鳍条部基底被鳞。尾鳍叉形。体呈青灰色，腹面颜色较淡，体侧有许多淡青色纵带，其数目和鳞列相当。侧线起点处具数枚边缘黑色的鳞片。尾鳍下缘、胸鳍、腹鳍和臀鳍黄色，背鳍和尾鳍色暗，边缘黑色。

**鉴别要点** a. 上下颌具圆锥齿和臼齿，臀鳍鳍条数 10~12；b. 体呈青灰色，体侧有许多淡青色纵带。

**生态习性** 沿岸底层鱼类，栖息于沿岸岩礁区海域，也常进入河口区域；以软体动物、甲壳类和藻类等为食。

**分布区域** 印度洋和太平洋的日本、澳大利亚等海域均有分布；我国见于渤海、黄海、东海和南海。本种在浙江南部海域少见，仅在秋季发现；仅在洞头东侧水深 50 m 处海域发现。

# 121. 多鳞四指马鲅

***Eleutheronema rhadinum*** **(Jordan & Evermann, 1902)**

**标本体长 145 mm**

马鲅科Family Polynemidae | 四指马鲅属Genus *Eleutheronema* Bleeker, 1862

**原始记录** *Polydactylus rhadinus* Jordan & Evermann, 1902, Proceedings of the United States National Museum Ⅴ. 25 (no. 1289): 351, Fig. 20 (Linkou, Taipei, Taiwan, depth 5~8 meters).

**同种异名** *Polydactylus rhadinus* Jordan & Evermann, 1902

**英 文 名** East Asian fourfinger threadfin (FAO)

**中文别名** 四指马鲅、马友、午鱼、章跳

**形态特征** 体延长，侧扁。脂眼睑发达。上下颌齿带外露，犁骨、腭骨具齿。体被小栉鳞，背鳍、臀鳍和胸鳍基部均具鳞鞘，各鳍均被细鳞。胸鳍和腹鳍腋部各具 1 枚尖长形鳞瓣，左右腹鳍基部之间具 1 枚三角形鳞瓣。胸鳍下部具 4 根游离丝状鳍条。尾鳍深叉形。背侧灰褐色，腹侧乳白色。背鳍、臀鳍、胸鳍和尾鳍均呈灰黑色，边缘深黑色。腹鳍白色。

**鉴别要点** a. 胸鳍游离鳍条 4 根，侧线鳞数 82~95，侧线上鳞数 11~14（通常为 12），侧线下鳞数 15~17（通常为 16）；b. 背鳍、臀鳍、胸鳍和尾鳍边缘深黑色，腹鳍白色。

**生态习性** 暖温性鱼类，栖息于沙泥质底海域，包括沿岸、河口、红树林等；以虾类、蟹类和小鱼等为食。

**分布区域** 西太平洋的越南、日本和朝鲜半岛等海域均有分布；我国见于渤海、黄海、东海和南海。本种在浙江南部海域少见，仅在秋季发现；主要分布于水深 50 m 处海域。

**分类短评** 据 Motomura 等 (2002) 和《江苏鱼类志》( 倪勇 等，2006)，我国分布的为多鳞四指马鲅，其与四指马鲅 (*Eleutheronema tetradactylum* Shaw, 1804) 存在的差异主要为：前者侧线鳞数 82~95，胸鳍灰黑色；后者侧线鳞数 71~80，胸鳍黄色。

# 122. 六指多指马鲅

***Polydactylus sextarius* (Bloch & Schneider, 1801)** 标本体长 94 mm

多指马鲅属*Polydactylus* Lacepède, 1803

**原始记录** *Polynemus sextarius* Bloch & Schneider, 1801, M. E. Blochii, Systema Ichthyologiae: 18, Pl. 4 [Tranquebar (Tharangambadi), India].

**同种异名** *Polynemus sextarius* Bloch & Schneider, 1801

**英 文 名** Blackspot threadfin (FAO、AFS)；Blackbarred morwong (Japan)；Blackspot six-thread tasselfish (Malaysia)

**中文别名** 六丝多指马鲅、黑斑马鲅、六指马鲅、午仔

**形态特征** 体延长，侧扁。脂眼睑发达。上下颌均具齿，犁骨无齿，腭骨具齿，舌上无齿。胸鳍和腹鳍腋部各具1枚长尖形腋鳞，两腹鳍基部间具1枚三角形鳞瓣。胸鳍下部具6根游离丝状鳍条。尾鳍深叉，上下叶尖长。体背部呈灰绿色，腹部银白。肩部侧线起点处具一大黑斑。各鳍灰色而略带黄色。

**鉴别要点** a. 胸鳍游离鳍条6根，胸鳍鳍条大部分分支；b. 侧线鳞数45~51，侧线开始处具一大黑斑。

**生态习性** 近岸暖水性中下层鱼类，栖息于沙泥质底海域，也可进入河口、港湾和红树林区域；以浮游动物和软体动物等为食。

**分布区域** 印度洋和西太平洋的印度尼西亚、日本等海域均有分布；我国见于黄海、东海和南海。本种在浙江南部海域常见，所有季节均有发现，夏季相对较多；整个海域均有分布，除夏季和秋季外主要分布于水深30 m以深海域。

# 123. 日本白姑鱼

**_Argyrosomus japonicus_ (Temminck & Schlegel, 1843)**

**标本体长 180 mm**

石首鱼科Family Sciaenidae | 白姑鱼属Genus *Argyrosomus* De la Pylaie, 1835

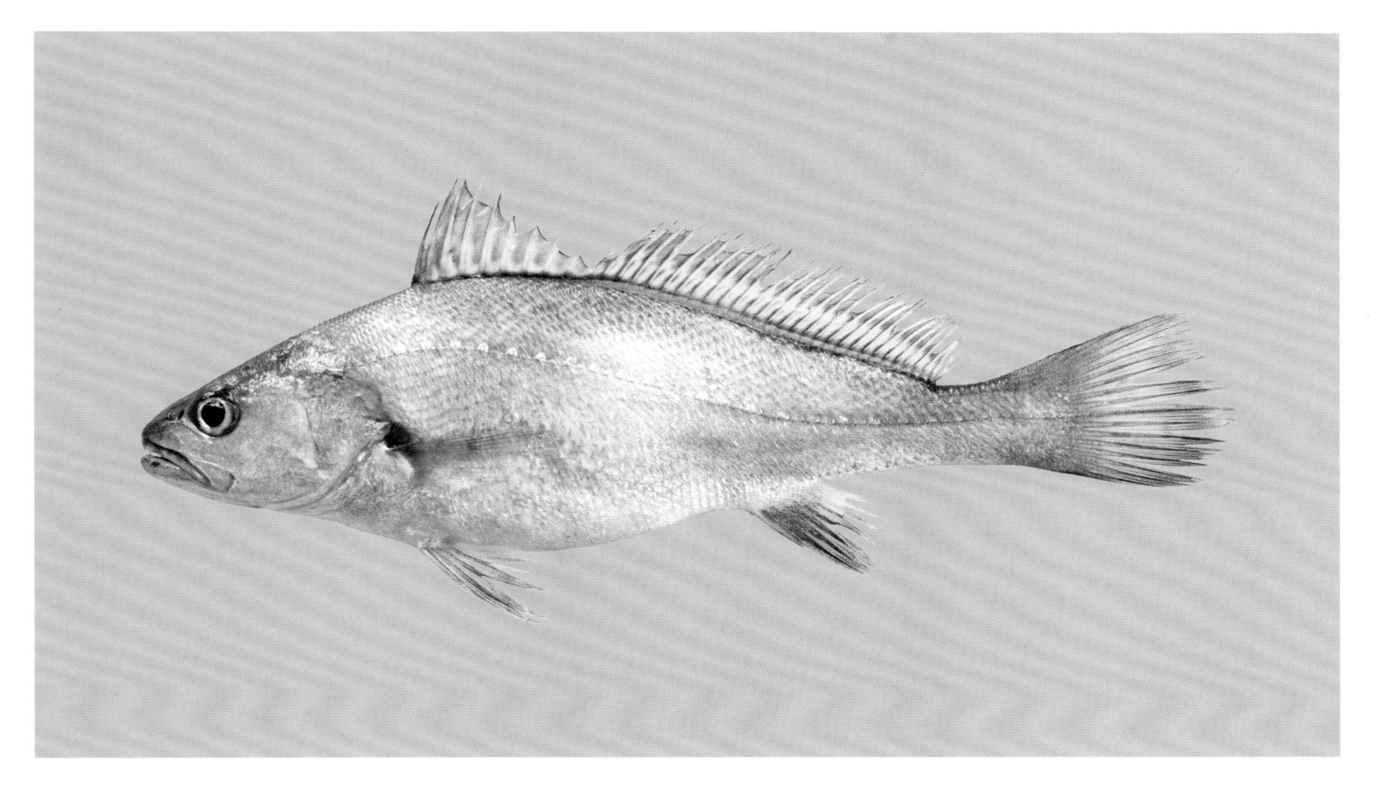

**原始记录** *Sciaena japonica* Temminck & Schlegel, 1843, Fauna Japonica Parts 2~4: 58, Pl. 24 (Fig. 1) (Meitsu, Nango-Cho, Miyazaki Prefecture, southeastern coast of Kyushu, Japan, 50 meters).

**同种异名** *Sciaena japonica* Temminck & Schlegel, 1843；*Sciaena antarctica* Castelnau, 1872；*Sciaena margaritifera* Haly, 1875；*Sciaena neglecta* Ramsay & Ogilby, 1887

**英 文 名** Japanese meagre (FAO、AFS)；Butterfish (Australia)；Silver croaker (China)

**中文别名** 日本黄姑鱼、南极石首鱼、白鮸、腋斑白姑鱼、日本银身鰔

**形态特征** 体延长，侧扁。上下颌具锥形齿，犁骨、腭骨和舌上均无齿。颏孔 6 个，分离，无颏须。前鳃盖骨边缘具细锯齿，鳃盖具 2 棘。体被栉鳞，吻被圆鳞，背鳍鳍条部和臀鳍基部具鳞鞘。尾鳍双凹形。体背银灰色，腹部银白色。背鳍边缘黑色，鳍条部灰黑色。胸鳍和腹鳍褐色，尾鳍灰黑色。胸鳍腋部具一黑斑。

**鉴别要点** a. 臀鳍具 2 根鳍棘，鳍条数 6~10；b. 颏孔 6 个，无颏须；c. 胸鳍腋部具一黑斑；d. 胸鳍不达背鳍鳍棘后部，尾鳍双凹形。

**生态习性** 近海暖温性底层鱼类，栖息于河口、礁石和水深150 m的大陆架海域；以甲壳类、鱼类和蠕虫等为食。

**分布区域** 印度洋和太平洋的澳大利亚、日本、朝鲜半岛等海域均有分布；我国见于东海和南海。本种在浙江南部海域少见。

# 124. 黑姑鱼

***Atrobucca nibe* (Jordan & Thompson, 1911)**

标本体长 165 mm

黑姑鱼属Genus *Atrobucca* Chu, Lo & Wu, 1963

**原始记录** *Sciaena nibe* Jordan & Thompson, 1911, Proceedings of the United States National Museum Ⅴ. 39 (no. 1787): 258, Fig. 4 (Wakanoura, Wakayama Prefecture, Japan, Inland Sea, western North Pacific).

**同种异名** *Sciaena nibe* Jordan & Thompson, 1911；*Nibea pingi* Wang, 1935

**英 文 名** Blackmouth croaker (FAO、AFS)；Longfin kob (Viet Nam)；Longmouth croaker (Australia)

**中文别名** 黑鰔、黑口、乌喉

**形态特征** 体延长，侧扁。上下颌具齿，犁骨、腭骨和舌上无齿。颏孔 6 个，无颏须。前鳃盖骨后缘锯齿状，鳃盖具 2 棘。体被栉鳞，头前部被小圆鳞。背鳍和臀鳍基部各有 1 列鳞鞘。尾鳍尖长，略呈楔形。体背侧面灰黑色，腹面银白色。其余各鳍灰黑色。胸鳍基部上方有一黑色腋斑。口腔和鳃腔黑色。

**鉴别要点** a. 臀鳍具 2 根鳍棘，鳍条数 6~10；b. 颏孔 6 个，无颏须；c. 胸鳍基部上方有一黑色腋斑；d. 胸鳍可伸达背鳍鳍棘末端，尾鳍尖长；e. 口腔和鳃腔黑色。

**生态习性** 近海暖温性中下层鱼类，栖息于水深 60~80 m 的泥沙质底海域；以甲壳类、鱼类和软体动物等为食。

**分布区域** 印度洋和太平洋的菲律宾、澳大利亚、日本、朝鲜半岛等海域均有分布；我国见于黄海、东海和南海。本种在浙江南部海域常见，各个季节均有出现，春季和夏季相对较多；整个海域均有分布。

# 125. 尖头黄鳍牙鰔

***Chrysochir aureus* (Richardson, 1846)**

标本体长 223 mm

黄鳍牙鰔属Genus *Chrysochir* Trewavas & Yazdani, 1966

**原始记录** *Otolithus aureus* Richardson, 1846, Report of the British Association for the Advancement of Science 15th meeting (1845): 224 (Canton, China).

**同种异名** *Otolithus aureus* Richardson, 1846；*Sciaena ophiceps* Alcock, 1889；*Sciaena incerta* Vinciguerra, 1926；*Johnius birtwistlei* Fowler, 1931；*Pseudosciaena acuta* Tang, 1937

**英 文 名** Reeve's croaker (FAO)；Golden corvina (AFS)；Gold belly croaker (Malaysia)

**中文别名** 尖头黄姑鱼、黄金鳍鰔、鮸仔鱼

**形态特征** 体延长，侧扁。上下颌均具齿，上颌前方数齿较大，犬齿状。颏孔 6 个，中央 2 孔很接近。前鳃盖骨边缘具细锯齿，鳃盖骨具 2 棘。体被栉鳞，吻端被圆鳞，颊部和眼间隔被弱栉鳞。背鳍鳍条部和臀鳍基底具鳞鞘，尾鳍基有小圆鳞。尾鳍楔形。体侧上半部紫褐色，下半部白色。背鳍棘部浅褐色，鳍条部鳍基 1/3 以上为黄褐色。尾鳍下叶深褐色，上叶黄色。臀鳍、腹鳍和胸鳍黄色并具黄褐色细斑。

**鉴别要点** a. 臀鳍具 2 根鳍棘，鳍条数 6~10；b. 颏孔 6 个，无颏须；c. 胸鳍可伸达背鳍鳍棘末端，尾鳍楔形；d. 上颌前端具犬齿，上颌稍长于下颌；e. 尾鳍下叶深褐色，上叶黄色（幼体尾鳍下叶黑色，上叶淡色），胸鳍黄色。

**生态习性** 近岸暖水性中下层鱼类，栖息于泥沙质底海域；以甲壳类和鱼类等为食。

**分布区域** 印度洋和马来半岛、印度尼西亚等海域均有分布；我国见于东海和南海。本种在浙江南部海域常见，各个季节均有发现，夏季和秋季相对较多；整个海域均有分布，冬季主要分布于水深 30 m 以深海域，夏季、秋季主要分布于水深 30 m 以浅海域。

# 126. 棘头梅童鱼

***Collichthys lucidus* (Richardson, 1844)**

标本全长940 mm（雌性）

梅童鱼属Genus *Collichthys* Günther, 1860

**原始记录** *Sciaena lucida* Richardson, 1844, Ichthyology. Part 1. The zoology of the voyage of H. M. S. Sulphur: no p., Pl. 44 (Figs. 3~4) (China Seas).

**同种异名** *Sciaena lucida* Richardson, 1844；*Collichthys fragilis* Jordan & Seale, 1905

**英 文 名** Big head croaker (Viet Nam)

**中文别名** 大头子梅鱼、黄皮

**形态特征** 体延长，侧扁。头钝圆，枕骨棘棱发达，除前后两棘外，中间有 2~3 根棘。上下颌具绒毛状齿带，犁骨、腭骨和舌上无齿。颏孔 4 个。前鳃盖后缘锯齿状，鳃盖骨后上方具一棘。头、体皆被圆鳞，鳞小，易脱落。背鳍鳍条部和臀鳍基部向上 1/3~1/2 处均具小鳞。尾鳍尖形。体侧上半部灰黄色，下半部金黄色。鳃腔白色或灰白色。背鳍鳍棘部和尾鳍末端灰黑色，其余各鳍淡黄色。

**鉴别要点** a. 头后部有骨质突起，一般具 4 个尖头；b. 臀鳍具 2 根鳍棘，第二鳍棘最长，鳍条数 11~13；c. 尾鳍尖形，发黑。

**生态习性** 近海暖水性底层鱼类，栖息于泥沙质底海域；以底栖甲壳类和小鱼等为食。

**分布区域** 太平洋的菲律宾、日本和朝鲜半岛等海域均有分布；我国见于渤海、黄海、东海和南海。本种在浙江南部海域常见，各个季节均有发现，秋季和冬季相对较多；整个海域均有分布，春季和夏季分布于水深 20 m 以浅海域，端午时节江口海域为其产卵场（飞云江口和瓯江口等）。

# 127. 皮氏叫姑鱼

***Johnius belangerii* (Cuvier, 1830)**

标本体长 134 mm

叫姑鱼属Genus *Johnius* Bloch, 1793

**原始记录** *Corvina belengerii* Cuvier, 1830, Histoire naturelle des poissons Ⅴ. 5: 120 (Malabar, India).

**同种异名** *Corvina belengerii* Cuvier, 1830；*Corvina kuhlii* Cuvier, 1830；*Corvina lobata* Cuvier, 1830；*Sciaena nasus* Steindachner, 1866；*Pseudomycterus maccullochit* Ogilby, 1908

**英 文 名** Belanger's croaker (FAO)；Little jewfish (Australia)；Croaker (Malaysia)

**中文别名** 叫姑鱼、叫吉子、赤头

**形态特征** 体延长，侧扁。上下颌具绒毛状齿带，上颌外行齿大，下颌齿均等大。犁骨、腭骨和舌上均无齿。颏孔为似五孔形，中央颏孔 1 对，互相靠近。前鳃盖骨边缘具细锯齿，鳃盖骨具 2 棘。眼间隔、吻部、颊部和胸部被圆鳞，余皆被栉鳞。背鳍鳍条部和臀鳍 2/3 以上被圆鳞。尾鳍楔形。体侧背部灰褐色，腹部银白色泛黄。鳃腔灰黑色，常使鳃盖部呈色暗的斑。背鳍鳍棘上半部黑色，背鳍鳍条部、腹鳍外侧、臀鳍下半部和尾鳍下部灰黑色。

**鉴别要点** a. 臀鳍具 2 根鳍棘，第二鳍棘细长，鳍条数 7；b. 上颌圆突，上下颌具绒毛状齿带；c. 体被栉鳞，侧线上鳞数 7~8；d. 尾鳍楔形，幼体尖长；e. 体背侧灰黑色，腹鳍外侧、臀鳍下半部和尾鳍下部呈灰黑色；f. 尾柄长大于尾柄高的 2.3 倍。

**生态习性** 近岸暖温性中下层鱼类，栖息于沙泥质底的浅水海域，会进入河口区；以底栖生物等为食。

**分布区域** 印度洋和西太平洋的日本、朝鲜半岛等海域均有分布；我国见于黄海、东海和南海。

**其　　他** 由于叫姑鱼属种类相似，在前期工作中存在误鉴情况，故浙江南部海域分布情况仍有待厘清；本样品为 2020 年 8 月于温州沿岸海域发现。

# 128. 鳞鳍叫姑鱼

*Johnius distinctus* (Tanaka, 1916)

标本体长 130 mm

原始记录 *Sciaena distincta* Tanaka, 1916, Dobutsugaku Zasshi=Zoological Magazine Tokyo V. 28 (no. 327): 26 (Nagasaki fish market, Japan).

同种异名 *Sciaena distincta* Tanaka, 1916；*Pseudosciaena tingi* Tang, 1937

英 文 名 Karut croaker (FAO)

中文别名 丁氏鰔、丁氏叫姑鱼

形态特征 体延长，侧扁。上下颌具绒毛状齿。颏孔为似五孔形，中央颏孔 1 对，互相靠近。前鳃盖骨后缘具细锯齿，鳃盖骨具 2 棘。眼间隔、吻、颊和鳃盖部被圆鳞，头体被栉鳞。背鳍鳍条部和臀鳍鳍膜具多行小圆鳞。尾鳍楔形。体背侧灰褐色，腹侧面银白色。自胸鳍基后体侧中央具一白色纵带，沿侧线另具一细银白色纵带。背鳍鳍棘部中央为白色，末端黑褐色，鳍条部中央为白色，末端褐色。尾鳍黄褐色。臀鳍和腹鳍橙黄色，胸鳍浅褐色。

鉴别要点 a. 臀鳍具 2 根鳍棘，鳍条数 7；b. 颏孔为似五孔形；c. 两颌约等长，下颌内行齿扩大；d. 侧线呈亮银色，背鳍鳍条基部有一黑色条纹。

生态习性 近海中下层鱼类，主要栖息于水深 40 m 以浅的泥沙质底海域，会进入河口区；以底栖生物等为食。

分布区域 西北太平洋的日本和朝鲜半岛等海域均有分布；我国见于东海和南海。本种在浙江南部海域常见，各个季节均有发现，夏季相对较多；整个海域均有分布，除夏季外主要集中在水深 30 m 以深海域。

# 129. 屈氏叫姑鱼

***Johnius trewavasae*** **Sasaki, 1992**

标本体长 160 mm

原始记录 *Johnius* (*Johnius*) *trewavasae* Sasaki, 1992, Japanese Journal of Ichthyology Ⅴ. 39 (no. 3): 191, Figs. 1, 2A (Taiwan Strait).

同种异名 无

英 文 名 Trewavas croaker (FAO)

中文别名 叫姑鱼

形态特征 体延长，侧扁。上下颌齿呈带状排列。颏孔为似五孔形，无颏须。鳞片大，易脱落，体侧腹部鳞片远大于侧线鳞片。头部、胸部被圆鳞，鱼体其他部分被栉鳞。背鳍鳍条部和臀鳍被圆鳞。侧线略呈弧形，伸达尾鳍末端。腹鳍第一鳍条延长成丝状。尾鳍楔形。体侧背部灰褐色，腹部乳白色，泛黄。背鳍鳍棘部边缘黑色，胸鳍灰色，腹鳍、臀鳍和尾鳍灰白色。

鉴别要点 a. 臀鳍具 2 根鳍棘，鳍条数 7；b. 颏孔为似五孔形；c. 上颌圆突，下颌齿均细小，呈绒毛状；d. 躯干部鳞片大且易脱落，侧线上鳞数 5~6；e. 尾柄长不达尾柄高的 2.3 倍。

生态习性 浅海底层鱼类。

分布区域 西太平洋的新加坡等海域均有分布；我国见于东海和南海。

其　　他 由于叫姑鱼属种类相似，在前期工作中存在误鉴情况，故浙江南部海域分布情况仍有待厘清，但整体上本调查区域的叫姑鱼以本种为主；本照片为 2020 年 8 月于温台渔场渔业资源调查时拍摄。

# 130. 卡氏叫姑鱼

***Johnius carouna* (Cuvier, 1830)**

标本体长 112 mm

**原始记录** *Corvina carouna* Cuvier, 1830, Histoire naturelle des poissons Ⅴ. 5: 125 (Malabar, India).

**同种异名** *Corvina carouna* Cuvier, 1830

**英 文 名** Belanger's croaker (FAO)；Caroun croaker (India)

**中文别名** 叫姑鱼

**形态特征** 体延长，侧扁。吻圆钝，稍突出。口小，下位，上颌骨后延可伸达眼的中部或后缘下方。上下颌齿呈带状排列，上颌外行齿扩大。颏孔 5 个，无颏须。鳞较大。体大部分被栉鳞，吻部、颊部和喉部被圆鳞，背鳍和臀鳍鳍条部被小圆鳞，侧线略呈弧形，伸达尾鳍末端。腹鳍第一鳍条稍延长，丝状弯曲。体背侧呈浅灰褐色，腹部银白色，泛黄。胸鳍、腹鳍、臀鳍和尾鳍浅色或淡黄色。

**鉴别要点** a. 臀鳍具 2 根鳍棘，鳍条数 7；b. 颏孔 5 个，无颏须；c. 上颌圆突，上下颌齿呈带状排列；d. 体大部分被栉鳞，侧线上鳞数 7~8；e. 尾鳍楔形，尾柄长大于尾柄高的 2.3 倍；f. 体背侧呈浅灰褐色，腹部银白色；g. 臀鳍第二鳍棘长度约为臀鳍第一鳍条的 3/4。

**生态习性** 浅海底层鱼类。

**分布区域** 印度洋和西太平洋的泰国、马来西亚等海域均有分布；我国见于东海和南海。

**其　　他** 由于叫姑鱼属种类相似，在前期工作中存在误鉴情况，故浙江南部海域分布情况仍有待厘清，本照片为 2020 年 8 月于洞头海域调查时拍摄。

# 131. 大黄鱼

***Larimichthys crocea* (Richardson, 1846)**

标本体长 182 mm

黄鱼属Genus *Larimichthys* Jordan & Starks, 1905

**原始记录** *Sciaena crocea* Richardson, 1846, Report of the British Association for the Advancement of Science 15th meeting (1845): 224 (Canton, China).

**同种异名** *Sciaena crocea* Richardson, 1846；*Pseudosciaena amblyceps* Bleeker, 1863；*Pseudosciaena undovittata* Jordan & Seale, 1905

**英 文 名** Large yellow croaker (FAO)；Croceine croaker (AFS)

**中文别名** 黄瓜、黄花鱼、黄鱼、黄梅

**形态特征** 体延长，侧扁。上下颌具尖锐细齿，犁骨、腭骨和舌上均无齿。颏孔 6 个。上颌骨向后几伸达眼后缘下方。头部除头顶后部外皆被圆鳞，体侧前 1/3 被圆鳞，余被栉鳞。鳞片较小，侧线上鳞 8~9 行。体侧上半部为黄褐色，下半部各鳞下都具金黄色腺体。背鳍和尾鳍灰黄色，臀鳍、胸鳍和腹鳍黄色，胸鳍基上端后方具一黑斑。上唇上缘在吻端为黑色，其余部分橘红色。

**鉴别要点** a. 臀鳍具 2 根鳍棘，鳍条数 8~9；b. 颏孔 6 个；c. 背鳍鳍条部和臀鳍鳍膜的 2/3 以上均被小圆鳞，胸鳍后端伸达背鳍鳍棘部后端，尾鳍尖长；d. 侧线上鳞 8~9 行，鳔侧支腹分支末端的二小支等长。

**生态习性** 近岸暖温性中下层鱼类，主要栖息于水深 10~70 m 的泥沙质底海域；以鱼类、甲壳类、头足类、水螅类、多毛类等为食。

**分布区域** 西太平洋的越南、日本和朝鲜半岛等海域均有分布；我国见于黄海、东海和南海。本种在浙江南部海域常见，各个季节均有发现，夏季相对较多；整个海域均有分布；主要以增殖放流群体为主。

# 132. 小黄鱼

*Larimichthys polyactis* (Bleeker, 1877)

标本体长 144 mm

**原始记录** *Pseudosciaena polyactis* Bleeker, 1877, Verslagen Akadamie Amsterdam, Processen-Verbaal 24 no. 1877: 2 (Shanghai, China).

**同种异名** *Pseudosciaena polyactis* Bleeker, 1877；*Larimichthys rathbunae* Jordan & Starks, 1905；*Sciaena manchurica* Jordan & Thompson, 1911；*Sciaena ogiwara* Nichols, 1913；*Othonias brevirostris* Wang, 1935

**英 文 名** Yellow croaker (FAO)；Yellow belly croaker (Malaysia)；Little yellow croaker (Russia)；Redlip croaker (Japan)

**中文别名** 小黄瓜、黄口、子梅鱼

**形态特征** 体延长，侧扁。上下颌具齿，犁骨、腭骨和舌上均无齿。颏孔 6 个，无颏须。前鳃盖骨后缘具锯齿状弱棘，鳃盖骨具 2 棘。头部和体前部被圆鳞，体后部被栉鳞，尾鳍被小圆鳞。鳞片较大，侧线上鳞 5~6 行。体侧上半部为黄褐色，下半部各鳞下都具金黄色腺体。各鳍灰黄色，唇橘红色。

**鉴别要点** a. 臀鳍具 2 根鳍棘，鳍条数 9~10；b. 颏孔 6 个；c. 背鳍鳍条部和臀鳍鳍膜的 2/3 以上均被小圆鳞，胸鳍后端伸达背鳍鳍棘部后端，尾鳍尖长；d. 侧线上鳞 5~6 行，鳔侧支腹分支末端的二小支不等长，前小支远长于后小支。

**生态习性** 近岸暖温性底层鱼类，主要栖息于水深 100 m 以浅的泥沙质底海域；以浮游甲壳类、十足类和其他幼鱼等为食。

**分布区域** 西北太平洋的日本和朝鲜半岛等海域均有分布；我国见于渤海、黄海和东海。本种在浙江南部海域常见，各个季节均有发现，夏季相对较多；整个海域均有分布。

# 133. 鮸

***Miichthys miiuy* (Basilewsky, 1855)** 标本体长 256 mm

鮸属Genus *Miichthys* Lin, 1938

**原始记录** *Sciaena miiuy* Basilewsky, 1855, Nouveaux mémoires de la Société impériale des naturalistes de Moscou Ⅴ. 10: 221 (Seas off Beijing, China).

**同种异名** *Sciaena miiuy* Basilewsky, 1855；*Otolithus fauvelii* Peters, 1881；*Nibea imbricata* Matsubara, 1937

**英 文 名** Miiuy croaker (FAO)；Brown croaker (Japan)

**中文别名** 米鱼、鳘鱼

**形态特征** 体延长，侧扁。上下颌具犬齿。颏孔 4 个。前鳃盖骨后缘具细锯齿，鳃盖具一扁棘。吻部、鳃盖骨和各鳍基部被小圆鳞，体被栉鳞。背鳍鳍条部和臀鳍基部约有 1/2 被小圆鳞，尾鳍小圆鳞伸达尾鳍中部。尾鳍楔形。体灰褐色，腹部灰白色。背鳍鳍棘上缘黑色，鳍条部中央有一纵行黑色条纹。胸鳍腋部上方具一暗斑。各鳍灰黑色。口腔和鳃腔灰白色。

**鉴别要点** a. 第二背鳍鳍条数 28~30，胸鳍鳍条数 21；b. 上下颌具犬齿，颏孔 4 个；c. 背鳍鳍条部和臀鳍基部约有 1/2 被小圆鳞；d. 胸鳍后端黑色，体呈灰褐色。

**生态习性** 暖温性底层鱼类，栖息于水深 15~70 m 的泥沙质底、岩礁海域，会进入河口；以虾类和鱼类等为食。

**分布区域** 西北太平洋的日本和朝鲜半岛等海域均有分布；我国见于渤海、黄海和东海。本种在浙江南部海域常见，各个季节均有发现，秋季相对较多；秋季主要分布于水深 30 m 以深海域，其他季节则分布于水深 30 m 以浅海域。

# 134. 黄姑鱼

*Nibea albiflora* (Richardson, 1846)　　标本体长 238 mm

黄姑鱼属Genus *Nibea* Jordan & Thompson, 1911

**原始记录** *Corvina albiflora* Richardson, 1846, Report of the British Association for the Advancement of Science 15th meeting (1845): 226 (Inland Sea of Japan).

**同种异名** *Corvina albiflora* Richardson, 1846；*Corvina fauvelii* Sauvage, 1881

**英 文 名** Yellow drum (FAO)；Croaker (Malaysia)；Flower croaker (Viet Nam)；White flower croaker (China)

**中文别名** 春子、黄姑、黄三、黄婆子

**形态特征** 体延长，侧扁。上下颌具齿，犁骨、腭骨和舌上均无齿。颏孔为似五孔形，中央颏孔 1 对，互相接近。前鳃盖骨后缘具锯齿，鳃盖骨具 2 棘。体被栉鳞，头前部被小圆鳞，颊部裸露无鳞。背鳍鳍条部和臀鳍基部有鳞鞘。尾鳍楔形。体侧上半部灰橙色，腹部银白色。体背侧具许多斜向前下方的灰黑色波状条纹，不与侧线下方条纹相连。背鳍鳍棘部上部暗褐色，鳍条部边缘黑色，每一鳍条基底都有一黑色小点。胸鳍、腹鳍和臀鳍橙黄色。

**鉴别要点** a. 臀鳍具 2 根鳍棘，鳍条数 7；b. 颏孔为似五孔形；c. 上下颌具齿，下颌内行齿稍大；d. 体背侧具许多斜向前下方的灰黑色波状条纹，胸鳍、腹鳍和臀鳍橙黄色。

**生态习性** 近海暖温性中下层鱼类，栖息于水深 80 m 以浅的泥沙质底海域；以双壳类、虾类和鱼类等底栖生物为食。

**分布区域** 西北太平洋的日本和朝鲜半岛等海域均有分布；我国见于渤海、黄海、东海和南海。本种在浙江南部海域常见，各个季节均有发现，夏季相对较多；整个海域均有分布。

# 135. 截尾银姑鱼

***Pennahia anea* (Bloch, 1793)**

标本体长 108 mm

银姑鱼属Genus *Pennahia* Fowler, 1926

**原始记录** *Johnius aneus* Bloch, 1793, Naturgeschichte der ausländischen Fische Ⅴ. 7: 135, Pl. 357 (Malabar, India).

**同种异名** *Johnius aneus* Bloch, 1793；*Otolithus macrophthalmus* Bleeker, 1849；*Otolithus leuciscus* Günther, 1872

**英 文 名** Donkey croaker (FAO)；Bloch's croaker (India)；Greyfin jewfish (Malaysia)；Truncate-tail croaker (Philippines)

**中文别名** 截尾白姑鱼、大眼白姑鱼、大眼彭纳石首鱼、灰鳍拟叫姑鱼

**形态特征** 体延长，侧扁。上下颌具细小齿，犁骨、腭骨和舌上均无齿。颏孔 6 个。前鳃盖骨后缘锯齿状，鳃盖骨具 2 棘。体被栉鳞，颊部和鳃盖骨被圆鳞。背鳍鳍条部和臀鳍基部具鳞鞘，尾鳍基部有小圆鳞。尾鳍截形。体背侧青灰色，腹部银白色。背鳍和尾鳍灰黑色，臀鳍、腹鳍和胸鳍淡色。

**鉴别要点** a. 臀鳍基短，臀鳍具 2 根鳍棘，鳍条数 7；b. 颏孔 6 个，无颏须；c. 胸鳍后端伸达背鳍鳍棘部后端，背鳍鳍条数 22~25；d. 尾鳍截形，鳃盖骨部具一大黑斑。

**生态习性** 近海底层鱼类，栖息于泥沙质底海域；以小型甲壳类、蠕虫和小型鱼类等为食。

**分布区域** 印度洋和太平洋的菲律宾、印度尼西亚等海域均有分布；我国见于东海和南海。本种在浙江南部海域少见，春季和秋季相对较多；主要分布于水深 50 m 以深的海域。

# 136. 银姑鱼

***Pennahia argentata* (Houttuyn, 1782)**

标本体长 196 mm

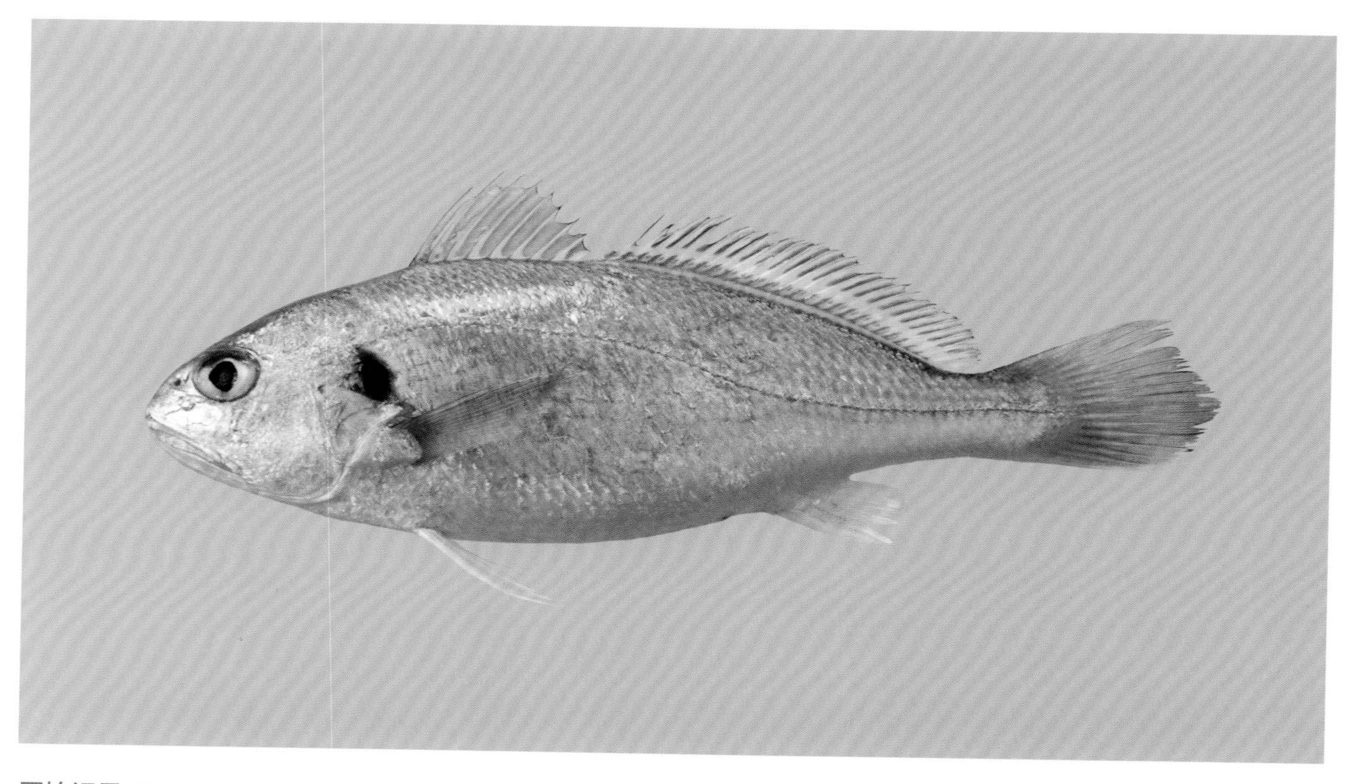

**原始记录** *Sparus argentatus* Houttuyn, 1782, Verhandelingen der Hollandsche Maatschappij der Wetenschappen, Haarlem V. 20 (pt 2): 319 (Nagasaki, Japan).

**同种异名** *Sparus argentatus* Houttuyn, 1782；*Corvina argentata* Cuvier, 1830；*Pseudosciaena schlegeli* Bleeker, 1879；*Sciaena iharae* Jordan & Metz, 1913

**英 文 名** Silver croaker (FAO)；White croaker (Korea)、Croaker (Malaysia)

**中文别名** 白姑鱼、银彭纳石首鱼、胖头、白口

**形态特征** 体延长，侧扁。上下颌具细齿，下颌内行齿较大，犁骨、腭骨和舌上均无齿。颏孔 6 个。前鳃盖骨后缘具细锯齿，鳃盖骨具 2 棘。体被栉鳞，背鳍鳍条部和臀鳍基部具一行鳞鞘。尾鳍靠基部的 1/3 布满小圆鳞。幼鱼尾鳍为尖形，成鱼为楔形或圆形。体背侧灰黑色，腹部银白色。背鳍鳍条部中间具一白色带，背鳍鳍棘部无黑斑。口腔黄白色，鳃腔的内上方黑色，使鳃盖部外观呈一灰黑色大斑块。

**鉴别要点** a. 臀鳍基短，臀鳍具 2 根鳍棘，鳍条数 7，臀鳍第二鳍棘较短，约与眼径相等，为第一鳍条长的 1/3~1/2；b. 颏孔 6 个，无颏须；c. 胸鳍后端伸达背鳍鳍棘部后端；d. 背鳍鳍条数 26~29，背鳍鳍条部中间具一白色带；e. 鳃腔内上方黑色，使鳃盖部外观呈一灰黑色大斑块；f. 鳔侧支 25 对。

**生态习性** 近海暖温性近底层鱼类，栖息于水深 100 m 以浅的泥沙质底海域；以底栖动物和小型鱼类等为食。

**分布区域** 西北太平洋的朝鲜半岛和日本等海域均有分布；我国见于黄海、东海和南海。本种在浙江南部海域常见，各个季节均有发现，夏季相对较多；整个海域均有分布，冬季和秋季主要分布于水深 30 m 以深海域。

# 137. 大头银姑鱼

*Pennahia macrocephalus* (Tang, 1937)

标本体长 115 mm

**原始记录** *Pseudosciaena macrocephalus* Tang, 1937, The Amoy Marine Biological Bulletin Ⅴ. 2 (no. 2): 70, Pl. 1 (Fig. 2) (Amoy, China).

**同种异名** *Pseudosciaena microcephalus* Tang, 1937

**英 文 名** Big-head pennah croaker (FAO)；Big-head croaker (Malaysia)

**中文别名** 大头白姑鱼、大头彭纳石首鱼、胖头、白口

**形态特征** 体延长，侧扁。上下颌具齿，犁骨、腭骨和舌上均无齿。颏孔 6 个。前鳃盖骨后缘锯齿状，鳃盖骨具 2 棘。头部被圆鳞，余被栉鳞，背鳍鳍条部和臀鳍基部具鳞鞘，尾鳍基部 2/3 有小圆鳞。尾鳍楔形。口腔和咽腔灰黑色。体背侧灰黑色，腹部银白色。背鳍和尾鳍浅褐色，臀鳍、腹鳍和胸鳍几近无色。

**鉴别要点** a. 臀鳍基短，臀鳍具 2 根鳍棘，鳍条数 7，臀鳍第二鳍棘较长，为眼径的 1.3~1.5 倍，为第一鳍条长的 2/3；b. 颏孔 6 个，无颏须；c. 背鳍、臀鳍鳍条部被鳞在鳍高 1/3 以下，胸鳍后端伸达鳍棘部后端；d. 口腔和咽腔灰黑色，下颌前端中间有一群黑色小点；e. 鳔侧支 18 对。

**生态习性** 近海暖水性底层鱼类，栖息于水深 60 m 以浅的泥沙质底海域；以甲壳类、小型鱼类等为食。

**分布区域** 印度洋和西太平洋的马来西亚、印度尼西亚等海域均有分布；我国见于东海和南海。本种在浙江南部海域常见，各个季节均有发现，夏季相对较多；整个海域均有分布，除夏季外主要分布于水深 30 m 以深海域。

# 138. 双棘原黄姑鱼

***Protonibea diacanthus* (Lacepède, 1802)**

标本体长 292 mm

原黄姑鱼属Genus *Protonibea* Trewavasède, 1971

**原始记录** *Lutjanus diacanthus* Lacepède, 1802, Histoire naturelle des poisons ( Lacepede) 4: 195, 240 (no locality).

**同种异名** *Lutjanus diacanthus* Lacepède, 1802；*Johnius cataleus* Cuvier, 1829；*Johnius valenciennii* Eydoux & Souleyet, 1850；*Sciaena goma* Tanaka, 1915；*Corvina nigromaculata* Borodin, 1930；*Sciaena antarctica rex* Whitley, 1945

**英 文 名** Blackspotted croaker (FAO、AFS)；Black jewfish (Australia)；Blotched tigertooth croaker (Malaysia)；Croaker (India)；Speckled drum (Japan)；Slate-cod croaker (China)；Spotted croaker (China)

**中文别名** 双棘黄姑鱼

**形态特征** 体延长，侧扁。上下颌具齿，犁骨、腭骨和舌上均无齿。颏孔为似五孔形。前鳃盖骨边缘锯齿状，鳃盖骨具 2 棘。吻端和眼下部为圆鳞，余皆被栉鳞。背鳍鳍条部和臀鳍基部具鳞鞘，尾鳍靠基部的 1/3 布满小圆鳞。幼鱼尾鳍为尖形，成鱼为楔形。成鱼体背侧灰黑色（幼鱼灰色），头腹面黄色。幼鱼侧线上方有 5 个暗褐色大横斑，体背部散布不规则黑斑。背鳍和尾鳍上半部淡黄色，具不规则黑色斑点。尾鳍下半部、胸鳍、腹鳍和臀鳍黑色。

**鉴别要点** a. 第二背鳍鳍条数 22~23，胸鳍鳍条数 16；b. 颏孔为似五孔形，无颏须；c. 上下颌具齿，上颌外行齿和下颌内列齿扩大，背鳍、臀鳍鳍条部被鳞在鳍高 1/3 以下；d. 幼鱼体侧有黑色斑点，尾鳍尖形，胸鳍、腹鳍和臀鳍黑色。

**生态习性** 近海暖水性底层鱼类，栖息于水深 100 m 以浅的泥沙质底海域；以甲壳类、小型鱼类等为食。

**分布区域** 印度洋和太平洋的菲律宾、日本、澳大利亚等海域均有分布；我国见于东海和南海。本种在浙江南部海域少见；2018 年 9 月于苍南码头发现。

# 139. 眼斑拟石首鱼

***Sciaenops ocellatus* (Linnaeus, 1766)**

标本体长 144 mm

拟石首鱼属 Genus *Sciaenops* Gill, 1863

**原始记录** *Perca ocellata* Linnaeus, 1766, Systema naturae sive regna tria naturae Ⅴ. 1 (pt 1): 483 (Carolina).

**同种异名** *Perca ocellata* Linnaeus, 1766；*Lutjanus triangulum* Lacepède, 1802

**英 文 名** Red drum (FAO、AFS)

**中文别名** 美国红鱼、红拟石首鱼

**形态特征** 体延长，侧扁。上下颌齿细小，上颌外行齿和下颌内行齿扩大。颏孔 5 个，无颏须。体被极弱栉鳞，头部、胸部被小圆鳞。背鳍鳍条部和臀鳍基部具 1 行鳞鞘。背鳍第一鳍棘很短小，几隐于皮下。成鱼尾鳍截形，幼鱼尾鳍楔形。鱼体亮银色，泛有铸铜红色，体背侧颜色较深。侧线上部背侧每一鳞片常具黑边，侧线下方体侧每一鳞片基部常具小黑斑，因而形成网状纹。尾鳍基部上方具一较大黑斑，黑斑四周具白边，有时体中部侧线上也具睛斑一个，少数个体无大黑斑。胸鳍、腹鳍、臀鳍淡色，泛黄。背鳍、尾鳍灰色。

**鉴别要点** 尾鳍基部上方具一黑斑，少数个体无。

**生态习性** 栖息于沿岸浅海的泥沙质底海域；以甲壳类、软体动物等为食。

**分布区域** 西大西洋的美国和墨西哥等海域均有分布；我国不存在天然分布。

**其　　他** 为外来种类，2019 年 8 月于洞头钓获。

# 140. 短须副绯鲤

***Parupeneus ciliatus* (Lacepède, 1802)**

**标本体长 137 mm**

羊鱼科Family Mullidae | 副绯鲤属Genus *Parupeneus* Bleeker, 1863

**原始记录** *Sciaena ciliate* Lacepède, 1802, Histoire naturelle des poissons (Lacepède) Ⅴ. 4: 308, 311 (No locality stated).

**同种异名** *Sciaena ciliata* Lacepède, 1802；*Upeneus cyprinoides* Valenciennes, 1831；*Upeneus fraterculus* Valenciennes, 1831；*Mullus pleurotaenia* Playfair, 1867；*Pseudupeneus ischyrus* Snyder, 1907；*Parupeneus sufflavus* Whitley, 1941；*Pseudupeneus eutaeniatus* Fowler, 1944

**英 文 名** Whitesaddle goatfish (FAO)；Cardinal goatfish (Australia)；Goatfish (Malaysia)；Blacksaddle goatfish (China)

**中文别名** 双带副绯鲤、纵条副绯鲤、蓬莱副绯鲤、短须海鲱鲤、须哥、秋姑

**形态特征** 体延长而稍侧扁，长椭圆形。上下颌均具单列齿，犁骨和腭骨无齿。颏须1对，末端伸达眼后缘下方。前鳃盖骨后缘平滑，鳃盖骨后缘具2棘。体被弱栉鳞，易脱落。腹鳍基部具1片腋鳞，眼前无鳞。尾鳍叉形。体色多变，灰白色至淡红色，除腹部外，各鳞片红褐色至暗褐色。自吻端经眼睛至第二背鳍基有一深色纵带，纵带上下方各有一浅色纵带。尾柄处具一黑褐色鞍状斑。背鳍和臀鳍膜散布淡白色斑点，有时不明显。胸鳍、腹鳍和尾鳍黄褐色至淡红色。颏须淡褐色至黄褐色。

**鉴别要点** a. 犁骨和腭骨无齿；b. 颏须1对，末端伸达眼后缘下方；c. 体背侧具一深色纵带，纵带上下方各有一浅色纵带；d. 尾柄处具一黑褐色鞍状斑（有时不清晰）。

**生态习性** 近海暖水性底层鱼类，栖息于沿岸岩礁、内湾的沙质底或海藻床海域；喜集小群，经常用颏须翻动泥沙；以甲壳类、软体动物和多毛类等为食。

**分布区域** 印度洋和太平洋的日本、菲律宾、马来西亚、澳大利亚等海域均有分布；我国见于东海和南海。本种在浙江南部海域少见，2020年8月于洞头码头发现。

# 141. 日本绯鲤

*Upeneus japonicus* (Houttuyn, 1782)

标本体长 98 mm

绯鲤属Genus *Upeneus* Cuvier, 1829

**原始记录** *Mullus japonicus* Houttuyn, 1782, Verhandelingen der Hollandsche Maatschappij der Wetenschappen, Haarlem Ⅴ. 20 (pt 2): 334 (Off Futo Harbor, East coast of Izu Peninsula, Honshu, Japan, depth 15 meters).

**同种异名** *Mullus japonicus* Houttuyn, 1782；*Mullus bensasi* Temminck & Schlegel, 1843；*Upeneoides tokisensis* Döderlein, 1883

**英 文 名** Japanese goatfish (FAO)；Bar-tailed goatfish (Australia)；Goatfish (Malaysia)；Red mullet goatfish (Viet Nam)；Striped goatfish (Japan)；Yellowfin goat fish (China)

**中文别名** 条尾绯鲤、三带海绯鲤、日本羊鱼、须哥、秋姑

**形态特征** 体延长而稍侧扁，长椭圆形。上下颌齿细小呈绒毛状，犁骨与腭骨具绒毛状齿带。颏须 1 对。前鳃盖骨后缘平滑，鳃盖骨后缘具 1 棘。体被薄栉鳞，易脱落。头部除吻端外全部被鳞。尾鳍叉形。体上半部浅红色，腹部色淡，头上半部与尾鳍下半部较红。两个背鳍鳍膜均具 2~3 条水平红色带。尾鳍上叶具 3 条宽红色带。胸鳍与腹鳍浅红色，臀鳍色较淡。颏须黄色。

**鉴别要点** a. 犁骨和腭骨具绒毛状齿带；b. 尾鳍下叶红色，上叶具 3 条宽红色带；c. 两个背鳍鳍膜均具 2~3 条水平红色带；d. 颏须 1 对，黄色。

**生态习性** 近海暖水性底层鱼类，栖息于沿岸和近海泥沙质底的海域；喜集小群，经常用颏须翻动泥沙；以甲壳类、软体动物等为食。

**分布区域** 太平洋的日本、菲律宾、马来西亚和澳大利亚等海域均有分布；我国见于黄海、东海和南海。本种在浙江南部海域常见，各个季节均有发现，夏季相对较多；主要分布于水深 50 m 以深海域。

# 142. 黑斑绯鲤

*Upeneus tragula* Richardson, 1846

标本体长 89 mm

**原始记录** *Upeneus tragula* Richardson, 1846, Report of the British Association for the Advancement of Science 15th meeting [1845]: 220 [Canton (Guangzhou), China].

**同种异名** 无

**英 文 名** Freckled goatfish (FAO)；Blackstriped goatfish (AFS)；Bar-tail goatfish (Indonesia)；Blackband goatfish (Viet Nam)；Dark band goatfish (Philippines)；Freckled goatfish (Australia)；Red mullet（China）

**中文别名** 须哥、秋姑

**形态特征** 体延长而稍侧扁，长椭圆形。上下颌齿细小，犁骨与腭骨具绒毛状齿带。颏须 1 对。前鳃盖骨后缘平滑，鳃盖骨后缘具 1 棘。体被中大薄栉鳞，易脱落。头部除吻端外全部被鳞。尾鳍叉形。体侧自吻端经眼至尾鳍基部具 1 条红褐色至黑色的纵带。两背鳍具黑色或暗褐色条纹或斑块，顶端黑色或暗褐色。尾鳍上下叶具 4~6 条灰黑或红褐色斜带。胸鳍黄褐色，腹鳍和臀鳍黄褐色，具数条红褐色斜条纹。颏须橙黄色。

**鉴别要点** a. 犁骨和腭骨具绒毛状齿带；b. 尾鳍上下叶均有暗色斜带；c. 体侧具暗色纵带，纵带上下方体侧均散布不规则黑褐色斑点；d. 颏须橙黄色。

**生态习性** 近岸底层鱼类，栖息于珊瑚礁外缘的沙泥质底海域，可至河口区；以甲壳类、软体动物等为食。

**分布区域** 印度洋和太平洋的日本、菲律宾、马来西亚、澳大利亚等海域均有分布；我国见于东海和南海。本种在浙江南部海域少见，仅在夏季发现；仅在洞头东侧水深 50 m 处发现。

# 143. 低鳍鮀

**Kyphosus vaigiensis (Quoy & Gaimard, 1825)**

标本体长 175 mm

鮀科Family Kyphosidae | 鮀属Genus *Kyphosus* Lacepède, 1801

**原始记录** *Pimelepterus vaigiensis* Quoy & Gaimard, 1825, Voyage autour du monde: 386, Pl. 62 (Fig. 4) (Pulau Waigeo, Papua Barat, Indonesia, western Pacific).

**同种异名** *Pimelepterus vaigiensis* Quoy & Gaimard, 1825；*Cantharus lineolatus* Valenciennes, 1830；*Pimelepterus marciac* Cuvier, 1831；*Pimelepterus lembus* Cuvier, 1831；*Pimelepterus ternatensis* Bleeker, 1853；*Pimelepterus analogus* Gill, 1862；*Pimelepterus flavolineatus* Poey, 1866；*Kyphosus gibsoni* Ogilby, 1912；*Kyphosus bleekeri* Fowler, 1933

**英 文 名** Brassy chub (FAO)；Blue-bronze chub (AFS)；Bass seachub (Viet Nam)；Bluefish (Malaysia)；Brassy drummer (Australia)；Brassy rudderfish (Indonesia)；Lowfinned rudderfish (India)

**中文别名** 布氏鮀、少鳍鮀、短鳍鮀

**形态特征** 体呈卵圆形，侧扁。颌齿多行，外行齿门齿状，内行处绒毛状。犁骨、腭骨和舌上均具绒毛状齿带。体被中大栉鳞，不易脱落。头部除吻端和眼间隔裸露外，余均被细鳞。背鳍鳍条部、臀鳍鳍条部和尾鳍基部均密被细鳞。尾鳍叉形。体灰褐色至青褐色，亦有黄化的种类，背部颜色较深，腹部颜色较淡，偏银白色。体侧每一鳞片中央灰黄色，各鳞片相连构成若干条金黄色纵带。眼眶下方具银色带，向后延伸至胸鳍基。各鳍色暗。

**鉴别要点** a. 背鳍鳍条数 13~15（通常为 14），臀鳍鳍条数 12~13（通常为 13）；b. 背鳍鳍条部基底长于鳍棘部基底，最长鳍条短于最长鳍棘；c. 活体体侧有许多金黄色纵带。

**生态习性** 暖水性底层鱼类，栖息于具岩礁或珊瑚的海域；以藻类和小型无脊椎动物等为食。

**分布区域** 印度洋和太平洋的日本、菲律宾、马来西亚、澳大利亚等海域均有分布；我国见于东海和南海。本种在浙江南部海域少见；2019 年 9 月于象山码头发现。

# 144. 细刺鱼

*Microcanthus strigatus* (Cuvier, 1831)

标本体长 97 mm

细刺鱼属Genus *Microcanthus* Swainson, 1839

**原始记录** *Chaetodon strigatus* Cuvier, 1831, Histoire naturelle des poissons Ⅴ. 7: 25, Pl. 170 (Nagasaki, Nagasaki Prefecture, Japan).

**同种异名** *Chaetodon strigatus* Cuvier, 1831

**英 文 名** Stripey (FAO、AFS); Footballer (Korea); Butterfly fish (China)

**中文别名** 柴鱼、条纹蝶、花身婆、斑马、花并

**形态特征** 体高而侧扁，卵圆形。上下颌齿细尖，呈刷毛状。犁骨和腭骨均无齿。前鳃盖骨后缘具细锯齿。体被栉鳞，背鳍和臀鳍的鳍棘部基底有鳞鞘，鳍条部密具小鳞。尾鳍微凹。体一致为黄褐色，体侧具 5~6 条微斜的黑色纵带。背鳍鳍棘部的上半部鳍膜至鳍条部的前半部黑色，连成一黑色纵带。臀鳍和腹鳍的前部鳍条黑色，胸鳍淡黄色，尾鳍淡色。

**鉴别要点** 体侧有 5~6 条黑色纵带。

**生态习性** 近海暖温性鱼类，栖息于具岩礁的海域，也可见于潮间带海域；以藻类和底栖动物等为食。

**分布区域** 太平洋的澳大利亚、夏威夷群岛、朝鲜半岛、日本等海域均有分布；我国见于黄海、东海和南海。本种在浙江南部海域少见，仅在秋季发现；在苍南水深 30 m 处发现，2020 年 11 月也于南麂列岛海域钓获。

# 145. 斑鮠

***Girella punctata* Gray, 1835**

标本体长 164 mm

鮠科Family Girellidae | 鮠属Genus *Girella* Gray, 1835

**原始记录** *Girella punctata* Gray, 1835, Illustrations of Indian zoology: no page number, Pl. 98 (Figs. 3~4) (Canton, China).

**同种异名** *Crenidens melanichthys* Richardson, 1846

**英 文 名** Largescale blackfish (FAO); Smallscale blackfish (Korea)

**中文别名** 小鳞黑鮠、鮠鱼、黑瓜子鱲、黑毛

**形态特征** 体长椭圆形，侧扁。上下颌齿前端呈门齿状，能活动，齿的末端分为 3 叉，两侧齿细小锥形。犁骨、腭骨和舌上均无齿。体被中大栉鳞，不易脱落。头部被细鳞，吻部裸露。背鳍鳍条部、臀鳍鳍条部和尾鳍基均密布细鳞。尾鳍内凹。体背灰褐色，腹部色浅。体侧每一鳞片基部均具小黑斑，相连成纵条纹。各鳍深褐色。

**鉴别要点** a. 上唇薄，成鱼的头部眼前位置不陡，鳃盖下半部无鳞；b. 上下颌齿前端呈门齿状，能活动；c. 体侧每一鳞片基部均具小黑斑，相连成纵条纹。

**生态习性** 近海暖水性鱼类，栖息于岩礁、石砾质底海域；以藻类和小型生物等为食。

**分布区域** 西北太平洋的朝鲜半岛和日本等海域均有分布；我国见于黄海、东海和南海。本种在浙江南部海域少见；2020 年 11 月于南麂列岛海域钓获。

# 146. 斑点鸡笼鲳

***Drepane punctata* (Linnaeus, 1758)**

标本体长 130 mm

鸡笼鲳科Family Drepaneidae | 鸡笼鲳属Genus *Drepane* Cuvier, 1831

**原始记录** *Chaetodon punctatus* Linnaeus, 1758, Systema Naturae, Ed. XV. 1: 273 (Asia).

**同种异名** *Chaetodon punctatus* Linnaeus, 1758

**英 文 名** Spotted sicklefish (FAO、AFS)；Butterfish, Concertina fish, Silver moonfish (Australia)；Moon-fish (India)；Sicklefish (Malaysia)；Moon-fish (India)；Drepane (China)

**中文别名** 鸡笼鲳、铜盘仔、金镜

**形态特征** 体近菱形，侧扁而高。颏部具一丛触须。上下颌齿细弱，排列成带状。犁骨和腭骨无齿。唇厚。前鳃盖骨下缘具锯齿。体被中大圆鳞，头部腹面、吻、眼间隔、眶下部分及唇部均无鳞。背鳍和臀鳍基具低鳞鞘，腹鳍基具腋鳞。背鳍前方有一向前平卧棘，埋于皮下。腹鳍第一鳍棘呈丝状延长。尾鳍双截形或近圆形。体银灰色，体侧具 4~11 条由黑点连成的横带。各鳍浅黄色，背鳍具 1~2 纵行暗色斑点。

**鉴别要点** a. 体近菱形，侧扁而高；b. 体侧具由黑点连成的横带。

**生态习性** 近海暖水性鱼类，栖息于岩礁与泥沙交错的海域，可进入河口咸淡水区域；以底栖无脊椎动物等为食。

**分布区域** 印度洋和太平洋的菲律宾、朝鲜半岛、日本等海域均有分布；我国见于东海和南海。本种在浙江南部海域少见；2019 年 9 月于象山码头发现。

# 147. 朴罗蝶鱼

***Roa modesta* (Temminck & Schlegel, 1844)**

标本体长 75 mm

蝴蝶鱼科Family Chaetodontidae | 罗蝶鱼属*Roa* Jordan, 1923

**原始记录** *Chaetodon modestus* Temminck & Schlegel, 1844, Fauna Japonica Parts 5~6: 80, Pl. 41 (Fig. 2) (Nagasaki, Japan).

**同种异名** *Chaetodon modestus* Temminck & Schlegel, 1844；*Coradion desmotes* Jordan & Fowler, 1902

**英 文 名** Brown-banded butterflyfish (Malaysia)；Modest butterflyfish (Indonesia)；Butterflyfish (China)

**中文别名** 朴蝴蝶鱼、尖嘴蝴蝶鱼、尖嘴蝶、荷包鱼

**形态特征** 体短而高，甚侧扁。上下颌齿细长，刷毛状。犁骨具齿，腭骨无齿。前鳃盖骨边缘具细锯齿。体被中大强栉鳞，头部鳞小，吻端无鳞。背鳍下半部、臀鳍上半部、尾鳍基底附近及胸鳍和腹鳍基部具细鳞。体银白色，体侧具 2 条边缘为暗蓝色的宽黄褐色横带。头部具一条暗褐色的眼带，窄于眼径，且仅延伸至喉颊部。尾柄后部另具一狭横带。背鳍鳍条部具 1 个镶白缘的色暗圆形蓝斑。背鳍和臀鳍银白至淡黄褐色。腹鳍前缘银白，后为黄褐色。尾鳍银灰色。

**鉴别要点** a. 侧线终止于背鳍鳍条部后端下方，背鳍鳍棘 10 根以上，臀鳍鳍棘 3 根；b. 眼部有条带，体侧有 2 条暗色宽横带，尾柄后部具一狭横带；c. 背鳍鳍条部具 1 个镶白缘的色暗圆形蓝斑。

**生态习性** 暖水性底层鱼类，栖息于水深200 m以浅的岩礁海域；以小型甲壳类、蠕虫、底栖动物和藻类等为食。

**分布区域** 太平洋的菲律宾、朝鲜半岛和日本等海域均有分布；我国见于黄海、东海和南海。本种在浙江南部海域少见，秋季相对较多；主要分布于水深 30 m 以深海域。

**分类短评** 基于庄平等（2018）的分析，将朴蝴蝶鱼（*Chaetodon modestus* Temminck & Schlegel, 1844）更名为朴罗蝶鱼。

# 148. 帆鳍鱼

***Histiopterus typus* Temminck & Schlegel, 1844**

**标本体长 124 mm**

五棘鲷科Family Pentacerotidae | 帆鳍鱼属Genus *Histiopterus* Temminck & Schlegel, 1844

**原始记录** *Histiopterus typus* Temminck & Schlegel, 1844, Fauna Japonica Parts 5~6: 86, Pl. 45 (Nagasaki, Nagasaki Prefecture, Kyūshū, Japan).

**同种异名** *Histiopterus spinifer* Gilchrist, 1904

**英 文 名** Sailfin armourhead (FAO、AFS); Boarfish (Malaysia); Sailfin boarhead (Japan); Threebar boarfish (Australia)

**中文别名** 五棘鲷、旗鲷、棘帆旗鱼

**形态特征** 体侧扁而高，略呈三角形。头背部颅骨裸露，具辐射状骨质突起。唇厚，颏部具细髭。上下颌齿数行，圆锥形，犁骨无齿。体被小栉鳞。背鳍高大，呈帆状，鳍棘数 4，鳍条数 25~27。臀鳍鳍棘数 3，鳍条数 8~10。尾鳍浅凹形。体呈黑褐色，体侧具数条不明显的暗色横带，各鳍色淡。幼鱼背鳍、腹鳍和臀鳍的鳍膜具椭圆形黑斑。

**鉴别要点** a. 背鳍高大，呈帆状；b. 背鳍鳍棘数4，臀鳍鳍棘数3，背鳍第三、第四鳍棘很长，臀鳍第二鳍棘较长。

**生态习性** 暖水性鱼类，栖息于较深的沙泥质底海域。

**分布区域** 印度洋和太平洋的菲律宾、澳大利亚、夏威夷群岛、朝鲜半岛、日本等海域均有分布；我国见于东海和南海。本种在浙江南部海域少见，夏季相对较多；主要分布于水深 50 m 以深海域。

# 149. 四带牙鯻

***Pelates quadrilineatus*** **(Bloch, 1790)**

**标本体长 123 mm**

鯻科Family Terapontidae | 牙鯻属Genus *Pelates* Cuvier, 1829

**原始记录** *Holocentrus quadrilineatus* Bloch, 1790, Naturgeschichte der ausländischen Fische Ⅴ. 4: 82, Pl. 238 (Fig. 2) (Auch aus dem Orient).

**同种异名** *Holocentrus quadrilineatus* Bloch, 1790; *Pristipoma sexlineatum* Quoy & Gaimard, 1824

**英 文 名** Fourlined terapon (FAO); Four-lined grunter-perch (Australia); Fourline grunter (Philippines); Fourline trumpeter (Indonesia); Squeaking perch (India); Red-mouthed tigerfish (China)

**中文别名** 列牙鯻、四线列牙鯻、四线鸡鱼、四抓仔

**形态特征** 体高而侧扁，呈长椭圆形。上下颌齿圆锥状，犁骨和腭骨无齿。前鳃盖骨后缘具锯齿，鳃盖骨具2棘。体被细小栉鳞，颊部和鳃盖上亦被鳞。背和臀鳍基部具弱鳞鞘。尾鳍浅凹。体呈银白色，体背侧较暗。体侧具4条细长且互相平行的黄褐色纵带。鳃盖后上角具一不显著黑斑，背鳍鳍棘部具一大黑斑。各鳍灰白色至淡黄色。

**鉴别要点** a. 体侧具4条细长且互相平行的黄褐色纵带，鳃盖后上角具一不显著黑斑；b. 尾鳍无明显黑色条纹，背鳍鳍棘部具一大黑斑。

**生态习性** 近岸暖水性底层鱼类，栖息于泥沙或礁石质底海域；以小型甲壳类和鱼类等为食。

**分布区域** 印度洋和太平洋的澳大利亚、菲律宾、朝鲜半岛、日本等海域均有分布；我国见于东海和南海。本种在浙江南部海域少见。

# 150. 尖突吻鯻

***Rhynchopelates oxyrhynchus*** **(Temminck & Schlegel, 1842)** 标本体长 95 mm

突吻鯻属Genus *Rhynchopelates* Fowler, 1931

**原始记录** *Therapon oxyrhynchus* Temminck & Schlegel, 1842, Fauna Japonica Part 1: 16, Pl. 6 (Fig. 3) (Bays of southern Japan).

**同种异名** *Therapon oxyrhynchus* Temminck & Schlegel, 1842

**英 文 名** Sharpbeak terapon (Viet Nam)

**中文别名** 尖吻鯻、尖吻牙鯻、鸡仔鱼

**形态特征** 体长椭圆形，侧扁。上下颌齿细小，带状排列。前鳃盖骨边缘锯齿状，鳃盖骨具 2 棘。体被栉鳞，背鳍和臀鳍基部鳞鞘发达。体呈灰白色，腹部白色。体侧具有 4 条较粗的深褐色纵带，纵带间各有 1 条不明显的细褐带。背鳍基底有一纵纹，鳍棘部尖端皆具褐色斑块，鳍条间具褐色斑，鳍膜微黄。尾鳍浅叉形，鳍条有褐色线纹，鳍膜淡黄褐色。

**鉴别要点** a. 尾鳍鳍条有褐色线纹；b. 体侧具有 4 条较粗的深褐色纵带；c. 背鳍基底有一纵纹；d. 吻长大于眼径。

**生态习性** 近岸暖水性近底层鱼类，栖息于泥沙或礁石质底海域，可进入河口水域或江河；以小型甲壳类和鱼类等为食。

**分布区域** 太平洋的菲律宾、越南、朝鲜半岛和日本等海域均有分布；我国见于东海和南海。本种在浙江南部海域少见。

# 151. 细鳞鯻

***Terapon jarbua* (Forsskål, 1775)** **标本体长 165 mm**

鯻属Genus *Terapon* Cuvier, 1816

**原始记录** *Sciaena jarbua* Forsskål, 1775, Descriptiones animalium (Forsskål): Ⅻ, 44, 50 (Jeddah, Saudi Arabia, Red Sea).

**同种异名** *Terapon timorensis* Quoy & Gaimard, 1824；*Sciaena jarbua* Forsskål, 1775；*Holocentrus servus* Bloch, 1790；*Pterapon trivittatus* Gray, 1846；*Stereolepis inoko* Schmidt, 1931

**英 文 名** Jarbua terapon (FAO)；Convex-lined grunt (Philippines)；Crescent grunter (Australia)；Crescent perch (Malaysia)；Squeaking perch (India)；Thonfish (Japan)；Crescent-banded tigerfish (China)；Three-striped tiger fish (China)

**中文别名** 花身鯻、斑吾、鸡仔鱼

**形态特征** 体延长，侧扁。上下颌具细小齿，带状排列，外行齿较大。前鳃盖骨边缘具锯齿，鳃盖骨具 2 棘。体被细栉鳞，颊部具鳞，背鳍和臀鳍基底鳞鞘较低。体背侧灰褐色，腹部白色。体侧具有 3 条棕色弧形纵带。背鳍第四至第七鳍棘的鳍膜间具一大黑斑，鳍条部上端具 2 个小黑斑。尾鳍叉形，尾鳍上叶末端黑色，上下叶各具一黑色斜带。臀鳍和腹鳍灰黄色，胸鳍色淡。

**鉴别要点** a. 体侧具有 3 条棕色弧形纵带；b. 背鳍鳍棘部顶端具一大黑斑，鳍条部具 2 个小黑斑，尾鳍上下叶各具一黑色斜带。

**生态习性** 近岸暖水性近底层鱼类，栖息于沙质、石砾质或多礁石的浅海海域，可进入淡水环境；以小型甲壳类和鱼类等为食。

**分布区域** 印度洋和太平洋的菲律宾、越南、朝鲜半岛、日本等海域均有分布；我国见于东海和南海。本种在浙江南部海域少见，夏季相对较多；主要分布于水深 30~40 m 处海域。

# 152. 鯻

*Terapon theraps* Cuvier, 1829

标本体长 101 mm

原始记录 *Therapon theraps* Cuvier, 1829, Histoire naturelle des poissons Ⅴ. 3: 129, Pl. 53 (Java, Indonesia, Mahé).

同种异名 *Perca argentea* Linnaeus, 1758；*Therapon rubricatus* Richardson, 1842；*Perca indica* Gronow, 1854；*Therapon nigripinnis* Macleay, 1881

英 文 名 Largescaled terapon (FAO)；Banded grunter (Australia)；Grunter (Malaysia)；Flagtail trumpeter (Indonesia)；Large scale-terapon (India)

中文别名 条纹鯻、斑吾、鸡仔鱼、花身仔

形态特征 体呈长椭圆形，侧扁。前鳃盖骨后缘具锯齿，鳃盖骨具 2 棘，上棘短小，下棘强大。体被较大栉鳞，颊部被鳞。背鳍和臀鳍基底鳞鞘较低。体背灰褐色，腹部银白色。体侧有 3~4 条较宽的水平黑色纵带，第四条常消失。背鳍鳍棘部有一大型黑斑，鳍条部有 2~3 个小黑斑。臀鳍具黑带。尾鳍叉形，上下叶共有 5 条黑色条带。各鳍灰白色至淡黄色。

鉴别要点 a. 背鳍鳍棘部具一大黑斑，鳍条部具小黑斑，尾鳍有 5 条黑色条带；b. 体侧有 3~4 条较宽的水平黑色纵带。

生态习性 近岸暖水性近底层鱼类，栖息于沙质或多礁石的浅海海域，可进入河口；以小型甲壳类和鱼类等为食。

分布区域 印度洋和太平洋的菲律宾、越南、朝鲜半岛、日本等海域均有分布；我国见于东海和南海。本种在浙江南部海域常见，各个季节均有发现，夏季和秋季相对较多；整个海域均有分布。

# 153. 条石鲷

***Oplegnathus fasciatus* (Temminck & Schlegel, 1844)**

标本体长 203 mm

石鲷科Family Oplegnathidae | 石鲷属Genus *Oplegnathus* Richardson, 1840

**原始记录** *Scaradon fasciatus* Temminck & Schlegel, 1844, Fauna Japonica Parts 5~6: 89, Pl. 46 (Figs.1~2) (Ōmura Bay, near Nagasaki, Nagasaki Prefecture, Japan).

**同种异名** *Scaradon fasciatus* Temminck & Schlegel, 1844

**英 文 名** Barred knifejaw (Hawaii); Rock bream (Korea)

**中文别名** 海胆鲷、硬壳仔、黑嘴

**形态特征** 体延长，侧扁而高，呈长卵圆形。齿与颌愈合，形成坚固的骨喙，腭骨无齿。前鳃盖骨后缘具细锯齿，鳃盖骨具 1 棘。体被细小栉鳞，吻部无鳞，颊部具鳞。各鳍基底均被小鳞，背鳍和臀鳍基底均具鳞鞘。尾鳍截形，后缘微凹。体灰褐色，体侧具 7 条暗色横带，第一条过眼睛，第六和第七条在尾柄，其余 4 条位于躯干部。胸鳍、腹鳍黑色，背鳍、臀鳍和尾鳍色较淡而有黑色边缘。

**鉴别要点** 体侧具 7 条暗色横带，无斑点。

**生态习性** 近海暖温性中下层鱼类，栖息于多礁石、多海藻的海域；以海胆、藤壶、甲壳类等底栖无脊椎动物为食。

**分布区域** 太平洋的夏威夷群岛、朝鲜半岛和日本等海域均有分布；我国见于黄海、东海和南海。本种在浙江南部海域少见，2018 年 9 月于苍南码头发现。

# 154. 斑石鲷

*Oplegnathus punctatus* (Temminck & Schlegel, 1844)

标本体长 235 mm

**原始记录** *Scaradon punctatus* Temminck & Schlegel, 1844, Fauna Japonica Parts 5~6: 91 (Nagasaki, Nagasaki Prefecture, Japan).

**同种异名** *Scaradon punctatus* Temminck & Schlegel, 1844

**英 文 名** Spotted knifejaw (FAO)；Rock porgy (China)

**中文别名** 斑鲷、石鲷、硬壳仔、黑嘴

**形态特征** 体延长，侧扁而高，呈长卵圆形。齿与颌愈合，形成坚固的骨喙，腭骨无齿。前鳃盖骨后缘具细锯齿，鳃盖骨具 1 棘。体被细小栉鳞，吻部、眼间隔和颊部无鳞，各鳍基底均被小鳞。尾鳍截形。体灰褐色，有银白光泽，全体密布有大小不一的黑斑。背鳍鳍棘部具 2 列黑斑。腹鳍黑色。幼鱼的体色较淡，呈褐色。

**鉴别要点** 体侧无横带，密布黑褐色斑点。

**生态习性** 近岸暖温性底层鱼类，栖息于多礁石的海域，幼鱼会随海藻漂移；以海胆、藤壶、甲壳类等底栖无脊椎动物为食。

**分布区域** 太平洋的夏威夷群岛、澳大利亚、菲律宾、朝鲜半岛和日本等海域均有分布；我国见于黄海、东海和南海。本种在浙江南部海域少见，2018 年 9 月于苍南码头发现。

# 155. 四角唇指䲗

***Cheilodactylus quadricornis* Günther, 1860** 标本体长 212 mm

唇指䲗科Family Cheilodactylidae | 唇指䲗属Genus *Cheilodactylus* Lacepède, 1803

**原始记录** *Cheilodactylus quadricornis* Günther, 1860, Catalogue of the fishes in the British Museum Ⅴ. 2: 83 (Seas of Japan).

**同种异名** *Goniistius quadricornis* Günther, 1860

**英 文 名** Blackbarred morwong (Japan)

**中文别名** 黑尾鹰斑鲷、背带䲗、背带鹰䲗、素尾鹰䲗、三康、咬破布、万年瘦

**形态特征** 体长椭圆形，侧扁。眼前上方乳突不明显。上下颌齿细小，圆锥状。鳃盖骨后上角具一半月形缺刻。体被中大圆鳞，吻端无鳞，各鳍基底均被细鳞鞘。尾鳍深叉形。体呈淡灰褐色，腹部颜色较白。体侧和头部具 8 条黑褐色斜横带，大多可达腹侧，第一条由眼上方向下贯穿眼部而延伸至腹部，最后一条则在尾柄末端，每条斜纹均可明显分辨。各鳍褐色。尾鳍上叶淡黄色，下叶黑色，无任何白斑。

**鉴别要点** a. 尾鳍上叶淡黄色，下叶黑色；b. 体侧和头部具 8 条黑褐色斜横带。

**生态习性** 近岸暖水性底层鱼类，栖息于岩礁或沙泥质底的海域；以底栖甲壳类等为食。

**分布区域** 西太平洋的朝鲜半岛和日本等海域均有分布；我国见于东海和南海。本种在浙江南部海域少见，2018 年 9 月于苍南码头发现。

# 156. 花尾唇指䲗

*Cheilodactylus zonatus* Cuvier, 1830

标本体长 226 mm

**原始记录** *Cheilodactylus zonatus* Cuvier, 1830, Histoire naturelle des poissons Ⅴ. 5: 365, Pl. 129 (Japan).

**同种异名** 无

**英 文 名** Spottedtail morwong (FAO、AFS)；Flag fish (China)

**中文别名** 花尾鹰斑䲗、花尾带䲗、三康、咬破布、斩三刀、万年瘦

**形态特征** 体长椭圆形，侧扁。眼前上方乳突明显。上下颌齿细小，圆锥形，犁骨具齿。前鳃盖骨边缘光滑，鳃盖骨后上角具一半月形缺刻。体被圆鳞，头部仅吻端至眼间隔之间无鳞，各鳍基底均被细鳞，背鳍和臀鳍基部均具发达鳞鞘。尾鳍深叉形。体呈黄褐色，腹部色浅。体侧和头部具 9 条黄褐色斜带，均达胸鳍以下。各鳍均为橘黄色。背鳍鳍条部有 1 条与基底平行的蓝色纵带。尾柄和尾鳍上散布白色小圆斑。

**鉴别要点** a. 体侧和头部具 9 条黄褐色斜带；b. 尾柄和尾鳍具许多白色小斑点。

**生态习性** 近岸暖水性底层鱼类，栖息于岩礁或沙泥质底的海域；以底栖甲壳类等为食。

**分布区域** 西北太平洋的朝鲜半岛和日本等海域均有分布；我国见于东海和南海。本种在浙江南部海域少见，2018 年 9 月于苍南码头发现。

# 157. 印度棘赤刀鱼

*Acanthocepola indica* (Day, 1888)

标本体长355 mm

赤刀鱼科Family Cepolidae | 棘赤刀鱼属Genus *Acanthocepola* Bleeker, 1874

**原始记录** *Cepola indica* Day, 1888, The fishes of India Suppl.: 796 (Madras, India).

**同种异名** *Cepola indica* Day, 1888

**英 文 名** 无

**中文别名** 红帘鱼、红带鱼

**形态特征** 体甚延长而侧扁，呈带状，体长为体高的 7.0~7.5 倍。上下颌各具犬齿 1 行，犁骨和腭骨无齿。前鳃盖骨后上角具 6 强棘，鳃盖骨具 1 平棘。体被细小圆鳞，头部仅吻部无鳞。背鳍和臀鳍基底长，与尾鳍相连，尾鳍尖形。体一致为橘红色，背部色深，腹部较淡。体侧具十余条橙黄色横带。背鳍前部具不显著暗斑，暗斑黑色或暗红色。

**鉴别要点** a. 体带状，体长为体高的 7.0~7.5 倍，背鳍、臀鳍与尾鳍相连；b. 前颌骨与上颌骨间无黑斑，背鳍前部具一暗斑，背鳍鳍条数 78~85，体侧具橙黄色横带。

**生态习性** 底层鱼类，栖息于水深 300 m 以浅的泥沙质底海域，会挖掘洞穴藏身其中。

**分布区域** 印度洋和西太平洋的日本等海域均有分布；我国见于东海和南海。本种在浙江南部海域少见，仅在春季发现；主要分布于水深 50 m 处海域。

# 158. 花鳍副海猪鱼

## *Parajulis poecilepterus* (Temminck & Schlegel, 1845)

标本体长 203 mm（上，雄性）、186 mm（下，雌性）

隆头鱼科Family Labridae | 副海猪鱼属Genus *Parajulis* Bleeker, 1879

**原始记录** *Julis poecilepterus* Temminck & Schlegel, 1845, Fauna Japonica Parts 7~9: 169, Pl. 86 bis (Fig. 1) (Bay of Sinabara, Japan).

**同种异名** *Julis poecilepterus* Temminck & Schlegel, 1845；*Julis pyrrhogramma* Temminck & Schlegel, 1845；*Julis thirsites* Richardson, 1846；*Julis poecilopterus* Richardson, 1846

**英 文 名** Multicolorfin rainbowfish (Japan)

**中文别名** 花鳍海猪鱼、花鳍儒艮鲷、红倍良（雌）、青倍良（雄）

**形态特征** 体延长，侧扁。前鼻孔具短管。上下颌两侧前端各具 2 对犬齿。前鳃盖骨边缘无锯齿。体被中大圆鳞，胸部鳞片小于体侧鳞片，头部无鳞。体侧从吻端经眼至尾鳍基具一黑色宽纵带，纵带在第五、第六背鳍鳍棘下方具一黑斑，背鳍基部另具一黑色窄纵带。体侧各鳞片具一橙红色至鲜黄色点。背鳍、臀鳍具纵列的橙红色点，尾鳍具横列的红点。雌鱼体色呈棕黄色，头部在纵带下方呈淡黄色至白色；雄鱼体色呈青绿色，头部颜色较深，头部纵带不明显。

**鉴别要点** a. 上下颌两侧前端各具 2 对犬齿；b. 侧线在体侧后部急剧下降；c. 吻部显著突出，两唇较厚，上唇可达眼下缘，下颌不凹陷；d. 胸部鳞片小于体侧鳞片，颊部无鳞；e. 体侧中央有一黑色纵带，纵带在第五、第六背鳍鳍棘下方具一黑斑。

**生态习性** 近海暖水性中下层鱼类，栖息于岩礁和沙质底海域；具雌雄同体性别特征中的先雌后雄型；以底栖甲壳类、小型鱼类等为食。

**分布区域** 西北太平洋的朝鲜半岛和日本等海域均有分布；我国见于东海和南海。本种在浙江南部海域常见；2019 年 5 月和 2020 年 11 月于南麂列岛海域钓获。

# 159. 短鳄齿鱼

***Champsodon snyderi* Franz, 1910**

标本体长 67 mm

鳄齿鱼科Family Champsodontidae | 鳄齿鱼属Genus *Champsodon* Günther, 1867

**原始记录** *Champsodon snyderi* Franz, 1910, Abhandlungen der math.-phys. Klasse der K. Bayer Akademieder Wissenschaften Ⅴ. 4 (Suppl.) (no. 1): 82, Pl. 9 (Fig. 74) (Wakasa Bay, Kyoto Prefecture, Japan).

**同种异名** 无

**英 文 名** Bentooth (Japan); Snyder’s gaper (Australia)

**中文别名** 鳄齿鱼、腭齿鱶、史氏鳄齿鱼、黑狗母

**形态特征** 体延长，稍侧扁。前颌骨能伸缩，缝合处中央具凸起，凸起的每侧具 1 个小凹刻。上颌齿 1 行，犬齿状，下颌齿多行，有一行为犬齿，两颌犬齿均能倒伏。犁骨齿绒毛状，腭骨无齿。鳃盖骨在皮下具 1 短棘。体被细小栉鳞，不易脱落。下颌腹面不具鳞，胸部无鳞，头部感觉孔附近不具鳞。侧线每侧 2 条，侧线上下均具小分支。尾鳍叉形。体背褐色，体侧和腹面黄褐色或偏银色，体侧沿着中央线具小暗点。

**鉴别要点** a. 下颌腹面无鳞，腹部无鳞；b. 下鳃耙数 10~11（通常为 10），第二背鳍鳍条数 19~21（通常为 20），臀鳍鳍条数 17~19（通常为 18）。

**生态习性** 近海暖水性小型底层鱼类，栖息于泥沙质底海域；以底栖甲壳类、小型鱼类等为食。

**分布区域** 太平洋的澳大利亚和日本等海域均有分布；我国见于东海和南海。本种在浙江南部海域常见，各个季节均有发现，冬季相对较多；主要分布于水深 30 m 以深海域。

# 160. 六带拟鲈

***Parapercis sexfasciata* (Temminck & Schlegel, 1843)** 标本体长 117 mm

拟鲈科Family Pinguipedidae | 拟鲈属Genus *Parapercis* Bleeker, 1863

**原始记录** *Percis sexfasciata* Temminck & Schlegel, 1843, Fauna Japonica Parts 2~4: 23, 25 (Nagasaki, Japan).

**同种异名** *Percis sexfasciata* Temminck & Schlegel, 1843

**英 文 名** Grub fish (Viet Nam); Saddled weever (Japan)

**中文别名** 六横带拟鲈、花狗母、海狗甘仔

**形态特征** 体延长，近似圆柱状。头稍小而似尖锥形。眼大，几近头背缘。上下颌具绒毛状齿带，外侧一行较大，犁骨和腭骨具齿。前鳃盖骨边缘具细锯齿，鳃盖骨后上缘具一扁棘。体被弱栉鳞。尾鳍圆形。体淡青色偏红，体侧有 4~5 条暗色横带，其上端分叉，至侧线下则合而为一，呈"V"形。腹鳍暗灰色。胸鳍基部具黑斑，尾鳍基上方有一带白边黑斑。

**鉴别要点** a. 上下颌具绒毛状齿带，犁骨和腭骨具齿；b. 背鳍最末鳍棘最长，最后棘膜在顶部与第一鳍条相连；c. 体侧有 4~5 个"V"形横斑，尾鳍基上方具一带白边的黑色圆斑。

**生态习性** 近岸暖水性底层鱼类，栖息于沙泥质底海域；以底栖甲壳类、小型鱼类等为食。

**分布区域** 西太平洋的印度尼西亚、越南、朝鲜半岛和日本等海域均有分布；我国见于东海和南海。本种在浙江南部海域常见，各个季节均有发现，夏季相对较多；主要分布于水深 50 m 以深海域。

# 161. 日本螣

***Uranoscopus japonicus* Houttuyn, 1782**

标本体长 145 mm

螣科Family Uranoscopidae | 螣属Genus *Uranoscopus* Linnaeus, 1758

**原始记录** *Uranoscopus japonicus* Houttuyn, 1782, Verhandelingen der Hollandsche Maatschappij der Wetenschappen, Haarlem Ⅴ. 20 (pt 2): 314 (Outward Miho Peninsula, innermost Suruga Bay, Japan, depth 36~55 meters).

**同种异名** 无

**英 文 名** Japanese stargazer (Korea)

**中文别名** 网纹螣、日本瞻星鱼、大头丁

**形态特征** 体延长。头粗大，前端平扁，背面与两侧被粗骨板。后鼻孔裂孔状。口几垂直，下颌突出。上颌、犁骨和腭骨具绒毛状齿丛，下颌具2纵行犬齿。下颌内侧具一三角形宽皮瓣。前鳃盖下缘具3尖棘。体被细小圆鳞，头部、项部、胸腹部、背鳍基底和臀鳍基底均无鳞。腹鳍喉位。尾鳍截形。体背侧褐绿色，腹面白色。体两侧和背面具网纹，其间为白色斑点。第一背鳍黑色，第二背鳍和胸鳍淡黄色，臀鳍白色，尾鳍前部黄色，后部黑褐色。

**鉴别要点** a. 背鳍2个，分离，具强大的肩棘，前鳃盖骨下缘具3棘；b. 体侧散布白色圆点或虫状斑。

**生态习性** 近海底层鱼类，主要栖息于水深300 m以浅的沙砾质底海域；以底栖生物等为食。

**分布区域** 西太平洋的越南、朝鲜半岛和日本等海域均有分布；我国见于渤海、黄海、东海和南海。本种在浙江南部海域常见，各个季节均有发现，春季相对较多；主要分布于水深30 m以深海域。

**分类短评** 本书日本螣的前鳃盖骨下缘为3棘。根据《日本産魚類検索（第三版）》、FishBase网站和《中国动物志 硬骨鱼纲 鲈形目（四）》（刘静 等，2016）上的分类介绍，笔者分析了《东海鱼类志》和《福建鱼类志》中对日本螣的描述，认为《福建鱼类志》和《东海鱼类志》中的日本螣应为中华螣 (*Uranoscopus chinensis* Guichenot, 1882) 的误鉴。日本螣和中华螣在形态特征上十分相似，体背也均有圆点或虫状斑；但日本螣仅前鼻孔有鼻管，前鳃盖骨下缘应为3棘；而中华螣前后鼻孔均有鼻管，前鳃盖骨下缘具4棘。

# 162. 斑点肩鳃鳚

***Omobranchus punctatus*** **(Valenciennes, 1836)**

**标本全长 84 mm**

鳚科Family Blenniidae | 肩鳃鳚属Genus *Omobranchus* Valenciennes, 1836

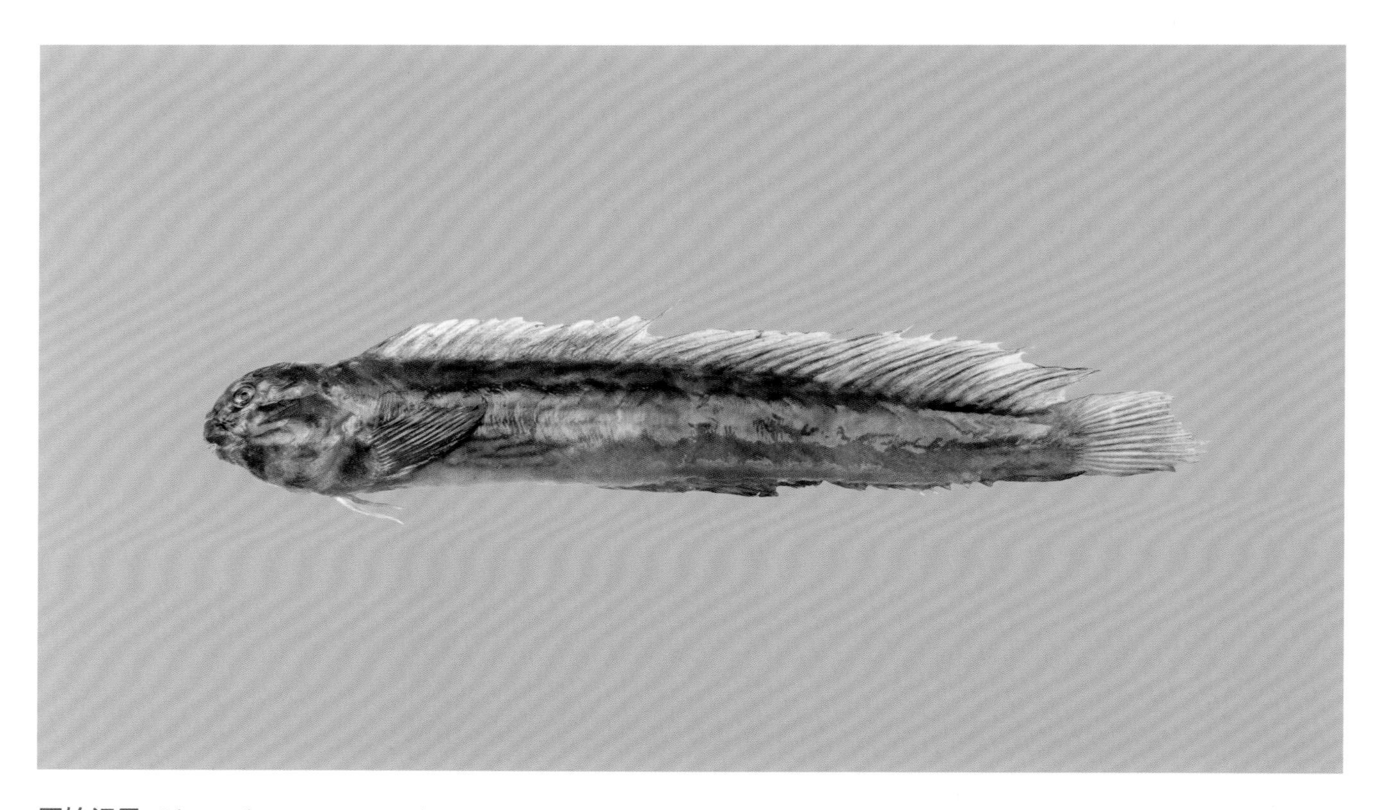

**原始记录** *Blennechis punctatus* Valenciennes, 1836, Histoire naturelle des poissons Ⅴ. 11: 286 (Mumbai, India).

**同种异名** *Blennechis punctatus* Valenciennes, 1836；*Petroscirtes lineolatus* Kner, 1868；*Petroscirtes kochi* Weber, 1907；*Omobranchus japonicus scalatus* Smith, 1959

**英 文 名** Muzzled blenny (FAO)；Spotted oyster blenny (Micronesia)

**中文别名** 日本美鳚、日本肩鳃鳚、钝吻肩鳃鳚

**形态特征** 体长形，侧扁。头钝圆，唇薄，上下唇后侧有发达的半圆形皮瓣。上下颌具齿，固着，不能活动。鼻孔每侧 2 个，前鼻孔短管状，后鼻孔为小圆孔。体无鳞。侧线位高，向后止于背鳍第八至第十鳍棘下方。腹鳍喉位。尾鳍圆形。体淡褐色，腹部稍带橘红色，体侧有 5~7 条蓝而带褐色的波状纵线纹。头部有 3 条深褐色细横纹，头腹面有细黑点。胸鳍基有一褐色长斑。

**鉴别要点** a. 鳃孔小，鳃裂向下不超过胸鳍中部，上下唇后侧有发达的半圆形皮瓣；b. 头顶无皮冠或皮棱，体前部有多条深色细纵纹。

**生态习性** 近岸小型鱼类，栖息于岩礁海域。

**分布区域** 印度洋和太平洋的斐济、澳大利亚和日本等海域均有分布；我国见于东海和南海。本种在浙江南部海域常见；2020 年 5 月于乐清湾潮间带发现。

# 163. 弯角鲔

*Callionymus curvicornis* Valenciennes, 1837　　标本体长 91 mm

鲔科Family Callionymidae | 鲔属Genus *Callionymus* Linnaeus, 1758

**原始记录** *Callionymus curvicornis* Valenciennes, 1837, Histoire naturelle des poissons Ⅴ. 12: 298 [Réunion (China?)].

**同种异名** *Callionymus punctatus* Richardson, 1837；*Callionymus richardsonii* Bleeker, 1854

**英 文 名** Horn dragonet (FAO)；Richardson's dragonet (Japan)

**中文别名** 弯棘斜棘鲔、李氏斜棘鲔、李氏鲔、弯棘鲔

**形态特征** 体延长，稍平扁。上下颌具绒毛状齿，犁骨和腭骨无齿。前鳃盖骨具强棘，棘末端向上弯曲，上缘具向前上方弯曲的小棘 3~4 根（少数具 2~5 棘），下缘具一小而向前倒棘。头枕部和尾柄背部各具 1 条横向侧线，连接体侧 2 侧线。雄鱼尾鳍延长呈矛状尾，雌鱼尾鳍圆形。体呈棕黄色，腹部色淡。雄鱼第一背鳍稍透明，鳍膜具弯曲的白条纹，具黑缘；雌鱼第一背鳍淡色，第三鳍棘膜具一带白缘的黑色眼斑；雄、雌鱼第二背鳍皆具许多白点；臀鳍淡色，具宽黑缘；尾鳍上半部具黑点和少许垂直白线，下半部暗色。

**鉴别要点** a. 尾鳍中部鳍条分支，口小，下颌无肉质乳突；b. 头枕部和尾柄背部各具 1 条横向侧线，连接体侧 2 侧线；c. 前鳃盖骨棘末端向上弯曲，上缘具数个小棘，下缘具倒棘；d. 体背侧具大小不一白色斑点，尾鳍上叶具小暗点，下叶为均匀暗色带；e. 雄鱼第一背鳍上缘发黑，雌鱼第一背鳍具黑斑。

**生态习性** 近海底层鱼类，栖息于沙质底海域。

**分布区域** 西太平洋的越南和日本等海域均有分布；我国见于东海和南海。本种在浙江南部海域少见；2018 年 9 月于苍南码头发现。

# 164. 锯嵴塘鳢

***Butis koilomatodon* (Bleeker, 1849)**

标本体长 60 mm

塘鳢科Family Eleotridae | 嵴塘鳢属Genus *Butis* Bleeker, 1856

**原始记录** *Eleotris koilomatodon* Bleeker, 1849, Verhandelingen van het Bataviaasch Genootschap van Kunsten en Wetenschappen V. 22 (6): 21 (Madura Straits near Surabaya and Kammal, Java, Indonesia).

**同种异名** *Eleotris koilomatodon* Bleeker, 1849；*Eleotris caperatus* Cantor, 1849；*Eleotris delagoensis* Barnard, 1927；*Hypseleotris raji* Herre, 1945

**英 文 名** Mud sleeper (FAO)；Crested gudgeon (Australia)

**中文别名** 锯塘鳢、花锥脊塘鳢、花锥塘鳢、黑咕噜

**形态特征** 体延长，前部呈圆筒形，后部侧扁。眼眶上缘和后缘具半环形锯齿状骨棘。鼻孔每侧 2 个，前鼻孔下方具一短管。两颌齿细尖、多行，犁骨和腭骨无齿。体被栉鳞，头部除吻裸露外，其余均被栉鳞。胸部与腹部被圆鳞。无侧线。左、右腹鳍靠近，但不愈合。尾鳍圆形。头部和体侧为黄褐色，腹侧浅色，体侧有 6~7 条暗色横带，有时横带不明显。眼下方和眼后下方常具 2~3 条辐射状灰黑色条纹。背鳍和臀鳍灰黑色，具浅色条纹。腹鳍黑色，尾鳍深灰色。

**鉴别要点** a. 眼上方骨质嵴发达，嵴缘有小锯齿；b. 体前部圆柱形，吻长等于或稍大于眼径，吻侧具 2 条锯状骨嵴；c. 体侧有 6~7 条暗色横带，有时不明显。

**生态习性** 近岸暖水性底栖鱼类，栖息于河口、红树林湿地、海滨礁石区或泥沙质底海域；以小型甲壳类和鱼类等为食。

**分布区域** 印度洋和太平洋的菲律宾、澳大利亚、越南等海域均有分布；我国见于东海和南海。本种在浙江南部海域常见；2020 年 2 月于乐清湾发现。

# 165. 六丝钝尾虾虎鱼

***Amblychaeturichthys hexanema* (Bleeker, 1853)**

标本体长 80 mm

虾虎鱼科Family Gobiidae | 钝尾虾虎鱼属Genus *Amblychaeturichthys* Bleeker, 1874

**原始记录** *Chaeturichthys hexanema* Bleeker, 1853, Verhandelingen van het Bataviaasch Genootschap van Kunsten en Wetenschappen Ⅴ. 25 (art. 7): 43, Pl. (Figs. 5, 5a~b) (Nagasaki, Japan).

**同种异名** *Chaeturichthys hexanema* Bleeker, 1853

**英 文 名** Pinkgray goby (Japan)

**中文别名** 六丝矛尾虾虎鱼、钝尖尾虾虎鱼、六丝矛尾鱼、六线长鲨

**形态特征** 体延长，前部呈圆筒形，后部稍侧扁。眼间距窄，中间凹入。上下颌齿细尖，犁骨、腭骨和舌上均无齿。舌宽而游离，前端呈截形。颏部具 3 对短须。体被栉鳞，头部鳞较小，仅吻和下颌裸露无鳞，余均被鳞。左右腹鳍愈合成一吸盘。尾鳍钝尖。体呈黄褐色，体侧有 4~5 个暗色斑块。第一背鳍前部边缘为黑色，其余各鳍灰色。

**鉴别要点** a. 犁骨、腭骨和舌上均无齿；b. 背鳍 2 个，分离，左右腹鳍愈合形成完整吸盘；c. 体延长，口斜裂，项部无皮嵴，颏部具 3 对短须；d. 体侧有 4~5 个暗色斑块。

**生态习性** 近岸暖温性底栖鱼类，栖息于河口或浅海的泥沙质底海域；以多毛类、小型甲壳类和鱼类等为食。

**分布区域** 西北太平洋的朝鲜半岛和日本等海域均有分布；我国见于渤海、黄海、东海和南海。本种在浙江南部海域常见，各个季节均有发现，秋季和夏季相对较多；整个海域均有发现。

# 166. 大弹涂鱼

***Boleophthalmus pectinirostris*** **(Linnaeus, 1758)**

标本体长 86 mm

大弹涂鱼属Genus *Boleophthalmus* Valenciennes, 1837

**原始记录** *Gobius pectinirostris* Linnaeus, 1758, Systema Naturae, Ed. XV.1: 264 (China).

**同种异名** *Gobius pectinirostris* Linnaeus, 1758

**英 文 名** Great blue spotted mudskipper (FAO)

**中文别名** 跳跳鱼

**形态特征** 体延长，前部呈圆筒形，后部稍侧扁。眼小，突出于头顶之上。下眼睑发达，向上可盖及眼的 1/2。眼间隔狭窄，呈纵沟状。两颌齿单行，犁骨、腭骨和舌上均无齿。舌大，前端不游离，宽弧形。头体均被圆鳞，前部鳞细小，后部鳞较大。胸鳍基部亦被细圆鳞。无侧线。背鳍 2 个，分离，第一背鳍高，鳍棘丝状延长。左、右腹鳍愈合成一吸盘，后缘完整。尾鳍尖圆，下缘斜截形。体背侧青褐色，腹侧色浅。第一背鳍深蓝色，具不规则白色小点；第二背鳍蓝色，具 4 纵行小白斑。臀鳍、胸鳍和腹鳍浅灰色。尾鳍青黑色，有时具白色小点。

**鉴别要点** a. 背鳍 2 个，分离，第一背鳍宽阔，鳍棘数 5，第二背鳍基部长，鳍条数 22~26；b. 口大，眼小，眼间隔狭窄；c. 具下眼睑；d. 上下颌齿 1 行，下颌无须。

**生态习性** 近岸暖水性底栖鱼类，栖息于沿岸和河口的低潮区滩涂，喜穴居，皮肤和尾部均具辅助呼吸的功能；以着生藻类、桡足类和有机碎屑等为食。

**分布区域** 西北太平洋的朝鲜半岛和日本等海域均有分布；我国见于渤海、黄海、东海和南海。本种在浙江南部海域常见；2018—2019 年 8 月于乐清码头发现。

# 167. 矛尾虾虎鱼

***Chaeturichthys stigmatias* Richardson, 1844**

标本体长 89 mm

矛尾虾虎鱼属Genus *Chaeturichthys* Richardson, 1844

**原始记录** *Chaeturichthys stigmatias* Richardson, 1844, Ichthyology. Part 1. The zoology of the voyage of H. M. S. Sulphur: 55, Pl. 35 (Figs. 1~3) [South Pacific, (Chinese seas)].

**同种异名** 无

**英 文 名** Branded goby (Japan)

**中文别名** 矛尾虾虎、尖尾矛尾鱼、矛尾鱼

**形态特征** 体颇延长，前部呈亚圆筒形，后部侧扁。眼间隔宽平。鼻孔每侧 2 个，前鼻孔下方具一短管。上下颌各具 2 行齿，犁骨、腭骨和舌上均无齿。舌大，游离，前端宽圆。颏部具 3~4 对短须。体被圆鳞，后部鳞较大，头部仅吻部无鳞，余均被小圆鳞。左右腹鳍愈合成一吸盘。尾鳍尖长，大于头长。体呈灰褐色，头部和背部具不规则暗色斑纹。第一背鳍具一大黑斑，第二背鳍有 3~4 纵行暗色斑点。胸鳍具暗色斑纹，臀鳍、腹鳍淡色，尾鳍具 4~5 行暗色横纹。

**鉴别要点** a. 背鳍 2 个，分离，第一背鳍具一大黑斑；b. 左右腹鳍愈合成完整吸盘；c. 体延长，口斜裂，上下颌齿 2 行；d. 头部和背部具不规则暗色斑纹；e. 颏部具 3~4 对短须。

**生态习性** 近岸暖温性底栖鱼类，栖息于河口或浅海的淤泥质底海域，也可进入江河下游淡水水域；以桡足类、多毛类、虾类等为食。

**分布区域** 西北太平洋的朝鲜半岛和日本等海域均有分布；我国见于渤海、黄海、东海和南海。本种在浙江南部海域常见，各个季节均有发现，秋季和冬季相对较多；主要分布于水深 30 m 以浅海域。

# 168. 斑纹舌虾虎鱼

***Glossogobius olivaceus* (Temminck & Schlegel, 1845)** 标本体长 96 mm

舌虾虎鱼属Genus *Glossogobius* Gill, 1859

**原始记录** *Gobius olivaceus* Temminck & Schlegel, 1845, Fauna Japonica Parts 7~9: 143, Pl. 74 (Fig. 3) (Japan).

**同种异名** *Gobius olivaceus* Temminck & Schlegel, 1845

**英 文 名** 无

**中文别名** 项斑舌虾虎鱼、点带叉舌虾虎、背斑叉舌虾虎

**形态特征** 体延长，前部呈圆筒形，后部稍侧扁。眼间隔狭窄，稍内凹。鼻孔每侧 2 个，前鼻孔具一短管。上下颌齿细尖，绒毛状，犁骨、腭骨和舌上均无齿。舌游离，前端分叉。体被中大栉鳞，头部除鳃盖上方部分及眼后项部被鳞外，其余部分均裸露无鳞。无侧线。左右腹鳍愈合成一吸盘。尾鳍长圆形，短于头长。体呈淡灰绿色或棕色，背侧较深。体背侧具 4~5 条暗色宽阔横斑，眼后的项部约具有 4 群小黑斑，排成 2 横行。背鳍前方附近有 2 列散布成数小群的黑点。背鳍、胸鳍、尾鳍皆具有深褐色的点纹。腹鳍及臀鳍呈灰黑色。

**鉴别要点** a. 背鳍 2 个，分离；b. 左右腹鳍愈合成完整吸盘；c. 体延长，口斜裂，上颌骨后端伸达眼中部下方，上下颌齿绒毛状；d. 舌前端分叉；e. 体背侧具 4~5 条暗色宽阔横斑，眼后及背鳍前方的项部有若干小黑斑。

**生态习性** 近岸暖水性底层鱼类，栖息于河口或江河下游，也见于红树林、港湾及近岸滩涂；以虾类和幼鱼等为食。

**分布区域** 印度洋和西太平洋的日本等海域均有分布；我国见于黄海、东海和南海。本种在浙江南部海域少见；2020 年 5 月于洞头码头发现。

# 169. 拉氏狼牙虾虎鱼

***Odontamblyopus lacepedii*** **(Temminck & Schlegel, 1845)** 标本全长154 mm

狼牙虾虎鱼属Genus *Odontamblyopus* Bleeker, 1874

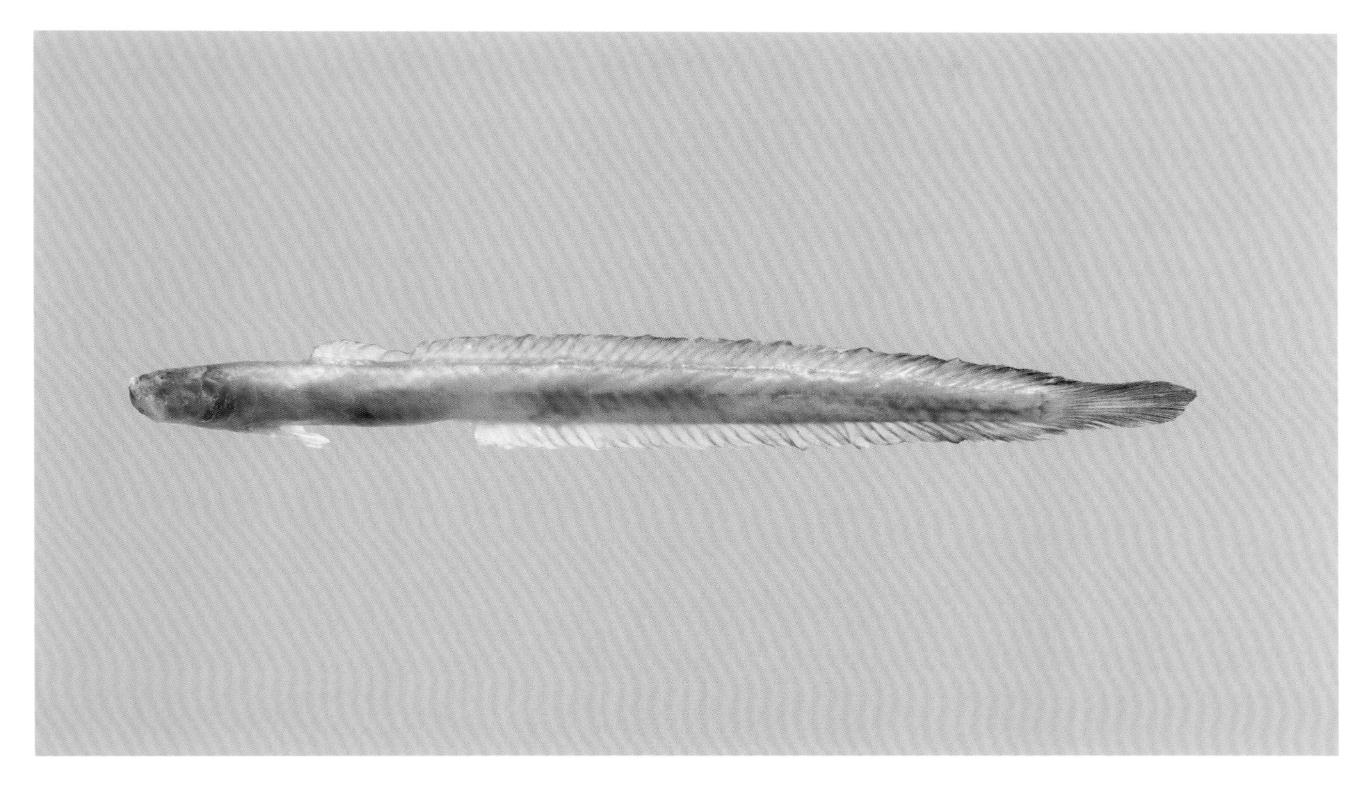

**原始记录** *Amblyopus lacepedii* Temminck & Schlegel, 1845, Fauna Japonica Parts 7~9: 146, Pl. 75 (Fig. 2) (Bays of provinces of Fizen and Omura, Japan, western North Pacific).

**同种异名** *Amblyopus lacepedii* Temminck & Schlegel, 1845；*Amblyopus sieboldi* Steindachner, 1867；*Gobioides petersenii* Steindachner, 1893；*Taenioides abbotti* Jordan & Starks, 1906；*Taenioides petschiliensis* Rendahl, 1924；*Sericagobioides lighti* Herre, 1927；*Nudagobioides nankaii* Shaw, 1929；*Taenioides limboonkengi* Wu, 1931

**英 文 名** 无

**中文别名** 红狼牙虾虎鱼、南氏裸拟虾虎鱼、红尾虾虎、盲条鱼

**形态特征** 体呈鳗形，前部亚圆筒形，后部侧扁而渐细。眼极小，退化，埋于皮下。眼间隔宽凸。鼻孔每侧2个，前鼻孔具一短管。上颌齿尖锐，犬齿状，外行齿露出唇外，下颌缝合部内侧具犬齿1对。舌稍游离，前端圆形。鳞退化，体裸露而光滑。无侧线。背鳍、臀鳍连续，与尾鳍相连。胸鳍尖形，伸达腹鳍末端。左右腹鳍愈合成一尖长吸盘。尾鳍长而尖形。体呈淡红色或灰紫色，背鳍、臀鳍和尾鳍黑褐色。

**鉴别要点** a. 体呈鳗形，背鳍连续，背鳍、臀鳍与尾鳍相连；b. 眼小，退化，埋于皮下；c. 齿长且弯曲，上颌外行齿突出于唇外，下颌缝合部内侧具犬齿1对；d. 左右腹鳍愈合成一尖长吸盘，胸鳍鳍条数28以上。

**生态习性** 近岸暖温性底栖鱼类，栖息于河口或浅水滩涂海域，偶尔进入江、河下游的咸淡水区域，一般穴居于25~30 cm泥层中；以藻类、桡足类、蛤类幼体和多毛类等为食。

**分布区域** 西北太平洋的朝鲜半岛和日本等海域均有分布；我国见于渤海、黄海、东海和南海。本种在浙江南部海域常见，各个季节均有发现，夏季相对较多；整个海域均有分布。

**分类短评** 据研究，红狼牙虾虎鱼〔*Odontamblyopus rubicundus*（Hamilton, 1822）〕仅分布于印度东部沿岸，我国沿岸的为拉氏狼牙虾虎鱼。国内以往的红狼牙虾虎鱼为拉氏狼牙虾虎鱼的误鉴。

# 170. 犬齿背眼虾虎鱼

## *Oxuderces dentatus* Eydoux & Souleyet, 1850

标本体长 93 mm

背眼虾虎鱼属Genus *Oxuderces* Eydoux & Souleyet, 1850

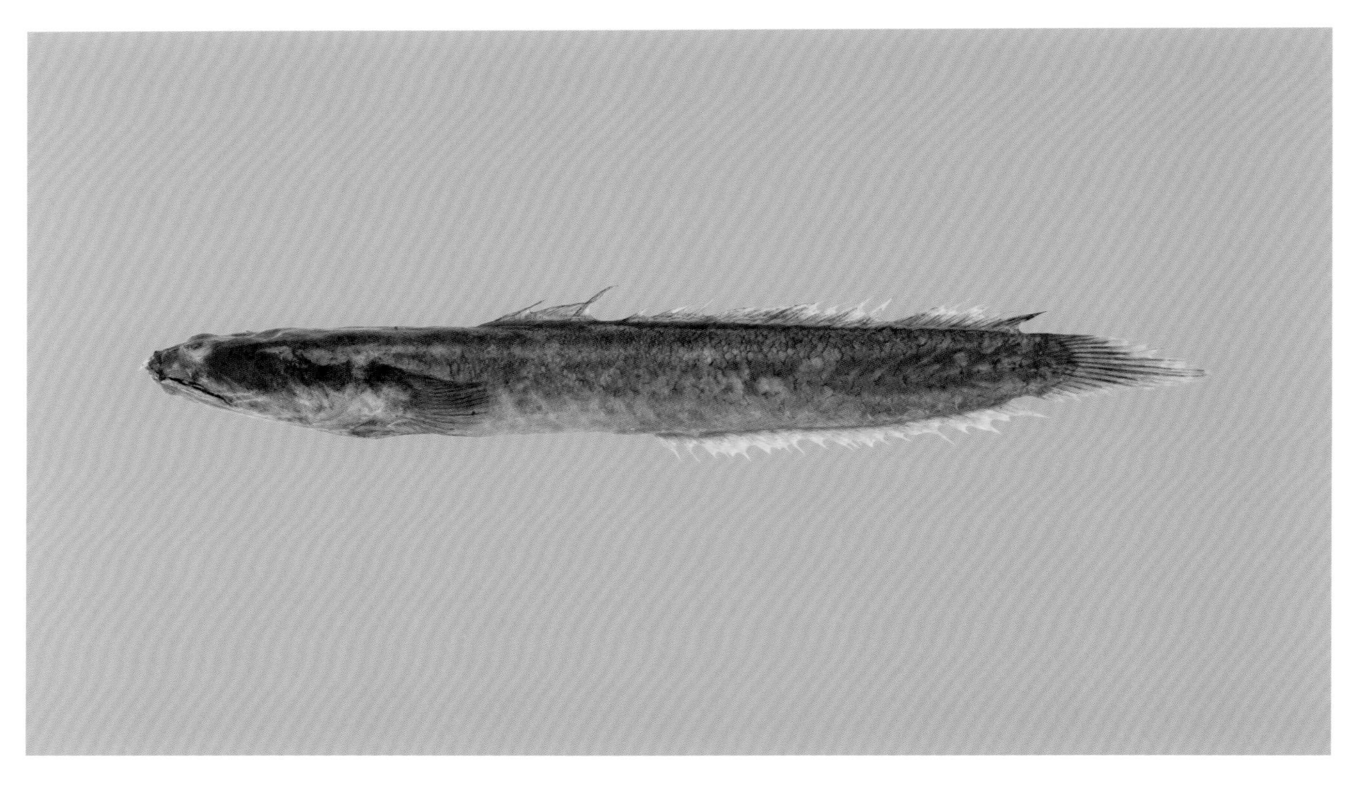

**原始记录** *Oxuderces dentatus* Eydoux & Souleyet, 1850, Voyage autour du monde: 182, Pl. 8 (Fig. 3) (Kwantung, Guangdong, near Macao, China).

**同种异名** *Apocryptichthys sericus* Herre, 1927；*Apocryptichthys livingstoni* Fowler, 1935

**英 文 名** Goby (Malaysia)

**中文别名** 中华犬齿虾虎鱼、中华尖牙虾虎鱼、中华钝牙虾虎鱼、中华尖齿虾虎鱼、跳干

**形态特征** 体延长，前部亚圆筒形，后部稍侧扁。鼻孔每侧 2 个，前鼻孔具一皮瓣。上下颌各具齿 1 行，齿端平钝，分叉；上颌缝合部两侧均具犬齿，下颌齿近于平卧；犁骨、腭骨和舌上无齿。舌前端圆形，不游离。体被小圆鳞，前部鳞细小，后部鳞渐大。眼后项部、前鳃盖骨和鳃盖骨均被细鳞。无侧线。尾鳍尖长，短于头长。背鳍 2 个，以完整的鳍膜相连。左右腹鳍愈合成一长圆形吸盘。尾鳍尖长。体灰褐色，背部蓝黑色，腹部色浅。背鳍鳍条暗灰色，最后 3 根鳍条末端黑色，形成一小黑斑。胸鳍基部和尾鳍黑色，其余各鳍灰色。头和背侧具黑色小点。

**鉴别要点** a. 背鳍 2 个，以完整的鳍膜相连，左右腹鳍愈合成一长圆形吸盘；b. 上下颌各具齿 1 行，齿端平钝，分叉，上颌缝合部两侧均具犬齿；c. 背鳍最后 3 根鳍条末端黑色，形成一小黑斑。

**生态习性** 近岸暖水性底栖鱼类，栖息于河口和近岸滩涂。

**分布区域** 印度洋和西太平洋的泰国、印度尼西亚等海域均有分布；我国见于东海和南海。本种在浙江南部海域常见；2019 年 8 月于乐清码头发现。

# 171. 多须拟矛尾虾虎鱼

***Parachaeturichthys polynema* (Bleeker, 1853)** 标本全长 70 mm

拟矛尾虾虎鱼属Genus *Parachaeturichthys* Bleeker, 1874

**原始记录** *Chaeturichthys polynema* Bleeker, 1853, Verhandelingen van het Bataviaasch Genootschap van Kunsten en Wetenschappen Ⅴ. 25 (art. 7): 44, Pl. (Figs. 4, 4a~b) (Nagasaki, Japan).

**同种异名** *Chaeturichthys polynema* Bleeker, 1853

**英 文 名** Taileyed goby (FAO)

**中文别名** 拟矛尾虾虎鱼、须虾虎鱼

**形态特征** 体延长，前部亚圆筒形，后部稍侧扁。鼻孔每侧 2 个，前鼻孔具一短管。上下颌具多行尖细齿，犁骨、腭骨和舌上均无齿。舌游离，前端截形或凹入。下颌腹面两侧各具一纵行短须，颏部两侧各具一纵行较长小须。体被中大栉鳞，头部、项部、胸部和腹部均被圆鳞。左右腹鳍愈合成一吸盘。尾鳍尖形。体呈淡褐色，腹部色浅，各鳍灰黑色，尾鳍基部上方具一带白边的黑色暗斑。

**鉴别要点** a. 背鳍 2 个，分离；b. 左右腹鳍愈合成完整吸盘；c. 口小，口裂仅伸达眼后缘的前下方，上下颌齿多行；d. 下颌腹面和颏部具须；e. 尾鳍基部上方具一带白边的黑色暗斑。

**生态习性** 近海暖水性底栖鱼类，栖息于河口或近海的泥沙质底海域；以小型底栖无脊椎动物和鱼类等为食。

**分布区域** 印度洋和西太平洋的日本等海域均有分布；我国见于黄海、东海和南海。本种在浙江南部海域常见，各个季节均有发现，秋季相对较多；主要分布于飞云江口以南水深 40 m 以浅海域。

# 172. 弹涂鱼

***Periophthalmus modestus* Cantor, 1842**

标本全长 68 mm

弹涂鱼属Genus *Periophthalmus* Bloch & Schneider, 1801

**原始记录** *Periophthalmus modestus* Cantor, 1842, Annals and Magazine of Natural History (New Series) Ⅴ. 9 (nos 58, 59, 60): 484 (Chusan Island, China).

**同种异名** 无

**英 文 名** Shuttles hoppfish (Viet Nam)；Mudskipper (China)

**中文别名** 跳跳鱼

**形态特征** 体延长，侧扁。眼小，背侧位，突出于头顶之上，下眼睑发达。鼻孔每侧 2 个，前鼻孔圆形，为一小管。上下颌齿各 1 行，尖锐，犁骨、腭骨和舌上均无齿。唇发达，软厚。舌宽圆形，不游离。体和头部被圆鳞。无侧线。左右腹鳍愈合成一吸盘，后缘凹入，具膜盖及愈合膜。尾鳍圆形。体呈灰褐色，腹面灰白。第一背鳍边缘白色，第二背鳍中部具一黑色纵带，近鳍基底处暗褐色。

**鉴别要点** a. 背鳍 2 个，分离，间距大，第一背鳍较低，长扇形，鳍棘数 13~15，第二鳍棘最长；b. 眼小，具下眼睑，上下颌齿各 1 行；c. 左右腹鳍愈合，具膜盖和愈合膜；d. 第一背鳍边缘白色，第二背鳍中部具一黑色纵带。

**生态习性** 近岸暖温性底栖鱼类，栖息于淤泥、泥沙质底的高潮区或半咸、淡水的河口和沿海岛屿、港湾的滩涂与红树林，也进入淡水，洞穴定居；以浮游动物、昆虫、多毛类、桡足类、枝角类和着生藻类等为食。

**分布区域** 西北太平洋的朝鲜半岛和日本等海域均有分布；我国见于渤海、黄海、东海和南海。本种在浙江南部海域常见；2018—2019 年 8 月于乐清码头发现。

# 173. 青弹涂鱼

***Scartelaos histophorus* (Valenciennes, 1837)**

标本全长 98 mm

青弹涂鱼属Genus *Scartelaos* Swainson, 1839

**原始记录** *Boleophthalmus histophorus* Valenciennes, 1837, Histoire naturelle des poissons Ⅴ. 12: 210 (Mumbai, India; Ganges River).

**同种异名** *Boleophthalmus histophorus* Valenciennes, 1837；*Boleophthalmus sinicus* Valenciennes, 1837；*Boleophthalmus chinensis* Valenciennes, 1837；*Boleophthalmus aucupatorius* Richardson, 1845；*Boleophthalmus campylostomus* Richardson, 1846；*Apocryptes macrophthalmus* Castelnau, 1873；*Gobiosoma guttulatum* Macleay, 1878；*Gobiosoma punctularum* De Vis, 1884；*Boleophthalmus novaeguineae* Hase, 1914

**英 文 名** Walking goby (FAO)；Blue mud-hopper (Australia)；Belodok layer (Malaysia)

**中文别名** 跳跳鱼、花跳

**形态特征** 体延长，前部亚圆筒形，后部侧扁。鼻孔每侧2个，前鼻孔具一三角形短管。上下颌齿各1行，犁骨、腭骨无齿。唇发达。舌大，略呈圆形，不游离。下颌腹面两侧各有 1 行细小短须。体和头部被细小退化圆鳞，前部鳞隐于皮下，后部鳞稍大。无侧线。第一背鳍高，基底短，鳍棘呈丝状延长，第三鳍棘最长。左右腹鳍愈合成一吸盘，后缘完整。尾鳍尖长，下缘略呈斜截形。体蓝灰色，腹部较浅。体侧常具 5~7 条黑色狭横带，头背和体上部具黑色小点。第一背鳍蓝灰色，端部黑色，第二背鳍暗色，具小蓝点。臀鳍、胸鳍和腹鳍浅色。胸鳍鳍条和基部具蓝点。尾鳍具 4~5 条黑色横纹。

**鉴别要点** a. 背鳍 2 个，分离，第一背鳍细长，鳍棘呈丝状延长，第三鳍棘最长；b. 眼小，具下眼睑，上下颌齿各 1 行，下颌有须；c. 颊部和鳃盖无黄色横纹，第一背鳍蓝灰色，尾鳍具 4~5 条黑色横纹。

**生态习性** 近岸暖温性底栖鱼类，栖息于淤泥、泥沙质底的高潮区或半咸、淡水的河口和沿海岛屿、港湾的滩涂与红树林，也进入淡水，洞穴定居；以着生藻类、底栖小型无脊椎动物和有机碎屑等为食。

**分布区域** 印度洋和太平洋的澳大利亚、朝鲜半岛、日本等海域均有分布；我国见于东海和南海。本种在浙江南部海域常见；2019 年 8 月于乐清码头发现。

# 174. 髭缟虾虎鱼

***Tridentiger barbatus* (Günther, 1861)**

标本全长 83 mm

缟虾虎鱼属Genus *Tridentiger* Gill, 1859

**原始记录** *Triaenophorichthys barbatus* Günther, 1861, Catalogue of the fishes in the British Museum Ⅴ. 3: 90 (China).

**同种异名** *Triaenophorichthys barbatus* Günther, 1861

**英 文 名** Shokihaze goby (AFS)

**中文别名** 钟馗虾虎鱼、小鳞钟馗虾虎鱼、髭虾虎鱼、甘仔鱼、老虎头泥鱼

**形态特征** 体粗壮，前部圆筒形，后部略侧扁。鼻孔每侧 2 个，前鼻孔具短管。上下颌各具齿 2 行，犁骨、腭骨和舌上均无齿。唇厚，发达。舌游离，前端圆形。头部具许多触须，穗状排列。体被中大栉鳞，前部鳞较小，后部鳞较大，头部和胸部无鳞，项部和腹部被小圆鳞。无侧线。腹鳍盖膜发达，边缘内凹，左右腹鳍愈合成一吸盘。尾鳍后缘圆形。体灰褐色，体侧常具 5 条宽阔黑褐色横带。

**鉴别要点** a. 背鳍 2 个，分离，相距较远；b. 左右腹鳍愈合成一吸盘；c. 口宽大，前位，斜裂，唇厚，上下颌各具齿 2 行；d. 头部具许多触须；e. 体侧常具 5 条宽阔黑褐色横带。

**生态习性** 近海暖温性底层鱼类，栖息于河口或近海的泥沙质底海域，也可进入淡水；以小型鱼类、幼虾、桡足类、枝角类和水生昆虫等为食。

**分布区域** 太平洋的美国、越南、朝鲜半岛和日本等海域均有分布；我国见于渤海、黄海、东海和南海。本种在浙江南部海域常见，冬季相对较多；主要分布于水深 10 m 以浅海域。

# 175. 孔虾虎鱼

***Trypauchen vagina* (Bloch & Schneider, 1801)**

标本全长 124 mm

孔虾虎鱼属Genus *Trypauchen* Valenciennes, 1837

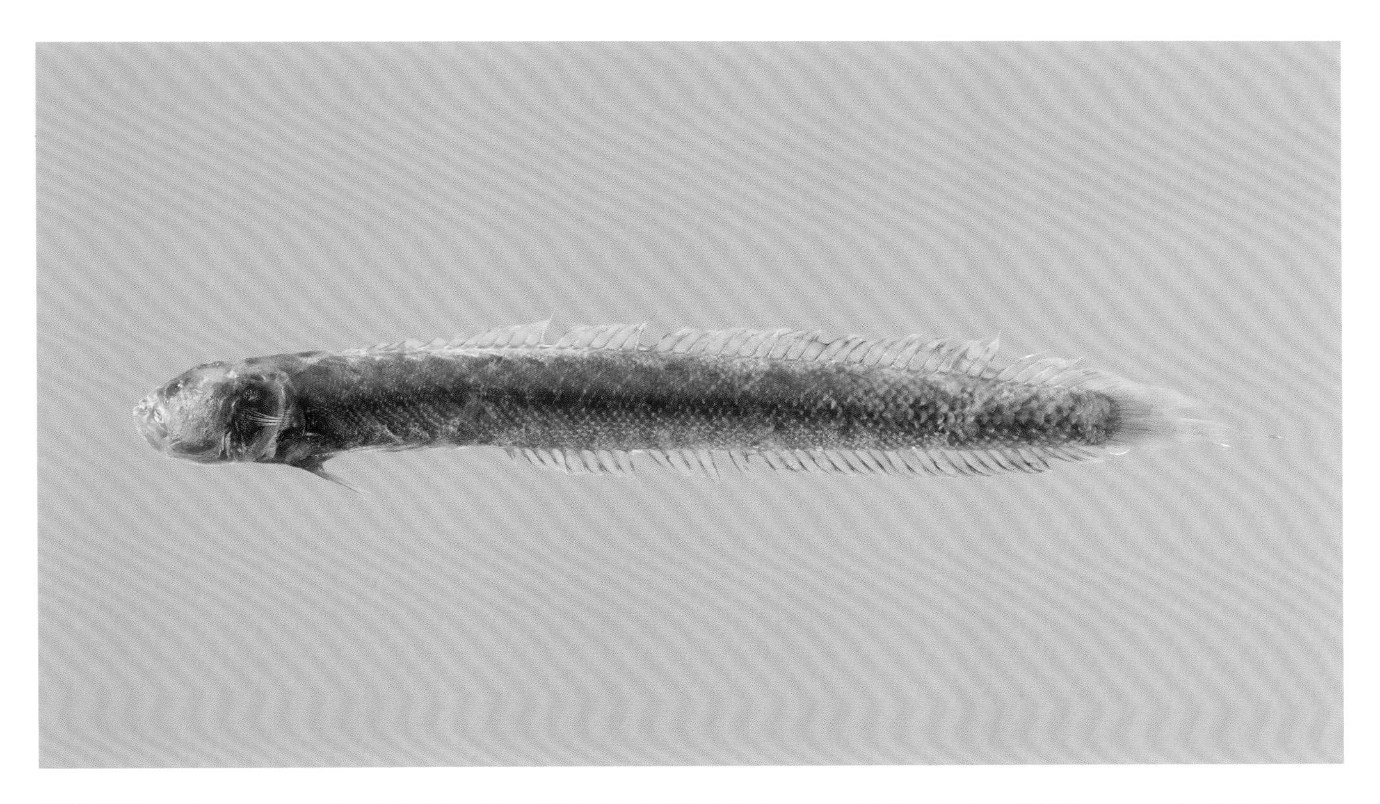

**原始记录** *Gobius vagina* Bloch & Schneider 1801, M. E. Blochii, Systema Ichthyologiae: 73 (Tharangambadi, India).

**同种异名** *Gobius vagina* Bloch & Schneider, 1801；*Gobioides ruber* Hamilton, 1822；*Trypauchen wakae* Jordan & Snyder, 1901

**英 文 名** Burrowing goby (FAO)

**中文别名** 赤鲨、红条、赤鲇

**形态特征** 体延长，侧扁。眼甚小，侧上位，埋于皮下。眼间隔狭窄，中央凸起。鼻孔每侧 2 个，前鼻孔具一细短管。上下颌各具 2~3 行齿，犁骨、腭骨和舌上均无齿。舌大，游离，前端圆形。鳃盖上方具一凹陷，内为盲腔，不与鳃孔相通。体被小圆鳞，头部裸露无鳞，项部、胸部和腹部被小鳞。无侧线。背鳍、臀鳍后部鳍条与尾鳍相连。胸鳍短小。腹鳍狭小，左右腹鳍愈合成一漏斗状吸盘，后缘尖突，完整，无缺刻。尾鳍尖长。体略呈红色或淡紫红色。

**鉴别要点** a. 背鳍连续，背鳍、臀鳍后部鳍条与尾鳍相连；b. 鳃盖上方具一凹陷，眼很小，埋于皮下；c. 左右腹鳍愈合成一漏斗状吸盘，后缘尖突，无缺刻；d. 纵列鳞数 70~85，横列鳞数 20~24。

**生态习性** 近岸暖水性底层鱼类，栖息于咸淡水的泥涂中，穴居，行动缓慢，涨潮时游出穴外；以着生藻类和无脊椎动物等为食。

**分布区域** 印度洋和太平洋的马来西亚、越南、朝鲜半岛、日本等海域均有分布；我国见于东海和南海。本种在浙江南部海域常见，各个季节均有发现，秋季和冬季相对较多；整个海域均有分布。

# 176. 金钱鱼

***Scatophagus argus* (Linnaeus, 1766)**

标本体长 242 mm

金钱鱼科Family Scatophagidae | 金钱鱼属Genus *Scatophagus* Cuvier, 1831

**原始记录** *Chaetodon argus* Linnaeus, 1766, Systema naturae sive regna tria naturae Ⅴ. 1 (pt 1): 464 (India).

**同种异名** *Chaetodon argus* Linnaeus, 1766；*Chaetodon pairatalis* Hamilton, 1822；*Chaetodon atromaculatus* Bennett, 1830；*Scatophagus bougainvillii* Cuvier, 1831；*Scatophagus ornatus* Cuvier, 1831；*Scatophagus purpurascens* Cuvier, 1831；*Sargus maculatus* Gronow, 1854；*Scatophagus argus ocellata* Klunzinger, 1880；*Scatophagus quadratus* De Vis, 1882；*Scatophagus aetatevarians* De Vis, 1884

**英 文 名** Spotted scat (FAO、AFS)；Butterfish (Malaysia)；Tiger butterfish (Australia)；Spadefish (Philippines)；Spotted butter fish (India)；Argus fish (China)

**中文别名** 变身苦、金鼓

**形态特征** 体侧扁而高。上下颌齿呈带状排列，犁骨和腭骨无齿。前鳃盖骨后缘具细锯齿。体被小栉鳞，腹鳍具腋鳞，背鳍和臀鳍鳍条部，以及胸鳍和尾鳍均被细栉鳞。尾鳍截形或双凹形。成鱼体呈褐色，腹缘银白色。体侧具大小不一的椭圆形黑斑，背鳍、臀鳍和尾鳍具黑斑。幼鱼时体侧黑斑多而明显。

**鉴别要点** 体侧具许多大小不一的黑斑（随生长变小）。

**生态习性** 近岸暖水性中下层鱼类，栖息于近海岩礁或海藻丛海域，常进入河口和内湾；以蠕虫、甲壳类、底栖贝类和藻类碎屑等为食。

**分布区域** 印度洋和太平洋的马来西亚、日本、美国、澳大利亚等海域均有分布；我国见于东海和南海。本种在浙江南部海域少见，仅在秋季发现；仅在苍南水深 30 m 处发现；2017—2019 年 11 月于乐清湾码头发现。

# 177. 长鳍篮子鱼

***Siganus canaliculatus* (Park, 1797)**

标本体长 89 mm

篮子鱼科Family Siganidae | 篮子鱼属Genus *Siganus* Fabricius, 1775

**原始记录** *Chaetodon canaliculatus* Park, 1797, The Transactions of the Linnean Society of London Ⅴ. 3 (art. 9): 33 (Bengkulu Province, Sumatra, Indonesia, eastern Indian Ocean).

**同种异名** *Chaetodon canaliculatus* Park, 1797; *Amphacanthus guttatus oramin* Bloch & Schneider, 1801; *Amphacanthus dorsalis* Valenciennes, 1835

**英 文 名** White-spotted spinefoot (FAO、AFS); Pearly spinefoot (Australia); Spinefoot (Malaysia); Seagrass rabbitfish (Micronesia); White spotted rabbit fish (Indonesia); Rabbitfish (China); Net-pattern spinfoot (China)

**中文别名** 黄斑蓝子鱼、长鳍臭肚鱼、网纹臭都鱼、臭肚、象鱼、泥猛

**形态特征** 体长椭圆形，侧扁。鼻孔每侧 2 个，前鼻孔后缘具皮瓣。上下颌各具 1 行细小齿，犁骨、腭骨及舌上均无齿。体被小圆鳞，埋于皮下。背鳍起点前具一向前小棘，背鳍最后鳍棘等于或短于第一鳍棘。体色多变。一般情况下，体黄绿色，腹部浅色。侧线起点下方具一灰黑色圆斑。体侧及颈部具蓝白色斑点 100~200 个。第一背鳍鳍棘和侧线间存在 2~3 行斑点，侧线最高部位和臀鳍第一鳍棘间约有 10 行斑点。

**鉴别要点** a. 背鳍最后鳍棘短于或等于第一鳍棘，背鳍和臀鳍的鳍条部较低，外缘圆弧形；b. 通常侧线起始处下方具一灰黑色圆斑；c. 头侧和体侧具斑点 100~200 个（随鱼尺寸的增加而增加），背鳍前部与侧线间具 2~3 行斑点，通常紧靠侧线下方成行的斑点平均比紧靠背鳍下方成行的斑点大。

**生态习性** 近岸暖水性中下层鱼类，栖息于水深 50 m 以浅的岩礁或海藻丛海域，常进入河口和内湾；以藻类等为食。

**分布区域** 印度洋和太平洋的马来西亚、日本、澳大利亚等海域均有分布；我国见于东海和南海。本种在浙江南部海域常见，夏季相对较多；主要分布于平阳以南海域。

**分类短评** 据马强（2006）基于形态学的研究，长鳍篮子鱼和褐篮子鱼〔*Siganus fuscescens*（Houttuyn, 1782）〕十分相似，易发生误鉴；其认为《南海鱼类志》中黄斑篮子鱼所对应的图 592 应为褐篮子鱼。本书结合 FAO 的资料，亦认为《东海鱼类志》和《南海鱼类志》中的长鳍篮子鱼和褐篮子鱼存在误鉴。

**其　　他** 鳍棘具毒腺。

# 178. 褐篮子鱼

*Siganus fuscescens* (Houttuyn, 1782)

标本体长 122 mm

**原始记录** *Centrogaster fuscescens* Houttuyn, 1782, Verhandelingen der Hollandsche Maatschappij der Wetenschappen, Haarlem Ⅴ. 20 (pt 2): 333 [Japan (Nagasaki, Kyushu) No types known].

**同种异名** *Centrogaster fuscescens* Houttuyn, 1782；*Amphacanthus nebulosus* Quoy & Gaimard, 1825；*Amphacanthus maculosus* Quoy & Gaimard, 1825；*Amphacanthus margaritiferus* Valenciennes, 1835；*Amphacanthus albopunctatus* Temminck & Schlegel, 1845；*Amphacanthus aurantiacus* Temminck & Schlegel, 1845；*Siganus consobrinus* Ogilby, 1912

**英 文 名** Mottled spinefoot (FAO)；Sandy spinefoot (AFS)；Black rabbitfish (Australia)；Dusky rabbitfish (Philippines)；Dusky spinefoot (Korea)；Rabbitfish (China)；Doctor fish (China)

**中文别名** 云斑篮子鱼、褐臭肚鱼、臭肚、黎猛、泥猛

**形态特征** 体长椭圆形，侧扁。鼻孔每侧 2 个，前鼻孔后缘具皮瓣。上下颌各具 1 行细小齿，犁骨、腭骨及舌上均无齿。体被小圆鳞，埋于皮下。背鳍起点前具一向前小棘，背鳍最后鳍棘等于或短于第一鳍棘。体色多变。一般情况下，体上部橄榄绿色或褐色，腹部色浅。侧线起点下方具一灰黑色大斑。头侧和体侧具斑点，斑点较小，圆形，180 个以上。第一背鳍鳍棘与侧线间具 4~6 行斑点，侧线最高部位和臀鳍第一鳍棘基部间具 18~20 行不规则排列的斑点。

**鉴别要点** a. 背鳍最后鳍棘短于或等于第一鳍棘，背鳍和臀鳍的鳍条部较低，外缘圆弧形；b. 通常侧线起始处下方具一灰黑色圆斑；c. 头侧和体侧具斑点 180 个以上（随鱼尺寸的增加而增加），背鳍前半部分基部与侧线间具 4~6 行斑点，紧靠侧线下方成行的斑点与紧靠背鳍下方成行的斑点大小相似。

**生态习性** 近岸暖水性中下层鱼类，栖息于水深 50 m 以浅的岩礁或珊瑚礁海域；以藻类等为食。

**分布区域** 印度洋和太平洋的马来西亚、日本、澳大利亚等海域均有分布；我国见于黄海、东海和南海。本种在浙江南部海域常见，夏季相对较多；主要分布于平阳以南海域。

**其　　他** 鳍棘具毒腺。

# 179. 三棘多板盾尾鱼

***Prionurus scalprum*** **Valenciennes, 1835**

**标本体长 34 mm**

刺尾鱼科Family Acanthuridae | 多板盾尾鱼属Genus *Prionurus* Lacepède, 1804

**原始记录** *Prionurus scalprum* Valenciennes, 1835, Histoire naturelle des poissons Ⅴ. 10: 298 (Nagasaki, Japan).

**同种异名** 无

**英 文 名** Scalpel sawtail (Micronesia)

**中文别名** 多板盾尾鱼、凿刀多板盾尾鱼、锯尾鲷、黑将军、黑猪哥、倒吊

**形态特征** 幼时体呈圆形，随着生长而渐呈椭圆形。尾柄细长，两侧各有 4~5 个黑色盾状骨板，盾板中央具狭长的锐嵴，后 3 个盾板上的锐嵴强大。上下颌各具齿 1 列，齿侧扁而宽，边缘具钝锯齿。除唇部外，体被细小栉鳞。尾鳍近截形或内凹。体呈灰色或近黑色。腹鳍内缘稍黑。尾柄盾板和侧线上的弱小盾板均为黑色。成鱼尾鳍后缘白色，幼鱼时尾柄后半段至整个尾鳍均为白色。

**鉴别要点** a. 尾柄两侧具数个盾状骨板，骨板中央具锐嵴；b. 背鳍鳍棘数 9，臀鳍鳍棘数 3~4，腹鳍鳍条数 5。

**生态习性** 暖水性鱼类，栖息于珊瑚礁或岩礁海域；以藻类和底栖动物等为食。

**分布区域** 西北太平洋的日本和朝鲜半岛等海域均有分布；我国见于东海和南海。本种在浙江南部海域少见；2019 年 9 月于象山码头发现。

# 180. 日本魣

***Sphyraena japonica* Bloch & Schneider, 1801**

标本体长 184 mm

魣科Family Sphyraenidae | 魣属Genus *Sphyraena* Artedi, 1793

**原始记录** *Sphyraena japonica* Bloch & Schneider, 1801, M. E. Blochii, Systema Ichthyologiae: 110 (Japan).

**同种异名** 无

**英 文 名** Japanese barracuda (Viet Nam)

**中文别名** 日本金梭鱼、大眼梭子鱼、尖梭、竹操鱼

**形态特征** 体延长，呈亚圆柱形。上下颌和腭骨均具尖锐且大小不一的犬齿。舌狭长，游离。前鳃盖骨后下角光滑，鳃盖骨后上方具一扁棘。体被小圆鳞。尾鳍深叉形。胸鳍短小，鳍端不达腹鳍。腹鳍腹位。体背部青灰蓝色，腹部白色。尾鳍灰黄色，其余各鳍灰白或淡色。

**鉴别要点** a. 侧线鳞数 100 以上；b. 腹鳍腹位，起点稍后于第一背鳍起点，胸鳍末端不伸达腹鳍基底。

**生态习性** 近海暖温性中上层鱼类，栖息于近岸开放性海域；以小型鱼类和虾类等为食。

**分布区域** 西太平洋的越南、朝鲜半岛和日本等海域均有分布；我国见于东海和南海。本种在浙江南部海域少见，仅在夏季发现；主要分布于水深 40 m 以深海域。

# 181. 油魣

*Sphyraena pinguis* Günther, 1874

标本体长 220 mm

**原始记录** *Sphyraena pinguis* Günther, 1874, Annals and Magazine of Natural History (Series 4) Ⅴ. 13 (no.74) (art. 23): 157 (Yantai, Shantung Province, China, western North Pacific).

**同种异名** 无

**英 文 名** Red barracuda (FAO)；Brown barracuda (Japan)；Little barracuda (Indonesia)

**中文别名** 香梭

**形态特征** 体延长，呈亚圆柱形。上下颌和腭骨均具尖锐且大小不一的犬齿，舌狭长，游离，舌上具绒毛状细齿。体被细小圆鳞，头除颊部、鳃盖骨和下鳃骨被鳞外，其余均裸露。尾鳍深叉形。腹鳍亚胸位，位于胸鳍鳍条后半部下方。体背部暗褐色，腹部银白色。背鳍、胸鳍和尾鳍灰黄色，尾鳍后缘黑色。

**鉴别要点** a. 侧线鳞数 100 以下；b. 腹鳍亚胸位，起点前于第一背鳍起点，胸鳍末端伸越腹鳍基底；c. 体侧具黄褐色纵带 1 条（有时不明显）。

**生态习性** 暖水性中上层鱼类；以小型鱼类、头足类和甲壳类等为食。

**分布区域** 西北太平洋的朝鲜半岛和日本等海域均有分布；我国见于渤海、黄海、东海和南海。本种在浙江南部海域常见，夏季相对较多；主要分布于水深 30 m 以深海域。

# 182. 小带鱼

***Eupleurogrammus muticus* (Gray, 1831)**

**标本全长 320 mm**

带鱼科Family Trichiuridae | 小带鱼属Genus *Eupleurogrammus* Gill, 1862

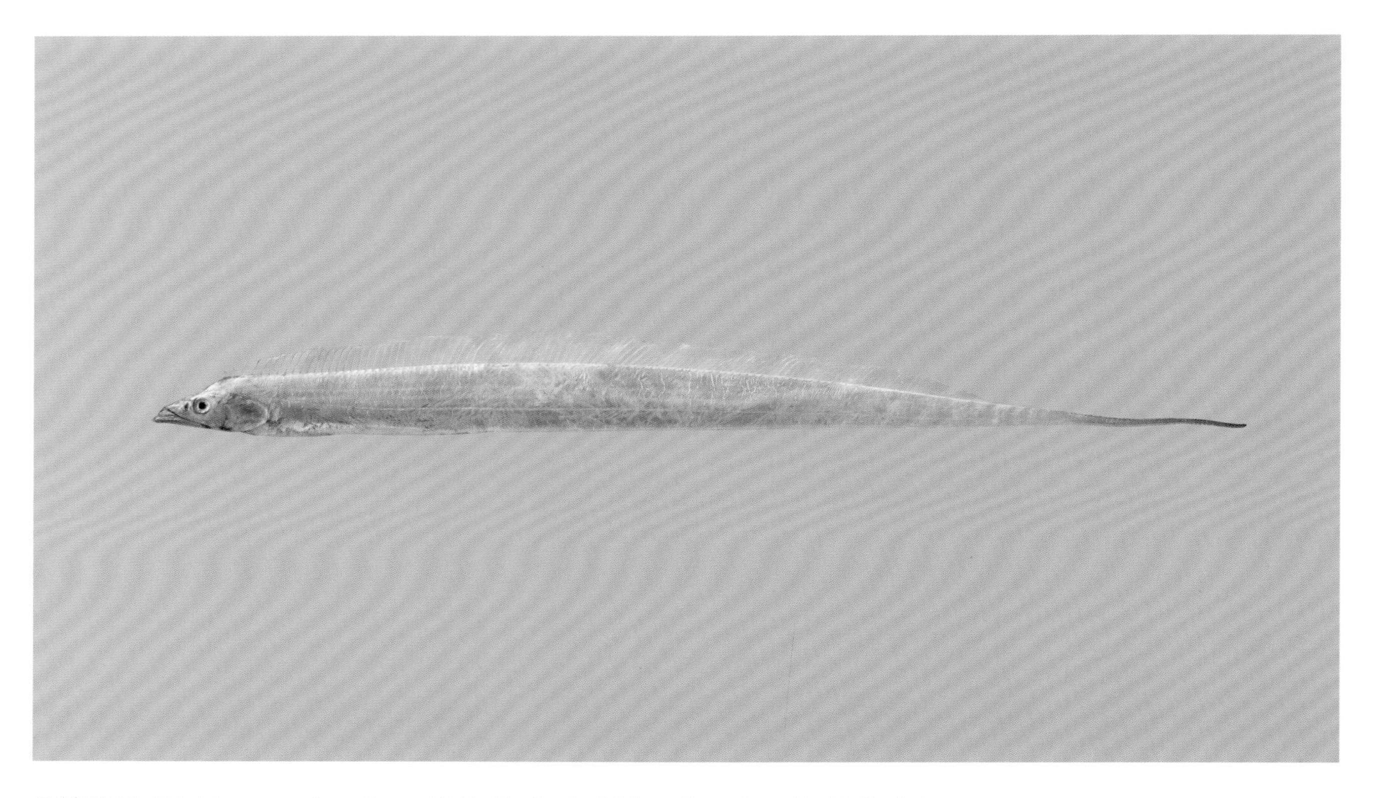

**原始记录** *Trichiurus muticus* Gray, 1831, Zoological Miscellany (no. 1): 10 (India).

**同种异名** *Trichiurus muticus* Gray, 1831

**英 文 名** Smallhead hairtail (FAO)；Malayan hairtail (AFS)；Cutlassfish (Malaysia)；Gray's ribbonfish (India)

**中文别名** 白带鱼

**形态特征** 体延长，侧扁，呈带状。上下颌前端具犬齿，腭骨、犁骨和舌上均无齿。鳞退化。侧线在胸鳍上方不显著下弯，几呈直线状。背鳍沿背缘伸达尾端。臀鳍由分离小棘组成，仅尖端外露。腹鳍退化，具 1 对很小的鳞片状突起。尾鳍消失。体呈银白色。各鳍浅灰色稍带黄绿色，尾鳍黑色。背鳍和胸鳍密布黑色小点。

**鉴别要点** a. 无尾鳍；b. 侧线在胸鳍上方不显著下弯，几呈直线状；c. 上颌大型犬齿不呈钩状，腹鳍呈鳞片状突起；d. 头部背缘笔直。

**生态习性** 近海暖温性中下层鱼类，栖息于近岸浅海和河口咸淡水海域；以小型鱼类、头足类和甲壳类等为食。

**分布区域** 印度洋和太平洋的马来西亚、泰国、朝鲜半岛、日本等海域均有分布；我国见于渤海、黄海、东海和南海。本种在浙江南部海域常见，春季相对较多；整个海域均有分布。

# 183. 沙带鱼

***Lepturacanthus savala* (Cuvier, 1829)** 标本全长 465 mm

沙带鱼属Genus *Lepturacanthus* Fowler, 1905

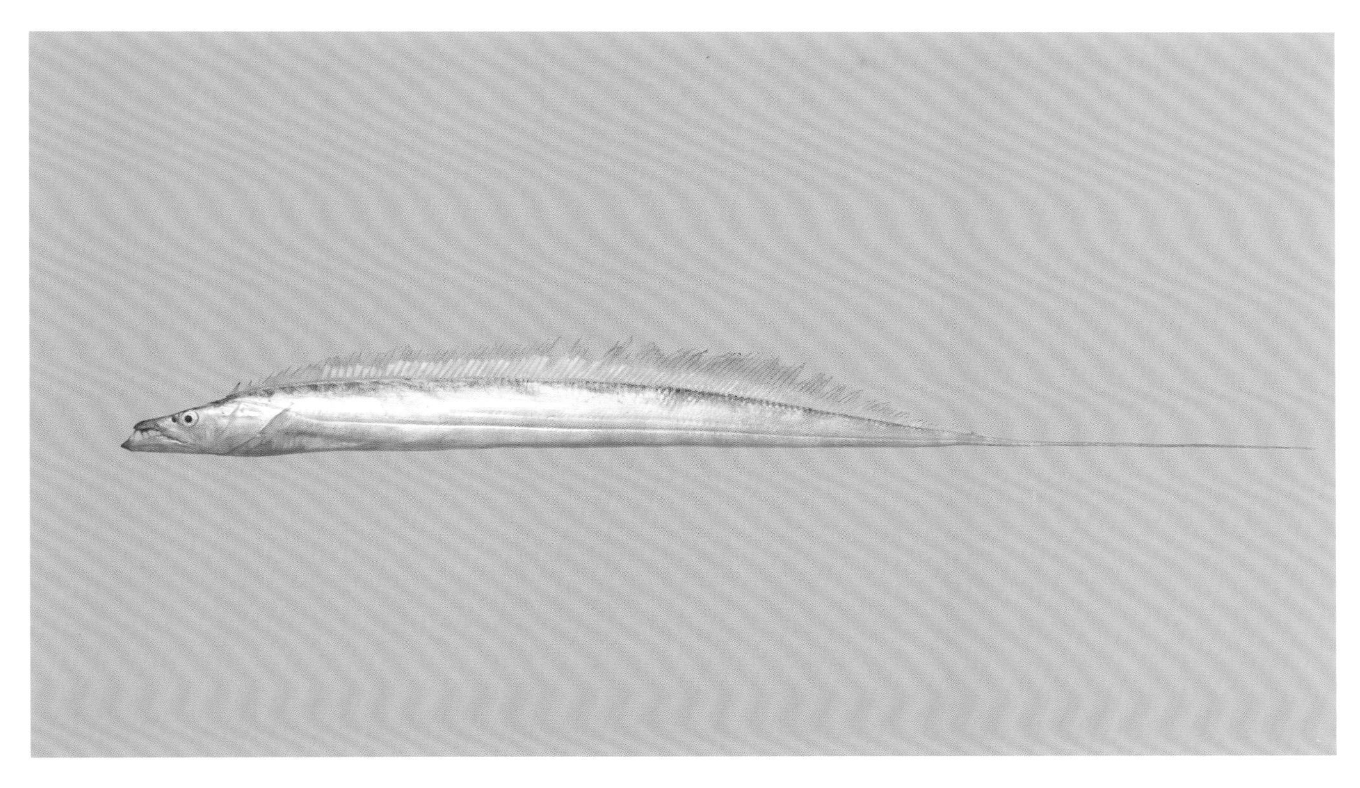

**原始记录** *Trichiurus savala* Cuvier, 1829, Le Règne Animal (Edition 2) Ⅴ. 2: 219 (Puducherry, India).

**同种异名** *Trichiurus savala* Cuvier, 1829；*Trichiurus armatus* Gray, 1831

**英 文 名** Savalai hairtail (FAO)；Smallhead hairtail (AFS)；Hairtail (Indonesia)；Ribbonfish (Malaysia)；Silver ribbon fish (India)；Spiny hairtail (Australia)

**中文别名** 白带鱼

**形态特征** 体甚延长，侧扁，呈带状。尾极长，向后渐变细，末端成细长鞭状。上下颌前端具犬齿。鳞退化。背鳍起始于后头部延伸至尾端。臀鳍完全由分离小棘组成，第一鳍棘发达，长约为眼径的 1/2，其余小棘仅尖端外露。无尾鳍与腹鳍。体银白色，尾部深黑色。背鳍和胸鳍密布黑色小点。

**鉴别要点** a. 无尾鳍；b. 侧线在胸鳍上方显著下弯，上颌前端大型犬齿倒钩状；c. 臀鳍鳍棘不埋于皮下，无腹鳍，臀鳍起点位于背鳍第三十五至第三十六鳍条下方；d. 胸鳍淡黄色，密布黑色小点。

**生态习性** 近海暖水性中下层鱼类，栖息于泥沙或泥质底海域；以鱼类和头足类等为食。

**分布区域** 印度洋和太平洋的马来西亚、澳大利亚、日本等海域均有分布；我国见于东海和南海。本种在浙江南部海域常见，各个季节均有发现，夏季相对较多；整个海域均有分布，冬季和秋季仅分布于水深 30 m 以深海域。

# 184. 狭颅带鱼

*Tentoriceps cristatus* (Klunzinger, 1884)

标本全长 632 mm

狭颅带鱼属Genus *Tentoriceps* Whitley, 1948

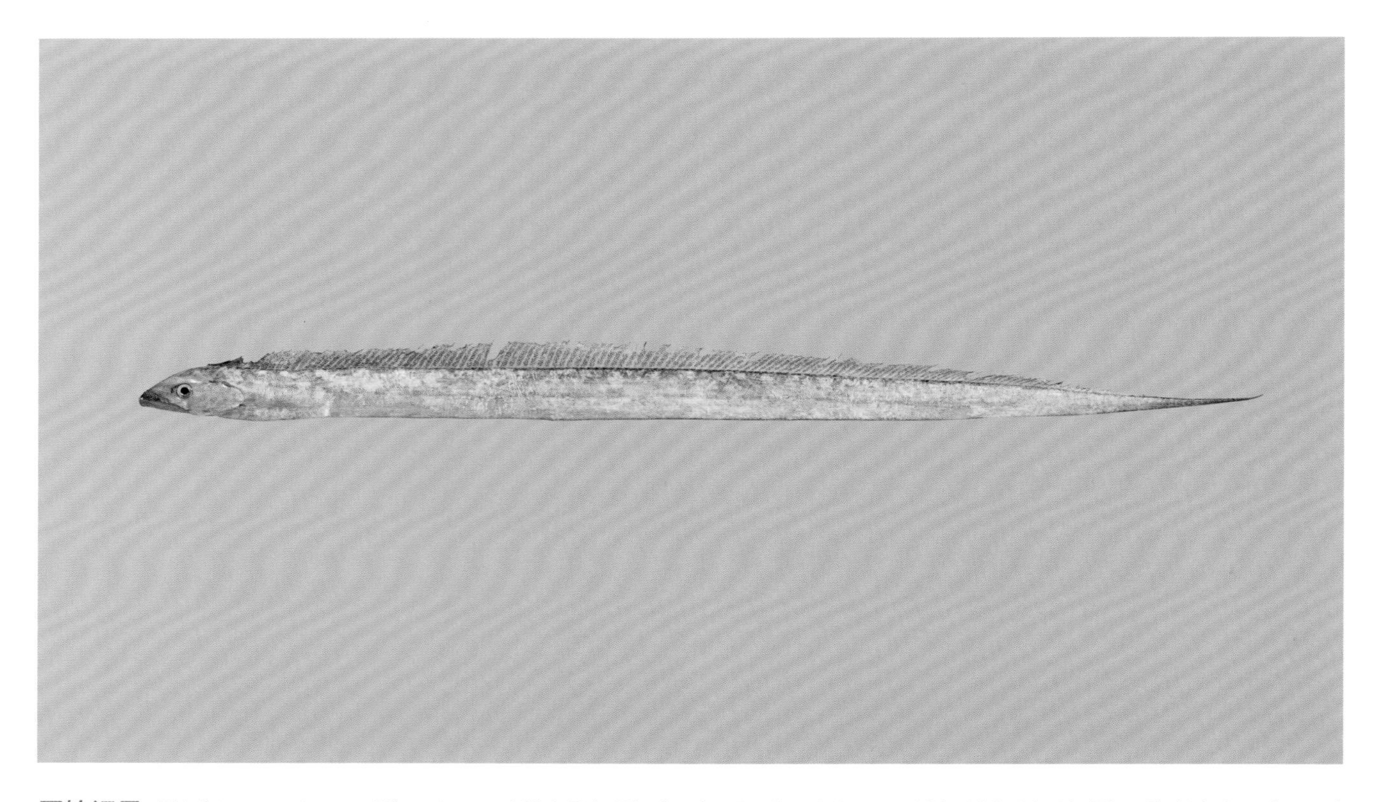

**原始记录** *Trichiurus cristatus* Klunzinger, 1884, Die Fische des Rothen Meeres: 120, 121, Pl. 13 (Fig. 5) (Al-Qusair, Red Sea Governorate, Egypt, Red Sea).

**同种异名** *Trichiurus cristatus* Klunzinger, 1884；*Pseudoxymetopon sinensis* Chu & Wu, 1962

**英 文 名** Crested hairtail (FAO)；Cutlass fish (Malaysia)

**中文别名** 中华拟窄颅带鱼、隆头带鱼

**形态特征** 体甚延长，侧扁，呈带状。头窄长，很侧扁，额骨自上颌后端开始直至眼中部上方形成一扁薄高锐突起。上下颌前端具犬齿，齿先端不具倒钩。腭骨、犁骨和舌上均无齿。鳞退化。背鳍起始于前鳃盖骨上方，延伸至尾端。臀鳍退化，具 2 棘。腹鳍退化，具 1 对鳞片状突起。胸鳍短小。无尾鳍。体银白色，体侧具不规则暗色斑块。背鳍和胸鳍浅灰色，具细小黑点。尾鳍末端暗色。

**鉴别要点** a. 无尾鳍；b. 侧线低平，上颌大型犬齿不呈倒钩状；c. 腹鳍退化，呈鳞片状突起；d. 头很侧扁。

**生态习性** 近海暖温性底层鱼类，栖息于水深 30~110 m 的泥沙质底海域；以小型鱼类、头足类和甲壳类等为食。

**分布区域** 印度洋和太平洋的澳大利亚、日本等海域均有分布；我国见于东海和南海。本种在浙江南部海域少见，仅在夏季发现；主要分布于水深 50 m 以深海域。

# 185. 日本带鱼

***Trichiurus japonicus*** **Temminck & Schlegel, 1844**

标本全长590 mm

带鱼属Genus *Trichiurus* Linnaeus, 1758

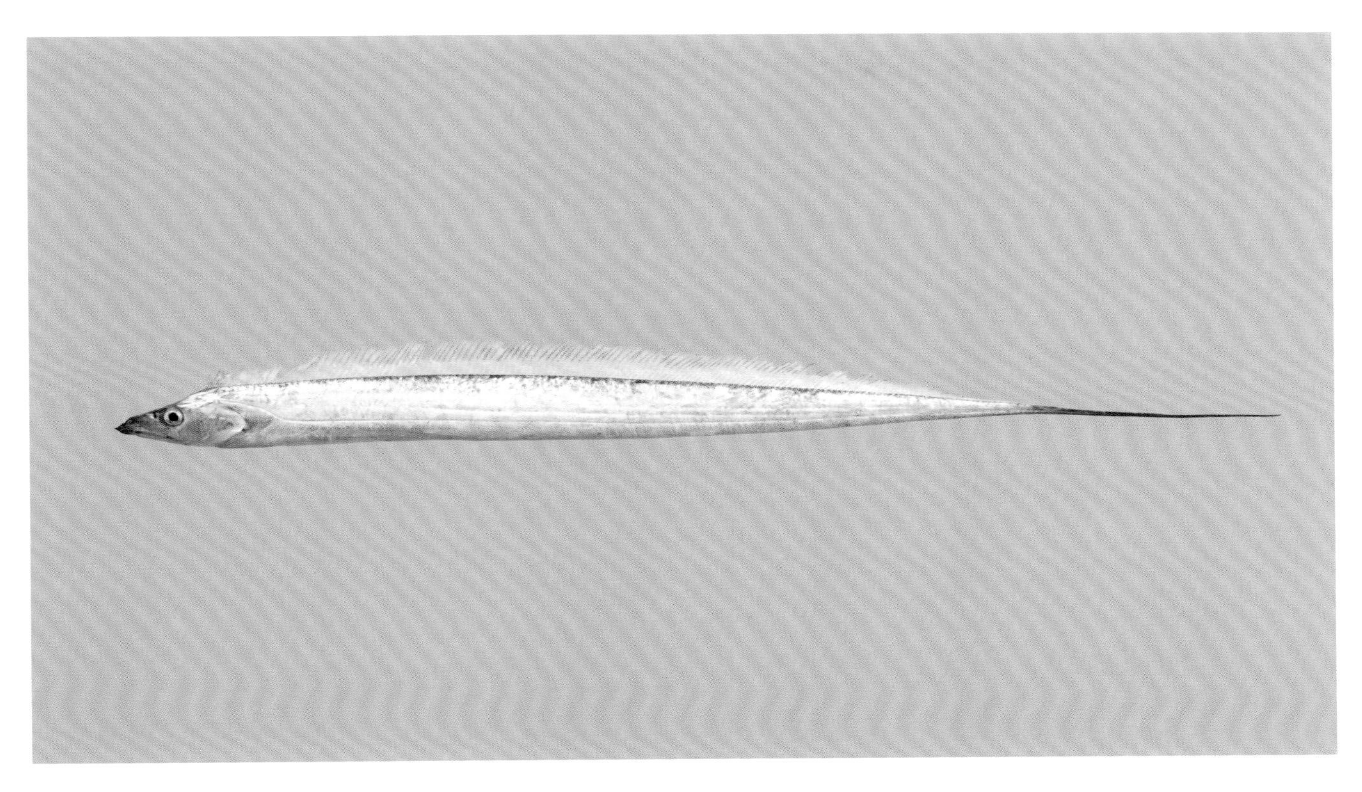

**原始记录** *Trichiurus lepturus japonicus* Temminck & Schlegel, 1844, Pisces, Fauna Japonica Parts. 5~6: 102, Pl.54 (Nagasaki, Japan).

**同种异名** 无

**英 文 名** Hairtail (China)

**中文别名** 带鱼、白带、牙带

**形态特征** 体甚延长，侧扁，呈带状。尾极长，向后渐变细，末端鞭状。上下颌前端具犬齿，上颌犬齿倒钩状。腭骨、犁骨和舌上均无齿。鳞退化。侧线在胸鳍上方显著向下弯曲，而后沿腹缘伸达尾端。背鳍起始于后头部延伸至尾端。臀鳍完全由分离小棘组成，仅尖端外露。胸鳍短，末端可达侧线上方。无尾鳍与腹鳍。体银白色，背鳍和胸鳍浅灰色，尾端呈黑色。

**鉴别要点** a. 无尾鳍；b. 侧线在胸鳍上方显著向下弯曲，上颌大型犬齿呈倒钩状；c. 臀鳍鳍棘埋于皮下，仅尖端外露，无腹鳍。

**生态习性** 近海暖温性中下层鱼类，栖息于水深 110 m 以浅的泥沙质底海域；以鱼类、长尾类、头足类、磷虾类、口足类、端足类和糠虾类等为食。

**分布区域** 西北太平洋的朝鲜半岛和日本等海域均有分布；我国见于渤海、黄海、东海和南海。本种在浙江南部海域常见，各个季节均有发现，夏季和春季相对较多；整个海域均有分布，秋季和冬季仅分布于水深 30 m 以深海域。

**分类短评** 根据吴仁协等（2018）基于分子生物学的研究结果，分布于日本沿海、中国沿海的带鱼应为日本带鱼；但国际上对此仍有不同意见，认为全球只有 1 种带鱼，即 *Trichiurus lepturus* Linnaeus 1758。本文接受了吴仁协等的观点，认为国内带鱼应为日本带鱼。

# 186. 双鳍舵鲣

***Auxis rochei* (Risso, 1810)**

标本体长 260 mm

鲭科Family Scombridae | 舵鲣属Genus *Auxis* Cuvier, 1829

**原始记录** *Scomber rochei* Risso, 1810, Ichthyologie de Nice: 165 (Nice, France, northwestern Mediterranean Sea).

**同种异名** *Scomber rochei* Risso, 1810；*Scomber bisus* Rafinesque, 1810；*Thynnus rocheanus* Risso, 1827；*Auxis vulgaris* Cuvier, 1832；*Auxis thynnoides* Bleeker, 1855；*Auxis ramsayi* Castelnau, 1879；*Auxis maru* Kishinouye, 1915

**英 文 名** Bullet tuna (FAO)；Bullet mackerel (AFS)；Corseletted frigate mackerel (Australia)；Firgate tuna (Philippines)；Long corseletted frigate mackerel (Malaysia)

**中文别名** 圆舵鲣、圆花鲣、竹棍鱼

**形态特征** 体纺锤形，横切面近圆形。尾柄细短，尾柄两侧各具一发达的中央隆起嵴，尾鳍基部两侧另具 2 条小的侧隆起嵴。上下颌各具 1 行细小尖锐齿，犁骨具数小齿，舌上无齿，具 2 片叶状皮瓣。体在胸甲部被圆鳞，其余皆裸露无鳞。胸甲部鳞在胸鳍基部附近较大，沿侧线向后延伸至背鳍第二分离小鳍下方。侧线完全，沿背侧呈波形弯曲延伸，伸达尾鳍基。第二背鳍后具 8 个分离小鳍。臀鳍与第二背鳍同形。胸鳍小。腹鳍间突较大，腹鳍折叠时可收纳于其内。尾鳍新月形。体背侧蓝黑色，腹部浅灰色，体背侧在胸甲后方具不规则虫纹状黑斑。

**鉴别要点** a. 体纺锤形，横切面近圆形；b. 两背鳍相距较远，小鳍 8 个，尾柄两侧具显著隆起嵴；c. 体除胸甲外无鳞，胸甲部鳞沿侧线向后延伸至背鳍后方第二分离小鳍下方。

**生态习性** 近海暖水性表层群游性鱼类，游泳速度快，有时跃出水面；以鱼类、头足类和甲壳类等为食。

**分布区域** 大西洋、印度洋和太平洋的热带、亚热带海域均有分布；我国见于黄海、东海和南海。本种在浙江南部海域少见，仅在春季发现；仅在温岭东侧海域发现。

# 187. 扁舵鲣

*Auxis thazard* (Lacepède, 1800)

标本体长 275 mm

**原始记录** *Scomber thazard* Lacepède, 1800, Histoire naturelle des poissons (Lacepède) Ⅴ. 2: 599 (Kampung Loleba, Wasile District, Halmahera Island, Molucca Islands, Indonesia).

**同种异名** *Scomber thazard* Lacepède, 1800；*Scomber taso* Cuvier, 1832；*Auxis tapeinosoma* Bleeker, 1854；*Auxis hira* Kishinouye, 1915

**英 文 名** Frigate tuna (FAO)；Frigate mackerel (AFS)；Bonito (Malaysia)；Firgate tuna (Philippines)；Leadenall (Australia)

**中文别名** 扁花鲣、炮弹鱼、花烟

**形态特征** 体纺锤形，横切面椭圆形。尾柄细短，尾柄两侧各具一发达的中央隆起嵴，尾鳍基部两侧另具 2 条小的侧隆起嵴。上下颌各具 1 行细小尖锐齿，犁骨具数小齿，舌上无齿，具 2 片叶皮瓣。体在胸甲部被圆鳞，其余皆裸露无鳞。胸甲部鳞在胸鳍基部附近较大，止于胸鳍末端附近，不向后延伸。侧线完全，沿背侧呈波形弯曲延伸，伸达尾鳍基。第二背鳍后具 8 个分离小鳍。臀鳍与第二背鳍同形。胸鳍小。腹鳍间突较大，腹鳍折叠时可收纳于其内。尾鳍新月形。体背侧蓝黑色，腹部浅灰色，体背侧在胸甲后方具不规则虫纹状黑斑。

**鉴别要点** a. 体纺锤形，横切面椭圆形；b. 两背鳍相距较远，小鳍 8 个，尾柄两侧具显著隆起嵴；c. 体除胸甲外无鳞，胸甲部鳞止于胸鳍末端附近，不向后延伸。

**生态习性** 近海暖水性表层群游性鱼类，游泳速度快，有时跃出水面；以鱼类、头足类和甲壳类等为食。

**分布区域** 大西洋、印度洋和太平洋的热带、亚热带海域均有分布；我国见于东海和南海。本种在浙江南部海域少见；2019 年 9 月于象山码头发现。

# 188. 鲔

***Euthynnus affinis* (Cantor, 1849)**

标本体长 330 mm

鲔属Genus *Euthynnus* Lütken, 1883

**原始记录** *Thynnus affinis* Cantor, 1849, Journal of the Asiatic Society of Bengal Ⅴ. 18 (pt 2): 1088 [106] (Malacca Strait, eastern Indian Ocean).

**同种异名** *Thynnus affinis* Cantor, 1849；*Euthynnus yaito* Kishinouye, 1915；*Wanderer wallisi* Whitley, 1937

**英 文 名** Kawakawa (FAO、AFS)；Black skipjack (Malaysia)；Eastern little tuna (Viet Nam)；Jack mackerel (Australia)；Little tuna (India)；Mackerel tuna (Indonesia)；Bonito (China)

**中文别名** 东方鲔、巴鲣、白卜鲔、炮弹鱼、三点仔

**形态特征** 体纺锤形，横切面近圆形。尾柄细短，尾柄两侧各具一发达的中央隆起嵴，尾鳍基部两侧另具 2 条小的侧隆起嵴。上下颌各具 1 行细小尖锥齿，犁骨和腭骨具细齿 1 列，舌无齿。体在胸甲部和侧线前部被圆鳞，其余皆裸露无鳞。第二背鳍后具 8 个小鳍。臀鳍与第二背鳍同形。腹鳍间突前部愈合。尾鳍呈新月形。体背侧深蓝色，有十余条暗色斜带。胸鳍基部与腹鳍基部间的无鳞区域常具 3~4 个黑色圆斑。

**鉴别要点** a. 体纺锤形，横切面近圆形；b. 体除胸甲部外无鳞；c. 第一背鳍前端较高，腹鳍间突前部愈合；d. 胸部无鳞区具数个黑色圆斑。

**生态习性** 大洋性中上层洄游性鱼类，喜栖于水色澄清海域，喜集群，游泳迅速；以鱼类、头足类和甲壳类等为食。

**分布区域** 印度洋和西太平洋的温暖海域均有分布；我国见于东海和南海。本种在浙江南部海域少见；2019 年 9 月于象山码头发现。

# 189. 鲣

***Katsuwonus pelamis* (Linnaeus, 1758)** **标本体长 740 mm**

鲣属Genus *Katsuwonus* Kishinouye, 1915

**原始记录** *Scomber pelamis* Linnaeus, 1758, Systema Naturae, Ed. Ⅹ. 1: 297 (Pelagic, between the tropics).

**同种异名** *Scomber pelamis* Linnaeus, 1758；*Scomber pelamides* Lacepède, 1801；*Thynnus vagans* Lesson, 1829

**英 文 名** Skipjack tuna (FAO、AFS)；Bonito (India)；Club mackerel (Japan)；Skipjack (Australia)；Striped bellied tuna (Indonesia)

**中文别名** 正鲔、正鲣、烟仔虎、炮弹鱼、柴鱼

**形态特征** 体纺锤形，横切面近圆形，幼鱼横切面侧扁。尾柄细短，尾柄两侧各具一发达的中央隆起嵴，尾鳍基部两侧另具 2 条小的侧隆起嵴。上下颌各具 1 行细小尖锥齿，犁骨、腭骨和舌上均无齿。舌中部两侧各具 1 片三角形皮瓣。体在胸甲部被圆鳞，其余皆裸露无鳞。侧线完全。第二背鳍后方具 7~9 个分离小鳍。臀鳍与第二背鳍同形。腹鳍小，具间突。尾鳍新月形。体背紫蓝色，腹部银白，腹侧具 4~5 条黑色纵带，尾鳍后缘白色。

**鉴别要点** a. 体纺锤形，横切面近圆形；b. 体除胸甲部外无鳞；c. 第一背鳍前端较高，腹鳍间具 2 间突；d. 腹侧具 4~5 条黑色纵带，尾鳍后缘白色。

**生态习性** 大洋性鱼类，喜栖于水色澄清海域，喜集群，游泳迅速；以鱼类、甲壳类和头足类等为食。

**分布区域** 大西洋、印度洋和西太平洋的热带、温带海域均有分布；我国见于东海和南海。本种在浙江南部海域少见；2019 年 9 月于象山码头发现。

# 190. 东方狐鲣

***Sarda orientalis* (Temminck & Schlegel, 1844)** 标本体长370 mm

狐鲣属Genus *Sarda* Cuvier, 1829

**原始记录** *Pelamys orientalis* Temminck & Schlegel, 1844, Fauna Japonica Parts 5~6: 99, Pl. 52 (Nagasaki, Nagasaki Prefecture, Japan).

**同种异名** *Pelamys orientalis* Temminck & Schlegel, 1844；*Sarda velox* Meek & Hildebrand, 1923；*Sarda orientalis serventyi* Whitley, 1945

**英 文 名** Striped bonito (FAO、AFS)；Oriental bonito (India)；Indo-Pacific bonito (Malaysia)

**中文别名** 东方齿鰆、梳齿、炮弹鱼、烟仔虎

**形态特征** 体纺锤形，稍侧扁。尾柄细短，尾柄两侧各具一发达的中央隆起嵴，尾鳍基部两侧另具 2 条小的侧隆起嵴。上下颌和腭骨各具强大尖锐齿 1 行，犁骨无齿。舌上无齿，具 2 片不明显叶状皮瓣。体被细小圆鳞，头部无鳞，胸部鳞片较大，形成胸甲，胸甲小，后端不超过胸鳍。第二背鳍后方具 8~9 个分离小鳍。臀鳍与第二背鳍同形。尾鳍新月形。体背侧蓝灰色，具多条暗色纵纹，腹侧浅色。

**鉴别要点** a. 体纺锤形，稍侧扁；b. 体除胸甲部外无鳞；c. 第一背鳍前端较高，腹鳍间突小；d. 体背侧蓝灰色，具多条暗色纵纹。

**生态习性** 大洋性中上层洄游性鱼类，喜栖于水色澄清海域，游泳速度快；以鱼类、头足类和甲壳类等为食。

**分布区域** 印度洋和西太平洋的热带、亚热带海域均有分布；我国见于东海和南海。本种在浙江南部海域少见，仅在春季发现；主要分布于水深 60 m 以深海域。

# 191. 澳洲鲭

**Scomber australasicus Cuvier, 1832**

标本体长 226 mm

鲭属Gemus *Scomber* Linnaeus, 1758

**原始记录** *Scomber australasicus* Cuvier, 1832, Histoire naturelle des poissons Ⅴ. 8: 49 (King George Sound, western Australia, southeastern Indian Ocean).

**同种异名** *Scomber tapeinocephalus* Bleeker, 1854；*Scomber antarcticus* Castelnau, 1872

**英 文 名** Blue mackerel (FAO)；Spotted mackerel (AFS)；Spotted chub mackerel (Australia)；Mackerel (Malaysia)

**中文别名** 狭头鲐、花腹鲭、花飞、青辉、胡麻鲐

**形态特征** 体纺锤形，稍侧扁。尾柄细短，尾鳍基部两侧各具2条小隆起嵴。脂眼睑发达。上下颌各具细齿1列，犁骨、腭骨具齿。体和颊部被细小圆鳞。第二背鳍后方具5个分离小鳍。臀鳍与第二背鳍同形。尾鳍深叉形。体背侧蓝黑色，具深蓝色不规则斑纹，斑纹延伸至侧线下。腹部银白而微带黄色。侧线下方至腹部区域具许多蓝黑色小斑点。

**鉴别要点** a. 体纺锤形，稍侧扁；b. 两背鳍相距较远，背鳍后方具小鳍5个，尾柄两侧中央无隆起嵴；c. 体背侧有虫状纹，并延伸至侧线下；d. 侧线下方具蓝黑色斑点。

**生态习性** 近海中上层鱼类，栖息于水深200 m以浅海域；以浮游甲壳类和小型鱼类等为食。

**分布区域** 印度洋和太平洋的澳大利亚、菲律宾、夏威夷、墨西哥、日本等海域均有分布；我国见于黄海和东海。本种在浙江南部海域少见。

# 192. 日本鲭

***Scomber japonicus*** **Houttuyn, 1782**

标本体长 204 mm

**原始记录** *Scomber japonicus* Houttuyn, 1782, Verhandelingen der Hollandsche Maatschappij der Wetenschappen, Haarlem Ⅴ. 20 (pt 2): 331 (Nagasaki, Nagasaki Prefecture, Japan).

**同种异名** *Scomber saba* Bleeker, 1854；*Scomber janesaba* Bleeker, 1854；*Scomber diego* Ayres, 1856；*Pneumatophorus peruanus* Jordan & Hubbs, 1925

**英 文 名** Chub mackerel (FAO)；Pacific chub mackerel (AFS)；Common mackerel (Australia)；Japan mackerel (Philippines)；Slimy mackerel (China)

**中文别名** 日本鲐、鲐鱼、白腹鲭、青占鱼

**形态特征** 体纺锤形，稍侧扁。尾柄细短，尾鳍基部两侧各具2条小隆起嵴。脂眼睑发达。上下颌各具细齿1列，犁骨、腭骨具齿。体和颊部被细小圆鳞。第二背鳍后方具5个分离小鳍。臀鳍与第二背鳍同形。尾鳍深叉形。体背侧蓝黑色，具深蓝色不规则斑纹，斑纹延伸至侧线下，侧线下方无蓝黑色斑点。腹部银白而微带黄色。

**鉴别要点** a. 体纺锤形，稍侧扁；b. 两背鳍相距较远，背鳍后方具小鳍5个，尾柄两侧中央无隆起嵴；c. 体背侧有虫状纹，并延伸至侧线下；d. 侧线下方无蓝黑色斑点。

**生态习性** 近海中上层鱼类，栖息于水深300 m以浅海域；以浮游甲壳类、软体动物和小型鱼类等为食。

**分布区域** 印度洋和太平洋的亚热带、温带海域均有分布；我国见于渤海、黄海、东海和南海。本种在浙江南部海域常见，各个季节均有发现，春季相对较多；整个海域均有分布。

# 193. 朝鲜马鲛

**Scomberomorus koreanus (Kishinouye, 1915)**

标本体长 255 mm

马鲛属Genus *Scomberomorus* Lacepède, 1801

**原始记录** *Cybium koreanum* Kishinouye, 1915, Suisan Gakkai Ho Ⅴ. 1 (no.1): 11 (6), Pl. 1 (Fig. 6) (YojiroWakiya, western coast of Korea).

**同种异名** *Cybium koreanum* Kishinouye, 1915

**英 文 名** Korean seerfish (FAO、AFS)

**中文别名** 朝鲜鲅、高丽马加䲠、马鲛、破北

**形态特征** 体延长，侧扁。体高显著大于头长。尾柄细，尾鳍基部两侧各具 3 条隆起嵴，中央嵴长而高。上下颌各具齿 1 列，齿强大，侧扁而尖锐，三角形。腭骨具细粒状齿带。体被细小圆鳞，侧线鳞较大，腹部大部分裸露无鳞。第二背鳍后方具 7~9 个分离小鳍。臀鳍与第二背鳍同形。尾鳍深叉形。体背侧蓝灰色，腹部银白色，体侧具 2~3 列黑斑。第一背鳍黑色，余鳍灰黑或灰色。

**鉴别要点** a. 体延长而侧扁，两颌齿三角形，强大侧扁；b. 第一背鳍鳍棘数 14~18，胸鳍末端尖形，腹鳍小；c. 体侧中央散具不规则黑斑，侧线在胸鳍后方缓慢下降；d. 头长显著小于体高，襻肠有 4 个盘曲。

**生态习性** 近海暖水性中下层鱼类，栖息于近海大陆架海域，有时会出现于岩岸陡坡水域，甚至河口区域；以甲壳类和小型鱼类等为食。

**分布区域** 印度洋和太平洋的印度尼西亚、朝鲜半岛、日本等海域均有分布；我国见于黄海、东海和南海。本种在浙江南部海域少见，仅在秋季发现；仅在苍南水深 40 m 处发现。

# 194. 蓝点马鲛

***Scomberomorus niphonius* (Cuvier, 1832)**

标本体长 395 mm

**原始记录** *Cybium niphonium* Cuvier, 1832, Histoire naturelle des poissons Ⅴ. 8: 180 (Japan).

**同种异名** *Cybium niphonium* Cuvier, 1832；*Cybium gracile* Cuvier, 1832

**英 文 名** Japanese Spanish mackerel (FAO)；Japanese seerfish (AFS)；Spotted mackerel (Japan)；Spotted Spanish mackerel (Australia)

**中文别名** 日本马加鰆、鲅鱼、尖头马加、正马加

**形态特征** 体延长而侧扁。体高小于头长。尾柄细，尾鳍基部两侧各具 3 条隆起嵴，中央嵴长而高。上下颌各具齿 1 列，齿强大，侧扁而尖锐，三角形。腭骨具细粒状齿带，舌上无齿。体被细小圆鳞，侧线鳞较大，腹部大部分裸露无鳞。第二背鳍后具 8~9 个分离小鳍。臀鳍与第二背鳍同形。尾鳍深叉形。体背侧蓝黑色，腹部银白色，体侧有 8~9 列纵向排列的黑色斑点。第一背鳍黑色，余鳍灰黑或灰色。

**鉴别要点** a. 体延长而侧扁，体高小于头长；b. 两颌齿三角形，强大侧扁；c. 第一背鳍鳍棘数 19~21，胸鳍末端尖形，腹鳍小；d. 体侧中央有数列黑色圆斑，侧线在胸鳍后方缓慢下降。

**生态习性** 近海暖温性中下层鱼类，栖息于近海大陆架海域，有时会出现于岩岸陡坡水域，甚至河口区域；以甲壳类和小型鱼类等为食。

**分布区域** 西北太平洋的朝鲜半岛和日本等海域均有分布；我国见于渤海、黄海、东海和南海。本种在浙江南部海域常见，各个季节均有发现，秋季相对较多；主要分布于水深 30 m 以深海域。

# 195. 黄鳍金枪鱼

***Thunnus albacares* (Bonnaterre, 1788)**

标本体长 350 mm

金枪鱼属Genus *Thunnus* South, 1845

**原始记录** *Scomber albacares* Bonnaterre, 1788, Tableau encyclopédique et méthodique des trois règnes de la nature... Ichthyologie: 140 (Jamaica, Caribbean Sea).

**同种异名** *Scomber albacares* Bonnaterre, 1788；*Scomber albacorus* Lacepède, 1800；*Thynnus argentivittatus* Cuvier, 1832；*Scomber sloanei* Cuvier, 1832；*Thynnus albacora* Lowe, 1839；*Thynnus macropterus* Temminck & Schlegel, 1844；*Orcynus subulatus* Poey, 1875；*Thunnus allisoni* Mowbray, 1920；*Neothunnus itosibi* Jordan & Evermann, 1926；*Neothunnus catalinae* Jordan & Evermann, 1926；*Kishinoella zacalles* Jordan & Evermann, 1926；*Semathunnus guildi* Fowler, 1933；*Neothunnus albacora f. longipinna* Bellón & Bardán de Bellón, 1949

**英 文 名** Yellowfin tuna (FAO、AFS)；Allison tuna (Australia)

**中文别名** 黄鳍鲔、金枪鱼、黄鳍串、串仔

**形态特征** 体纺锤形。尾柄细，尾柄两侧各具一发达的中央隆起嵴，尾鳍基部两侧另具 2 条小的侧隆起嵴。上下颌各具细小尖齿 1 列。体被细小圆鳞，头部无鳞，胸部鳞片特大，形成胸甲。第二背鳍后方具 8~10 个分离小鳍。臀鳍与第二背鳍同形，随年龄增长而加长。胸鳍较长，幼时延伸至第二背鳍基底中部下方，成鱼则延伸至第二背鳍起点下方。尾鳍新月形。体背侧蓝黑色，腹部银白色。体侧有银白色点和横带。第二背鳍、臀鳍和小鳍均为黄色，余鳍灰色或灰黑。

**鉴别要点** a. 体纺锤形，尾柄细，鳃耙数 26~34；b. 体被细小圆鳞，胸部鳞大，形成胸甲；c. 胸鳍延长，伸达第二背鳍起点或中部，幼体胸鳍末端圆钝，成体尖锐；d. 两背鳍相距较近，成鱼第二背鳍和臀鳍延长；e. 体侧有银白色点和横带，第二背鳍、臀鳍和小鳍黄色；f. 肝脏三叶，右叶甚长于左叶或中叶，肝腹面光滑，无辐射纹。

**生态习性** 大洋性中上层鱼类，具高度洄游特性，喜集群；以鱼类、甲壳类和头足类等为食。

**分布区域** 大西洋、印度洋和太平洋的热带、亚热带海域均有分布；我国见于东海和南海。本种在浙江南部海域少见；2019 年 9 月于象山码头发现。

# 196. 青干金枪鱼

*Thunnus tonggol* (Bleeker, 1851)

标本体长 575 mm

**原始记录** *Thynnus tonggol* Bleeker, 1851, Natuurkundig Tijdschrift voor Nederlandsch Indië Ⅴ. 1 (no. 4): 356 (Jakarta, Java, Indonesia).

**同种异名** *Thynnus tonggol* Bleeker, 1851；*Thunnus rarus* Kishinouye, 1915；*Thunnus nicolsoni* Whitley, 1936

**英 文 名** Longtail tuna (FAO、AFS)；Blue fin tuna (India)；Bonito (Malaysia)；Northern Bluefin (Australia)

**中文别名** 长腰鲔、小黄鳍鲔、金枪鱼、串仔

**形态特征** 体纺锤形。尾柄细长，尾柄两侧各具一发达的中央隆起嵴，尾鳍基部两侧另具 2 条小的侧隆起嵴。上下颌各具细小尖齿 1 列，犁骨和腭骨具细小牙带，舌上无齿。体被细小圆鳞，头部无鳞，胸部鳞片大，形成胸甲。第二背鳍后方具 8~9 个分离小鳍。臀鳍与第二背鳍同形。胸鳍较长，延伸至第二背鳍起点下方。尾鳍新月形。体背侧蓝黑色，腹部银白色。体侧胸、腹部具白色椭圆形斑纹，有时连续呈带状。背鳍、胸鳍和腹鳍灰黑色，小鳍均为黄色而带灰黑色缘，尾鳍灰黑而带黄绿色光泽。

**鉴别要点** a. 体纺锤形，尾柄细长；b. 两背鳍相距较近，体被细小圆鳞，胸部鳞大，形成胸甲；c. 胸鳍较长，伸达第二背鳍起点下方；d. 体侧胸、腹部具白色椭圆形斑纹，有时连续呈带状；e. 肝脏腹面无辐射纹。

**生态习性** 大洋性中上层鱼类，喜集群；以鱼类、甲壳类和头足类等为食。

**分布区域** 印度洋和太平洋的澳大利亚、马来西亚、日本等海域均有分布；我国见于东海和南海。本种在浙江南部海域少见；2019 年 9 月于象山码头发现。

# 197. 刺鲳

***Psenopsis anomala*** **(Temminck & Schlegel, 1844)** 标本体长 106 mm

长鲳科Family Centrolophidae | 刺鲳属Genus *Psenopsis* Gill, 1862

**原始记录** *Trachinotus anomalus* Temminck & Schlegel, 1844, Fauna Japonica Parts 5~6: 107, Pl. 57 (Fig. 2) (Nagasaki, Nagasaki Prefecture, Kyūshū, Japan, western North Pacific).

**同种异名** *Trachinotus anomalus* Temminck & Schlegel, 1844

**英 文 名** Pacific rudderfish (FAO)；Japanese butterfish (Viet Nam)；Melon seed (Malaysia)

**中文别名** 肉鲳、肉鱼、土肉

**形态特征** 体呈卵圆形，侧扁。上下颌各具微细齿 1 行，犁骨、腭骨和舌上均无齿。前鳃盖骨边缘平滑，鳃盖骨无棘。鳞被薄圆鳞，极易脱落。背鳍、臀鳍和尾鳍基底被细鳞。背鳍基底长，具极为短小的分离鳍棘 6~7 根，鳍条数 27~33。臀鳍与背鳍鳍条部同形。尾鳍叉形。体背部青灰色，腹部色较浅，幼鱼则呈淡褐或黑褐色。鳃盖后上角有一模糊黑斑。各鳍浅灰色。

**鉴别要点** a. 体卵圆形，侧扁，头部裸露无鳞；b. 鳃盖后上角具一模糊黑斑；c. 背鳍鳍棘短，分离。

**生态习性** 近海暖温性中下层鱼类，栖息于水深 45~120 m 泥沙质底的海域，常在水母触须下游泳；以水母、浮游甲壳类、小型鱼类和底栖硅藻等为食。

**分布区域** 西北太平洋的朝鲜半岛和日本等海域均有分布；我国见于黄海、东海和南海。本种在浙江南部海域常见，各个季节均有发现，夏季相对较多；整个海域均有分布，主要分布于水深 30 m 以深海域。

# 198. 水母玉鲳

***Psenes arafurensis* Günther, 1889**

标本体长 145 mm

双鳍鲳科Family Nomeidae | 玉鲳属Genus *Psenes* Valenciennes, 1833

**原始记录** *Psenes arafurensis* Günther, 1889, Report on the Scientific Results of the Voyage of H. M. S.Challenger Ⅴ. 31 (pt 78): 13, Pl. 2 (Fig. G) (Arafura Sea, western Pacific, surface net).

**同种异名** *Psenes benardi* Rossignol & Blache, 1961

**英 文 名** Banded driftfish (Australia)；Arafura driftfish (Japan)

**中文别名** 贝氏玉鲳

**形态特征** 体卵圆形，侧扁。尾柄短而侧扁。上下颌齿细小，犁骨和腭骨无齿。体被圆鳞，极易脱落。第二背鳍、臀鳍和尾鳍基底被小鳞，头背鳞区可超越眼间隔。背鳍 2 个，臀鳍与第二背鳍同形。胸鳍宽长，尾鳍深叉形，尾鳍上叶略长。成鱼体黑色，具金属光泽。幼鱼体背暗褐色，侧腹色淡，散布黄褐色斑。背鳍、臀鳍灰黑色，尾鳍浅灰色。

**鉴别要点** a. 体被圆鳞，极易脱落；b. 头部背面有鳞区达到或超过眼间隔，在头部背面有鳞区的两侧有直达鳃盖上端的无鳞区；c. 背鳍鳍条数 19~21，臀鳍鳍条数 20~21，侧线鳞数 44~48。

**生态习性** 暖水性底层鱼类，栖息于大陆架泥沙质底的海域，幼体与水母共栖。

**分布区域** 大西洋、印度洋和太平洋的热带海域均有分布；我国见于东海和南海。本种在浙江南部海域少见，仅在春季发现；在临海东侧水深 40~50 m 处发现。

# 199. 印度无齿鲳

***Ariomma indicum* (Day, 1871)**

标本体长 108 mm

无齿鲳科Family Ariommatidae | 无齿鲳属Genus *Ariomma* Jordan & Snyder, 1904

**原始记录** *Cubiceps indicus* Day, 1871, Proceedings of the Zoological Society of London 1870 (pt 3): 690 (14) (Madras, India).

**同种异名** *Cubiceps indicus* Day, 1871；*Psenes africanus* Gilchrist & von Bonde, 1923；*Cubiceps dollfusi* Chabanaud, 1930；*Psenes extraneus* Herre, 1951

**英 文 名** Indian driftfish (FAO、AFS)；Butterfish (Malaysia)；Indian ariomma (Australia)；Forktail (China)

**中文别名** 无齿鲳、印度玉鲳、陶氏无齿鲳、非洲玉鲳、印度双鳍鲳、叉尾鲳

**形态特征** 体卵圆形，侧扁。头中大，侧扁而高，背缘圆凸，两侧平坦。吻短而钝。上下颌各具 1 行排列稀疏的细齿，犁骨、腭骨和舌上均无齿。前鳃盖骨边缘光滑，鳃盖骨无棘。体被细薄圆鳞，易脱落，头部无鳞。背鳍 2 个，第一背鳍鳍棘弱，第二鳍棘最长，其余鳍棘向后依次渐短。臀鳍与第二背鳍同形，第三鳍棘最长。腹鳍短小，可收入腹沟中。尾鳍深叉形。体银灰色，背部色较深，腹部浅色。各鳍浅色。

**鉴别要点** a. 体卵圆形而侧扁，头背缘圆凸，两侧平坦，吻短而钝；b. 背鳍 2 个，犁骨、腭骨无齿。

**生态习性** 近海暖水性中下层鱼类，栖息于浅海、河口咸淡水沙泥质底的海域；以浮游动物等为食。

**分布区域** 印度洋和太平洋的马来西亚、日本等海域均有分布；我国见于东海和南海。本种在浙江南部海域少见。

# 200. 中国鲳

***Pampus chinensis* (Euphrasen, 1788)**

标本体长 196 mm

鲳科Family Stromateidae | 鲳属Genus *Pampus* Bonaparte, 1834

**原始记录** *Stromateus chinensis* Euphrasen, 1788, Kongliga Vetenskaps Akademiens Handlingar, Stockholm Ⅴ. 9 (for 1788): 54 [Castellum Chinense Bocca Tigris (Fort Boca Tigris), Humen, Zhujiang kou (mouth of the Pearl River), Guangdong Province, China].

**同种异名** *Stromateus chinensis* Euphrasen, 1788

**英 文 名** Chinese silver pomfret (FAO)；Butterfish (Malaysia)；Chinese pomfret (India)

**中文别名** 斗鲳

**形态特征** 体几近菱形，侧扁。吻短而钝圆。上下颌各具细小齿 1 行，犁骨、腭骨和舌上均无齿。体被细小圆鳞，极易脱落。背鳍鳍棘数 5~6，鳍条数 41~46；臀鳍鳍棘数 4~6、鳍条数 40~41；幼鱼时背鳍和臀鳍鳍棘较明显，成鱼时埋于皮下。背椎骨数 30~33。背鳍和臀鳍鳍条部后缘在同一垂直线上。胸鳍宽大。无腹鳍。尾鳍较短，浅分叉，上下叶几乎相等。侧线完整。体背暗灰色，腹部灰色，各鳍灰褐色。

**鉴别要点** a. 横枕管腹分支丛（位于头后侧线下方）明显长于背分支丛（位于头后侧线上方）；b. 体近菱形，吻短而钝圆，成鱼尾鳍较短，成鱼背鳍和臀鳍后缘浅凹（幼鱼背鳍和臀鳍后缘截形）。

**生态习性** 近海暖水性中下层鱼类，栖息于沙泥质底的海域；以水母、浮游动物和小型底栖动物等为食。

**分布区域** 印度洋和太平洋的印度尼西亚、日本等海域均有分布；我国见于东海和南海。本种在浙江南部海域少见，春季相对较多；整个海域均有分布。

# 201. 镰鲳

*Pampus echinogaster* (Basilewsky, 1855)

标本体长 159 mm

**原始记录** *Stromateus echinogaster* Basilewsky, 1855, Nouveaux mémoires de la Société impériale des naturalistes de Moscou Ⅴ. 10: 223 [(Gulf of Chihli (Bohai), Beijing, China)].

**同种异名** *Stromateus echinogaster* Basilewsky, 1855

**英 文 名** 无

**中文别名** 银鲳、白鲳

**形态特征** 体卵圆形，侧扁。上下颌各具 1 行细齿，犁骨、腭骨和舌上均无齿。背鳍鳍棘数 8~11，鳍条数 43~51；臀鳍鳍棘数 5~8，鳍条数 43~49；幼鱼时背鳍和臀鳍鳍棘较明显，成鱼时埋于皮下。脊椎骨数 39~41。体被细小圆鳞，易脱落。背鳍前方鳍条延长，后缘内凹，臀鳍与背鳍同形。胸鳍大。无腹鳍。尾鳍深叉形，下叶长于上叶。体背侧青灰色，腹部银白色。背鳍和臀鳍前部深灰色，后部浅灰色。尾鳍浅灰色。胸鳍灰色并带有些许黑色小斑点。

**鉴别要点** a. 横枕管腹分支丛明显短于背分支丛；b. 横枕管腹分支丛不超过胸鳍基底，鳃耙细长（鳃耙数 15~20），脊椎骨数 39~41。

**生态习性** 近海冷温性中下层鱼类，栖息于沙泥质底的海域；以水母、浮游动物和底栖动物等为食。

**分布区域** 西北太平洋的朝鲜半岛、日本和俄罗斯等海域均有分布；我国见于渤海、黄海、东海和南海。本种在浙江南部海域常见，各个季节均有发现，夏季相对较多；整个海域均有分布，秋季和冬季仅分布于水深 30 m 以深海域。

# 202. 镜鲳

***Pampus minor* Liu & Li, 1998**

标本体长 81 mm

**原始记录** *Pampus minor* Liu & Li, 1998, Chinese Journal of Oceanology and Limnology Ⅴ. 16 (no. 3): 280, Fig. 1 (a~c) (Zhapo, Guangdong Province, China).

**同种异名** 无

**英 文 名** Southern lesser pomfret (China)

**中文别名** 珍鲳

**形态特征** 体近菱形，侧扁。上下颌各具 1 行细齿，犁骨、腭骨和舌上均无齿。背鳍鳍棘数 7~9，鳍条数 34~39；臀鳍鳍棘数 5~7，鳍条数 35~39；成鱼时背鳍鳍棘仍存在，臀鳍鳍棘幼鱼时较明显，成鱼时不显著。脊椎骨数 29~31。体被细小圆鳞，易脱落。无腹鳍。尾鳍深叉，下叶丝状延长（成鱼变短）。体背侧青灰色，腹侧银白色。胸鳍浅灰色，背鳍、臀鳍和尾鳍呈深灰色，边缘黑色。幼鱼常全身覆盖黑色小圆点，成体时消失。

**鉴别要点** a. 横枕管腹分支丛与背分支丛约等长；b. 横枕管背分支丛无缺刻，鳃耙细长（鳃耙数 11~14），脊椎骨数 29~31。

**生态习性** 近海冷温性中下层鱼类，栖息于沙泥质底海域；以水母、浮游动物和小型底栖动物等为食。

**分布区域** 西北太平洋的朝鲜半岛和日本等海域均有分布；我国见于黄海、东海和南海。本种在浙江南部海域少见，夏季相对较多；主要分布于南麂列岛以南水深 20~30 m 海域。

# 203. 北鲳

***Pampus punctatissimus*** **(Temminck & Schlegel, 1845)**

标本体长 280 mm

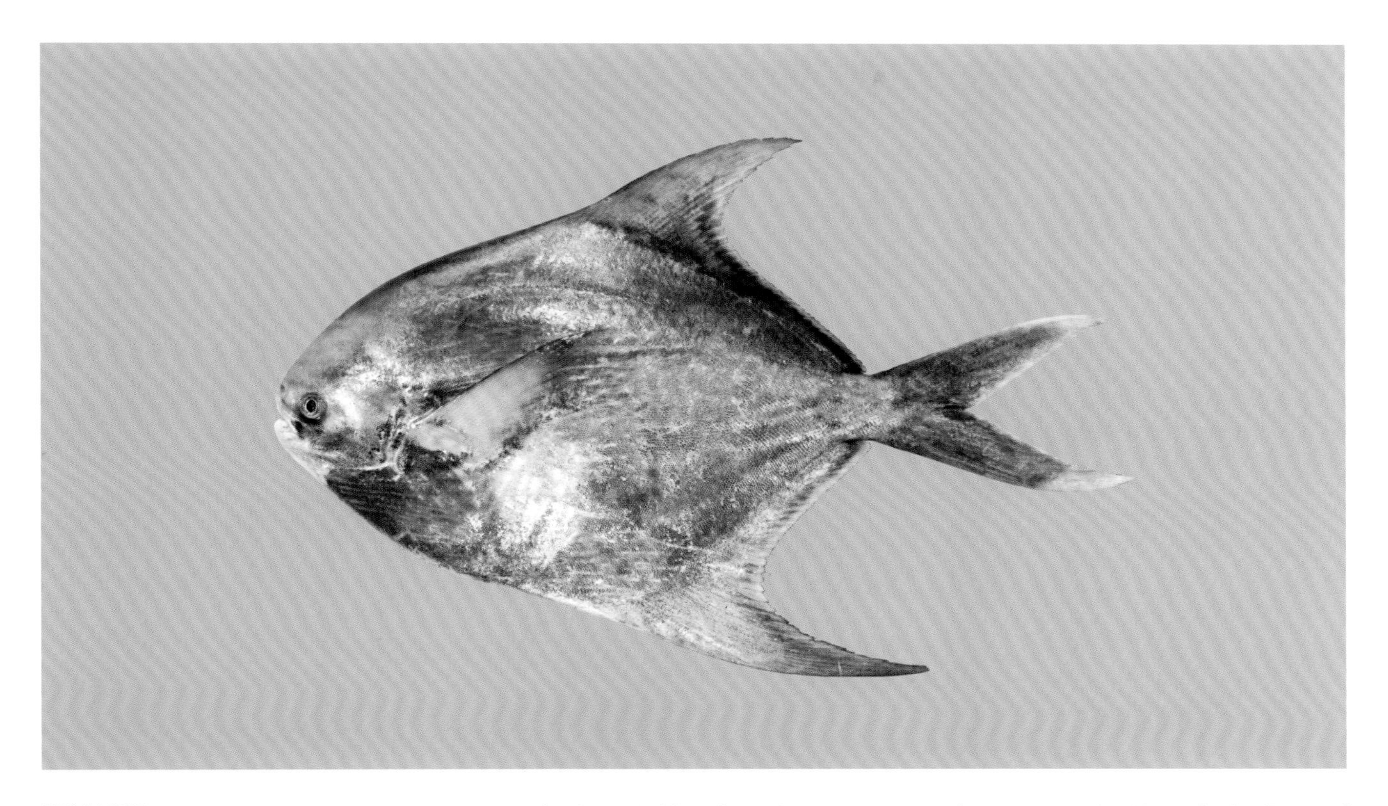

**原始记录** *Stromateus punctatissimus* Temminck & Schlegel, 1845, Fauna Japonica Parts 7~9: 121, Pl. 65 (Bay of Nagasaki, Japan).

**同种异名** *Stromateus punctatissimus* Temminck & Schlegel, 1845

**英 文 名** 无

**中文别名** 翎鲳、燕尾鲳

**形态特征** 体卵圆形，侧扁。上下颌各具 1 行细齿，犁骨、腭骨和舌上均无齿。背鳍鳍棘数 5~7，鳍条数 39~48；臀鳍鳍棘数 5~7，鳍条数 32~42；幼鱼时背鳍和臀鳍鳍棘较明显，成鱼时埋于皮下。脊椎骨数 33~35。体被细小圆鳞，易脱落。背鳍前方鳍条延长，镰形，不伸达尾鳍基。臀鳍前方鳍条延长，镰形。无腹鳍。尾鳍深叉形，下叶稍长。体背侧青灰色，腹侧银白色。多数鳞片上具微小黑点。各鳍具有色素沉淀，某些时期各鳍边缘呈黑色。

**鉴别要点** a. 横枕管腹分支丛几达背鳍起点下方；b. 横枕管背分支丛无缺刻，鳃耙细长（鳃耙数 11~14），脊椎骨数 29~31。

**生态习性** 近海暖温性中下层鱼类，栖息于沙泥质底的海域；以水母、浮游动物、底栖动物和仔稚鱼等为食。

**分布区域** 西北太平洋的日本南部海域有分布；我国见于黄海、东海和南海。本种在浙江南部海域少见。

# 204. 牙鲆

***Paralichthys olivaceus* (Temminck & Schlegel, 1846)**

标本全长254 mm

鲽形目Order Pleuronectiformes | 牙鲆科Family Paralichthyidae | 牙鲆属Genus *Paralichthys* Girard, 1858

**原始记录** *Hippoglossus olivaceus* Temminck & Schlegel, 1846, Fauna Japonica Parts 10~14: 184, Pl. 94 (Nagasaki, Japan).

**同种异名** *Hippoglossus olivaceus* Temminck & Schlegel, 1846

**英 文 名** Bastard halibut (FAO); Olive flounder (AFS); Japanese flounder (Japan)

**中文别名** 褐牙鲆、扁鱼、比目鱼、偏口、皇帝鱼

**形态特征** 体侧扁，长圆形。两眼均位于头左侧，上眼靠近头背缘。有眼侧 2 个鼻孔约位于眼间隔正中，前鼻孔后缘有一狭长鼻瓣；无眼侧 2 个鼻孔接近头部背缘，前鼻孔也有一狭长鼻瓣。齿大而尖锐，呈锥状，上下颌各具齿 1 行，左右侧同等发达；犁骨与腭骨均无齿。有眼侧被小栉鳞，无眼侧被圆鳞。左右侧线均发达，前方无明显颞上支。有眼侧胸鳍较大。尾鳍后缘双截形。有眼侧灰褐色，略具暗色或黑色斑点。无眼侧白色。背鳍、臀鳍和尾鳍均有暗色斑纹。胸鳍有暗点或横条纹。

**鉴别要点** a. 两眼位于头左侧，上下颌齿大而尖锐，有眼侧胸鳍发达；b. 两侧侧线各 1 条，侧线前方无明显的颞上支；c. 有眼侧灰褐色，略具暗色或黑色斑点。

**生态习性** 近海暖温性底层鱼类，栖息于泥沙、沙石或岩礁质底海域；成鱼以大型甲壳类、贝类、头足类和鱼类为食。

**分布区域** 西北太平洋的朝鲜、日本和俄罗斯等海域均有分布；我国见于渤海、黄海、东海和南海。本种在浙江南部海域少见。

# 205. 木叶鲽

***Pleuronichthys cornutus*** **(Temminck & Schlegel, 1846)**　　**标本全长 185 mm**

鲽科Family Pleuronectidae｜木叶鲽属Genus *Pleuronichthys* Girard, 1854

**原始记录** *Platessa cornuta* Temminck & Schlegel, 1846, Fauna Japonica Parts 10~14: 179, Pl. 92 (Fig. 1) (Japan).

**同种异名** *Platessa cornuta* Temminck & Schlegel, 1846；*Pleuronichthys lighti* Wu, 1929

**英 文 名** Ridged-eye flounder (FAO、AFS)；Finespotted flounder (Japan)

**中文别名** 角木叶鲽、右鲽、扁鱼、比目鱼、皇帝鱼

**形态特征** 体呈卵圆形，侧扁而高。头小，背缘在上眼上缘中部有深凹。两眼均位于头右侧。两眼前缘各有一短骨质突起。眼间隔窄，前后缘各有一尖骨棘。有眼侧 2 个鼻孔较小，前鼻孔前后缘各有一皮瓣；无眼侧 2 个鼻孔较大，前鼻孔前后缘亦各有一短皮瓣。两颌仅无眼侧具齿 2~3 行，尖锥状。唇厚，内缘具褶皱和小穗状突起。体两侧均被小圆鳞。左右侧线均发达，具颞上支。有眼侧胸鳍较长。腹鳍甚短。尾鳍较头长，后缘圆形。有眼侧呈灰褐色或淡红褐色，具小形暗点或黑色斑点。无眼侧白色。奇鳍边缘色暗。

**鉴别要点** a. 两眼位于头右侧，前缘各具骨质突起，眼间隔前后缘各有一尖骨棘；b. 左右侧线均发达，直线状，具颞上支；c. 头小，口小，有眼侧无齿，无眼侧具尖锥齿 2~3 行；d. 体两侧均被小圆鳞。

**生态习性** 近海暖温性底层鱼类，栖息于泥沙质底海域；以多毛类、贝类和端足类等为食。

**分布区域** 西北太平洋的朝鲜、日本等海域均有分布；我国见于渤海、黄海、东海和南海。本种在浙江南部海域常见，冬季和秋季相对较多；主要分布于水深 30 m 以深海域。

# 206. 北原氏左鲆

***Laeops kitaharae* (Smith & Pope, 1906)**

标本全长 99 mm

鲆科Family Bothidae | 左鲆属Genus *Laeops* Günther, 1880

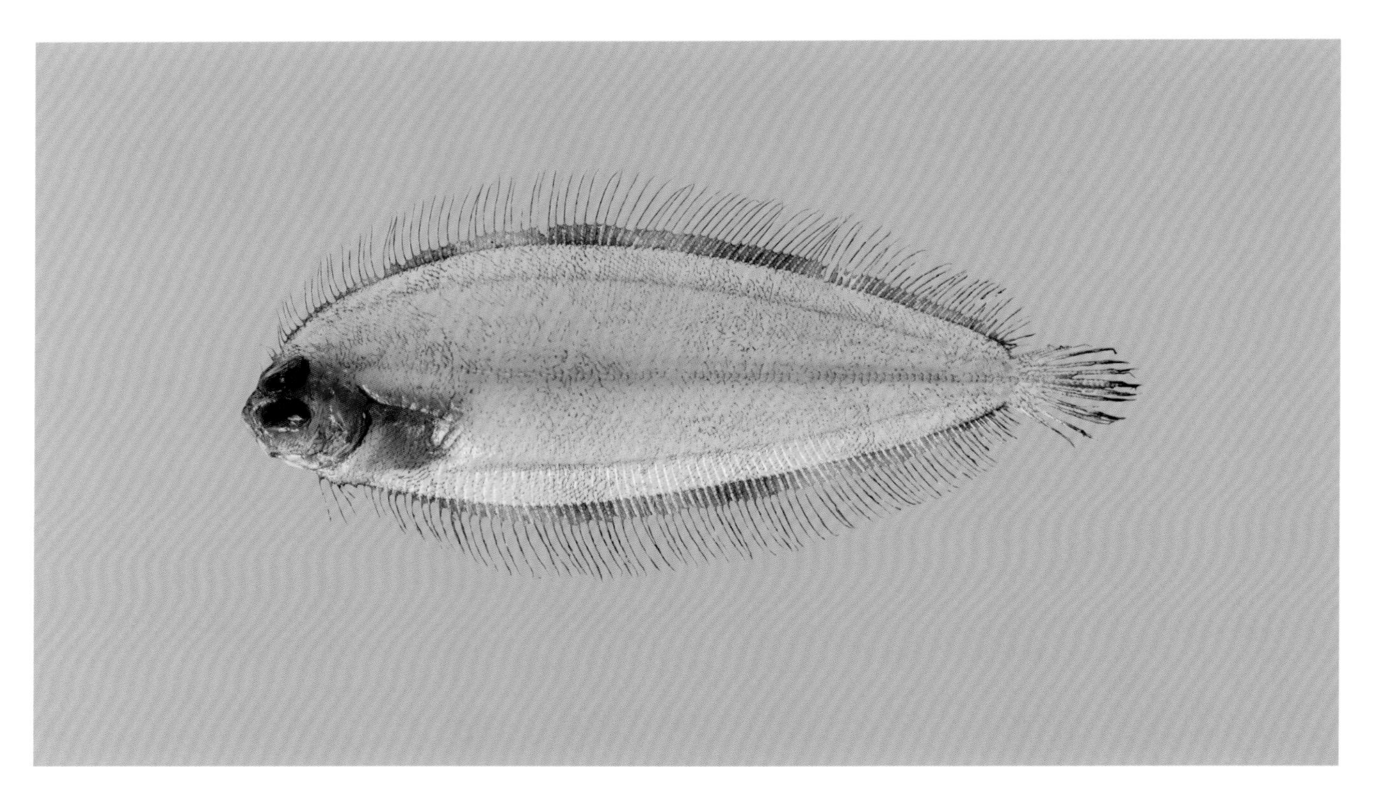

**原始记录** *Lambdopsetta kitaharae* Smith & Pope, 1906, Proceedings of the United States National Museum Ⅴ. 31 (no. 1489): 496, Fig. 12 (Kagoshima, Kagoshima Bay, Kagoshima Prefecture, Kyūshū, Japan).

**同种异名** *Lambdopsetta kitaharae* Smith & Pope, 1906

**英 文 名** Kithara's flounder (Australia)

**中文别名** 北原左鲆、扁鱼、皇帝鱼

**形态特征** 体似长矛状。头短高，背缘在上眼前方具一凹刻，头背缘轮廓呈弧形。两眼均在头左侧，眼间隔窄嵴状。上下颌齿尖细，仅无眼侧有齿。头体两侧均具小圆鳞，极易脱落。奇鳍鳍条被小鳞。有眼侧具侧线，无眼侧无侧线。背鳍前端 2 根鳍条与后方鳍条分离且相距较远。臀鳍与背鳍中后部相似。有眼侧胸鳍较无眼侧长。左右腹鳍不对称。尾鳍圆形。头体有眼侧粉红色至乳黄色，吻部暗色，体侧无小暗斑，背鳍、臀鳍和尾鳍边缘黑色。无眼侧体淡黄白色。

**鉴别要点** a. 两眼位于头左侧，有眼侧有侧线，无眼侧无侧线，眼间隔窄嵴状；b. 头上部呈弧形，口小，下颌前端宽圆，仅无眼侧有齿；c. 背鳍前端 2 根鳍条与后方鳍条分离且相距较远；d. 体侧无小黑斑分布，奇鳍边缘为黑色。

**生态习性** 近海暖温性底层鱼类，栖息于沙泥质底海域；以小鱼和底栖甲壳类等为食。

**分布区域** 印度洋和西太平洋的朝鲜半岛、日本等海域均有分布；我国见于东海和南海。本种在浙江南部海域少见，秋季相对较多；主要分布于水深 40 m 以深海域。

**分类短评** 李思忠等（1995）和陈大刚等（2016）将本种作为小头左鲆（*Laeops parviceps* Günther, 1880）的同种异名，但在 FishBase 网站和《台湾鱼类志》（沈世杰，1993）等相关资料中，这两种均为有效种。本书据此，仍将本种定为北原氏左鲆。

# 207. 舌形斜颌鲽

***Plagiopsetta glossa* Franz, 1910**

标本全长 185 mm

冠鲽科Family Samaridae | 斜颌鲽属Genus *Plagiopsetta* Franz, 1910

**原始记录** *Plagiopsetta glossa* Franz, 1910, Abhandlungen der math.-phys. Klasse der K. Bayer Akademie der Wissenschaften Ⅴ. 4 (Suppl.) (no. 1): 64, Pl. 8 (Fig. 58) (Yagoshima, Japan, depth 150 meters).

**同种异名** *Samariscus fasciatus* Fowler, 1934

**英 文 名** Tongue flatfish (FAO)；Tounge flounder (Japan)

**中文别名** 舌右鲽、褐斜鲽、纵带斜鲽、半边鱼、扁鱼、比目鱼

**形态特征** 体长椭圆形，侧扁。尾柄短高。两眼均在头右侧，眼间隔凹平，有鳞。上下颌齿短细，圆锥状。头体两侧被小栉鳞，吻前端、背鳍、臀鳍和尾鳍无鳞。有眼侧具侧线，侧线鳞数 60~66，无眼侧无侧线。有眼侧具胸鳍。尾鳍尖圆形。有眼侧体黄褐色，鳞后缘黑褐色。体上下缘各具 5~6 个淡色斑。背鳍和腹鳍各具一纵行黑褐色斑点，尾鳍也有黑褐色小斑点。沿侧线有 2~3 个黑斑。

**鉴别要点** a. 两眼位于头右侧；b. 有眼侧具侧线，侧线鳞数 60~66，沿侧线有黑斑，无眼侧无侧线。

**生态习性** 暖温性底层鱼类，栖息于水深 100~150 m 的泥沙质底海域；以底栖甲壳动物为食。

**分布区域** 太平洋的澳大利亚、朝鲜和日本等海域均有分布；我国见于东海和南海。本种在浙江南部海域少见。

# 208. 角鳎

*Aesopia cornuta* Kaup, 1858

标本全长 152 mm

鳎科Family Soleidae | 角鳎属Genus *Aesopia* Kaup, 1858

**原始记录** *Aesopia cornuta* Kaup, 1858, Archiv für Naturgeschichte Ⅴ. 24 (pt. 1): 98 (British Indies, India, Indian Ocean).

**同种异名** *Coryphaesopia cornuta barnardi* Chabanaud, 1934

**英 文 名** Unicorn sole (FAO)；Horned sole (India)；Dark thick-rayed sole (Indonesia)

**中文别名** 羽条鳎、扁鱼、角牛舌、狗舌、角鳎沙

**形态特征** 体长舌状，很侧扁。两眼位于头右侧，上眼前缘较下眼前缘略前。眼间隔无鳞。有眼侧前鼻孔长管状，后鼻孔周缘微凸。无眼侧鼻孔均短管状。两颌仅左侧有小细齿。唇左侧有纵褶。头体两侧被小弱栉鳞，无眼侧头部前部鳞片变形为绒毛状感觉突。两侧侧线中侧位，有眼侧有颞上支，无眼侧有颞上支、前鳃盖支和下颌鳃盖支。背鳍第一鳍条粗长突出。尾鳍完全连于背鳍、臀鳍。有眼侧淡黄褐色，约有 14 条棕褐色横带状宽纹，前 3 条位于头部，横带纹上下端伸入背鳍、臀鳍。尾鳍中后部黑褐色，有黄斑。无眼侧淡黄白色，奇鳍色暗。

**鉴别要点** a. 两眼位于头右侧，尾鳍与背鳍、臀鳍完全相连；b. 背鳍第一鳍条粗长突出；c. 有眼侧体具 14 条横带状宽纹，尾鳍具黄斑。

**生态习性** 浅海暖水性底层中小型鱼类，栖息于泥沙质底海域；以底栖甲壳类等为食。

**分布区域** 印度洋和西太平洋的日本等海域均有分布；我国见于东海和南海。本种在浙江南部海域少见，仅在夏季发现；仅在洞头水深 20 m 处发现。

# 209. 卵鳎

**Solea ovata Richardson, 1846** 　**标本全长 64 mm**

鳎属Genus *Solea* Quensel, 1806

**原始记录** *Solea ovata* Richardson, 1846, Report of the British Association for the Advancement of Science 15th meeting (1845): 279 (Canton, China; China Seas).

**同种异名** *Solea humilis* Cantor, 1849

**英 文 名** Ovate sole (FAO)

**中文别名** 赫氏小舌鳎、卵圆鳎沙、龙舌、贴沙

**形态特征** 体长卵圆形，侧扁，后端稍尖。两眼位于头右侧。眼间隔与眼球上部均有鳞。两颌仅无眼侧有绒毛状小齿，齿群窄带状。体两侧被细小强栉鳞，侧线鳞为圆鳞，头左侧前部鳞为长绒毛状，头背缘、腹缘亦有此类绒毛。有眼侧侧线前端有一弧状颞上支。有眼侧胸鳍较长，无眼侧胸鳍窄短，位较低。腹鳍基短，近似对称，右腹鳍位较低，有膜微连生殖突。尾鳍圆截形。有眼侧头体黄灰褐色，有黑色小杂点，沿背缘有 5~6 个较大斑，沿侧线有 7~8 个斑，沿腹缘有 4~5 个斑。两侧胸鳍基黄色，后部常为黑色。背鳍、臀鳍和尾鳍鳍条褐色或有褐色斑点。无眼侧头体淡黄色或白色。

**鉴别要点** a. 两眼位于头右侧；b. 尾鳍与背鳍、臀鳍不相连，两侧胸鳍发达；c. 有眼侧头体具黑色斑点，两侧胸鳍后部黑色。

**生态习性** 暖水性底层小型鱼类；以底栖甲壳类等为食。

**分布区域** 印度洋和太平洋的菲律宾、澳大利亚等海域均有分布；我国见于东海和南海。本种在浙江南部海域常见，夏季相对较多；主要分布于水深 40 m 以深海域；2018 年 11 月和 2019 年 5 月于乐清湾发现。

# 210. 斑纹条鳎

***Zebrias zebrinus* (Temminck & Schlegel, 1846)**

**标本全长 142 mm**

条鳎属Genus *Zebrias* Jordan & Snyder, 1900

**原始记录** *Solea zebrina* Temminck & Schlegel, 1846, Fauna Japonica Parts 10~14: 185, Pl. 95 (Fig. 1) (Japan).

**同种异名** *Solea zebrina* Temminck & Schlegel, 1846

**英 文 名** Zebra sole (Indonesia)

**中文别名** 带纹条鳎、条鳎、杂秃、海秃

**形态特征** 体长舌状，甚侧扁。两眼均位于头的右侧。有眼侧 2 个鼻孔均位于下眼前方，前鼻孔管状，无眼侧 2 个鼻孔相距甚远。仅无眼侧两颌具绒毛状齿，排列呈带状。头体两侧均被小栉鳞。侧线直，有眼侧颞上支弧形，弯到背鳍基前端附近。背鳍、臀鳍后端与尾鳍相连。尾鳍后端圆形。有眼侧淡黄褐色，有 11~12 对平行排列的黑褐色横带状纹，纹中央具黄色细纹；横纹上下端伸入背鳍、臀鳍。胸鳍和尾鳍黑色，尾鳍具黄色斑纹。无眼侧白色或淡黄色。奇鳍边缘黑色。

**鉴别要点** a. 两眼位于头右侧，尾鳍与背鳍、臀鳍完全相连；b. 尾鳍黑色，具黄色斑纹；c. 有眼侧体具 11~12 对平行排列的黑褐色横带状纹，纹中央具黄色细纹。

**生态习性** 近海小型底层鱼类，栖息于泥沙质底海域；以多毛类、甲壳类和端足类等为食。

**分布区域** 太平洋的泰国、日本、澳大利亚等海域均有分布；我国见于渤海、黄海、东海和南海。本种在浙江南部海域常见，冬季相对较多；主要分布于水深 30 m 以深海域。

**分类短评** 据 Wang 等（2014）形态学和分子生物学证据表明，我国沿海分布的模式标本是采自日本长崎的斑纹条鳎，而非模式标本是采自东印度群岛的条鳎〔*Zebrias zebra*（Bloch, 1787）〕。

# 211. 短舌鳎

***Cynoglossus abbreviatus* (Gray, 1834)**

标本全长 172 mm

舌鳎科Family Cynoglossidae | 舌鳎属Genus *Cynoglossus* Hamilton, 1822

**原始记录** *Plagusia abbreviata* Gray, 1834, Illustrations of Indian zoology: no page number, Pl. 94 (Fig. 3) (China).

**同种异名** *Plagusia abbreviata* Gray, 1834

**英 文 名** Three-lined tongue sole (FAO); Shortnose tongue sole (Japan)

**中文别名** 短吻舌鳎、短吻三线舌鳎、舌头鱼、鞋底鱼、龙利鱼

**形态特征** 体长舌状，侧扁。两眼稍大，位于头左侧。眼间隔平或微凹，被鳞 5~6 行。有眼侧前鼻孔管状，接近上唇。无眼侧上下颌齿细绒毛状，呈窄带状排列。体两侧被强栉鳞。有眼侧具侧线 3 条，上侧线上方鳞 6~7 行，上中侧线间鳞 18~20 行，下侧线下方鳞 8~9 行。上中侧线有颞上支相连，无眼前支，中侧线有鳃盖支。无眼侧无侧线。背鳍、臀鳍与尾鳍完全相连。无胸鳍。有眼侧具腹鳍，具膜与臀鳍相连。尾鳍尖形。有眼侧体为黄褐色，各鳍暗褐色。无眼侧白色。

**鉴别要点** a. 两眼位于头左侧，肛门位于无眼侧；b. 吻钝圆，吻长小于或至多等于上眼至背鳍基的距离；c. 有眼侧侧线 3 条，上中侧线间鳞最多 20 行，无眼侧无侧线；d. 鳃孔后侧线鳞数多于 100；e. 体两侧均被强栉鳞。

**生态习性** 近海暖温性底层鱼类，栖息于泥沙质底海域；以底栖无脊椎动物为食。

**分布区域** 印度洋和西太平洋的印度尼西亚、朝鲜半岛、日本等海域均有分布；我国见于渤海、黄海、东海和南海。本种在浙江南部海域常见，各季节均有出现，春季相对较多；整个海域均有分布，春季主要分布于水深 20 m 以浅海域。

# 212. 长吻舌鳎

*Cynoglossus lighti* Norman, 1925

标本全长 190 mm

**原始记录** *Cynoglossus* (*Areliscus*) *lighti* Norman, 1925, Annals and Magazine of Natural History (Series 9) Ⅴ. 16 (no. 92) (art. 37) : 270 (Amoy, China).

**同种异名** 无

**英 文 名** 无

**中文别名** 长吻红舌鳎、莱氏舌鳎、莱氏三线鳎、鳎目、牛舌、舌头鱼

**形态特征** 体长舌形，侧扁。两眼位于头左侧。眼间隔窄，被细鳞。齿细小，绒毛状，有眼侧无齿，无眼侧齿排列呈带状。体两侧均被较大栉鳞。有眼侧侧线 3 条，上侧线上方鳞 4~5 行，上中侧线间鳞 10~11 行，下侧线下方鳞 3~4 行。上中侧线有颞上支相连，均有眼前支，前鳃盖支不连下颌鳃盖支。无眼侧无侧线。背鳍、臀鳍完全与尾鳍相连。有眼侧具腹鳍，具膜与臀鳍相连。尾鳍窄长，尖形或稍圆。有眼侧红褐色，鳃部因鳃腔膜黑褐而较灰暗。背鳍、臀鳍和尾鳍淡黄褐色。无眼侧淡黄白色。

**鉴别要点** a. 两眼位于头左侧，头长大于头高；b. 有眼侧上下唇无须状突起；c. 有眼侧侧线 3 条，上中侧线有眼前支，上中侧线间鳞最多 11 纵行，无眼侧无侧线；d. 鳃孔后侧线鳞数少于 100。

**生态习性** 近海暖温性底层鱼类，栖息于泥沙质底海域；以多毛类、端足类和小型蟹类等为食。

**分布区域** 西北太平洋的朝鲜半岛、日本等海域均有分布；我国见于渤海、黄海和东海。本种在浙江南部海域少见，秋季相对较多；整个海域均有分布，冬季仅分布于水深 20 m 以浅海域。

# 213. 寡鳞舌鳎

*Cynoglossus oligolepis* (Bleeker, 1855)

标本全长 184 mm

**原始记录** *Plagusia oligolepis* Bleeker, 1855, Natuurkundig Tijdschrift voor Nederlandsch Indië Ⅴ. 7 (no. 3) : 445 (Jakarta, Java, Indonesia).

**同种异名** *Plagusia oligolepis* Bleeker, 1855

**英 文 名** 无

**中文别名** 少鳞舌鳎、稀鳞舌鳎、狗舌、龙利

**形态特征** 体长舌形，侧扁。两眼位于头左侧，头长稍大于头高。眼间隔窄凹，有鳞。两颌仅无眼侧有小绒毛状带形齿群。鳞稍大，有眼侧被栉鳞，无眼侧被圆鳞。有眼侧侧线 2 条，上侧线上方鳞最多 5 行，上中侧线间鳞 8~9 行。上中侧线有颞上支相连，到吻端相合，有眼前支。中侧线在颞上支稍前向下有前鳃盖支，不连下颌鳃盖支。无眼侧无侧线。背鳍、臀鳍与尾鳍完全相连。有眼侧具腹鳍，有膜与臀鳍相连。尾鳍窄尖。有眼侧体淡褐色，鳞后缘常为暗褐月牙状，有些鳞片囊间常呈纵纹状，鳃部与腹腔部较灰暗。背鳍、臀鳍和尾鳍黄褐色。无眼侧体白色。

**鉴别要点** a. 两眼位于头左侧，头长稍大于头高；b. 有眼侧上下唇无须状突起；c. 有眼侧侧线 2 条，无眼侧无侧线，上中侧线间鳞 8~9 行；d. 有眼侧被栉鳞，无眼侧被圆鳞。

**生态习性** 近海暖水性底层鱼类，栖息于泥沙质底海域；以多毛类、端足类和小型蟹类等为食。

**分布区域** 印度洋和太平洋的印度尼西亚等海域均有分布；我国见于东海和南海。本种在浙江南部海域少见，秋季相对较多；主要分布于苍南水深 20 m 以浅海域。

# 214. 斑头舌鳎

*Cynoglossus puncticeps* (Richardson, 1846)

标本全长 110 mm

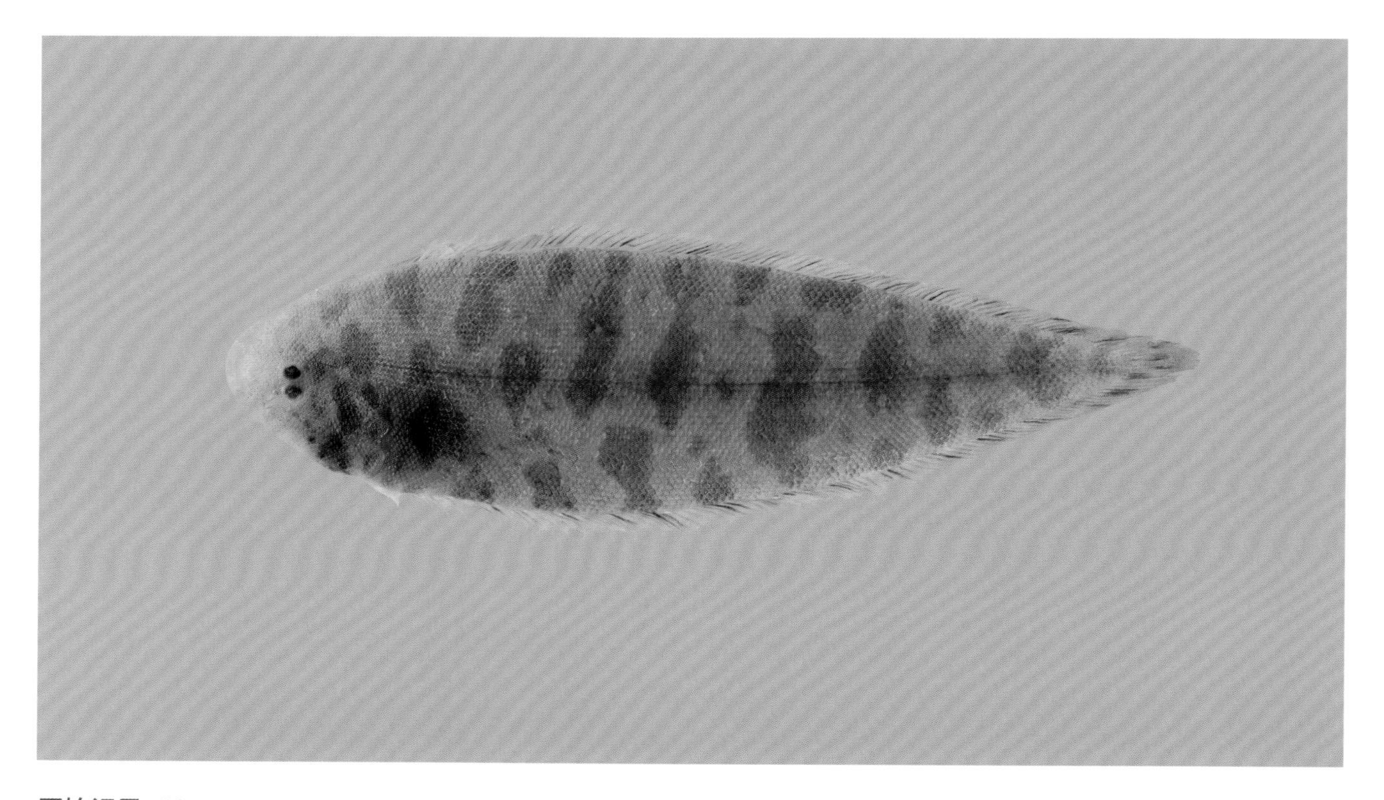

**原始记录** *Plagusia puncticeps* Richardson, 1846, Report of the British Association for the Advancement of Science 15th meeting (1845) : 280 (China, South China Sea).

**同种异名** *Plagusia puncticeps* Richardson, 1846；*Plagiusa aurolimbata* Richardson, 1846；*Plagiusa nigrolabeculata* Richardson, 1846；*Plagusia brachyrhynchos* Bleeker, 1851；*Plagusia javanica* Bleeker, 1851；*Cynoglossus brevis* Günther, 1862；*Cynoglossus puncticeps immaculata* Pellegrin & Chevey, 1940

**英 文 名** Speckled tonguesole (FAO)；Blotched tongue-sole (Indonesia)；Tonguefish (Malaysia)

**中文别名** 斑头双线舌鳎、斑首舌鳎、舌头鱼、狗舌、花龙鱼

**形态特征** 体长舌形，侧扁。两眼位于头左侧。头高大于头长。眼间隔窄，凹形，有鳞。两颌仅无眼侧有绒毛状齿，齿群窄带状。头体两侧被栉鳞。体左侧侧线2条，左侧上侧线上方鳞最多5行，上中侧线间鳞14~19行。上中侧线有颞上支相连，到吻端亦相连，无眼前支，前鳃盖支不连下颌鳃盖支。无眼侧无侧线。背鳍、臀鳍与尾鳍完全相连。有眼侧具腹鳍，有膜与臀鳍相连。尾鳍窄尖。有眼侧体淡黄褐色，有许多不规则黑褐色横斑。背鳍、臀鳍和尾鳍淡黄色，且每2~6鳍条间有一鳍条为黑褐色细纹状。无眼侧淡色。

**鉴别要点** a. 两眼位于头左侧，头高大于头长；b. 有眼侧上下唇无须状突起；c. 有眼侧侧线2条，上中侧线间鳞14~19行，无眼侧无侧线；d. 头体两侧均被栉鳞；e. 有眼侧体具许多不规则黑褐色横斑。

**生态习性** 近海暖水性底层鱼类，栖息于泥沙质底海域，可进入河口或江河下游；以底栖无脊椎动物等为食。

**分布区域** 印度洋和太平洋的菲律宾、印度尼西亚等海域均有分布；我国见于东海和南海。本种在浙江南部海域少见，仅在夏季发现；仅在洞头水深40 m处海域发现。

# 215. 黑鳃舌鳎

*Cynoglossus roulei* Wu, 1932

标本全长 275 mm

**原始记录** *Cynoglossus roulei* Wu, 1932, Contribution à l'étude morphologique, biologique et systématique des poissons hétérosomes (Pisces Heterosomata) de la Chine : 153 (Kwang-Tung, China).

**同种异名** 无

**英 文 名** 无

**中文别名** 罗氏三线舌鳎、细鳞龙利、龙舌

**形态特征** 体长舌形，很侧扁。两眼位于头左侧，头长小于头高。眼间隔较窄。两颌仅无眼侧有绒毛状齿，齿群窄带状。体有眼侧被强栉鳞，无眼侧被近似圆鳞的弱栉鳞。有眼侧侧线 3 条，上侧线上方鳞 9~11 行，上中侧线间鳞 19~22 行。上中侧线有颞上支相连，有些有眼前支，前鳃盖支叉状，前叉连下颌鳃盖支。无眼侧无侧线。背鳍、臀鳍与尾鳍完全相连。有眼侧具腹鳍，有膜与臀鳍相连。尾鳍窄长，后端尖形。有眼侧体淡棕褐色，鳃盖部呈黑褐色云状大斑，其他部位也常有不规则且不稳定的黑褐色斑。背鳍、臀鳍和尾鳍淡黄色。无眼侧体白色，鳍也较淡。

**鉴别要点** a. 两眼位于头左侧，头长小于头高；b. 有眼侧上下唇无须状突起；c. 有眼侧侧线 3 条，上侧线上方鳞 9~11 行，上中侧线间鳞 19~22 行；d. 鳃孔后侧线鳞数多于 100，体左侧为强栉鳞，体右侧为近似圆鳞的弱栉鳞；e. 有眼侧鳃盖部有大褐斑。

**生态习性** 分布于亚热带底层海域，其余生态习性未知。

**分布区域** 仅见于我国东海和南海。本种在浙江南部海域少见，仅在夏季发现；仅在洞头水深 40 m 处海域发现。

# 216. 日本须鳎

***Paraplagusia japonica* (Temminck & Schlegel, 1846)**

标本全长265 mm

须鳎属Genus *Paraplagusia* Bleeker, 1865

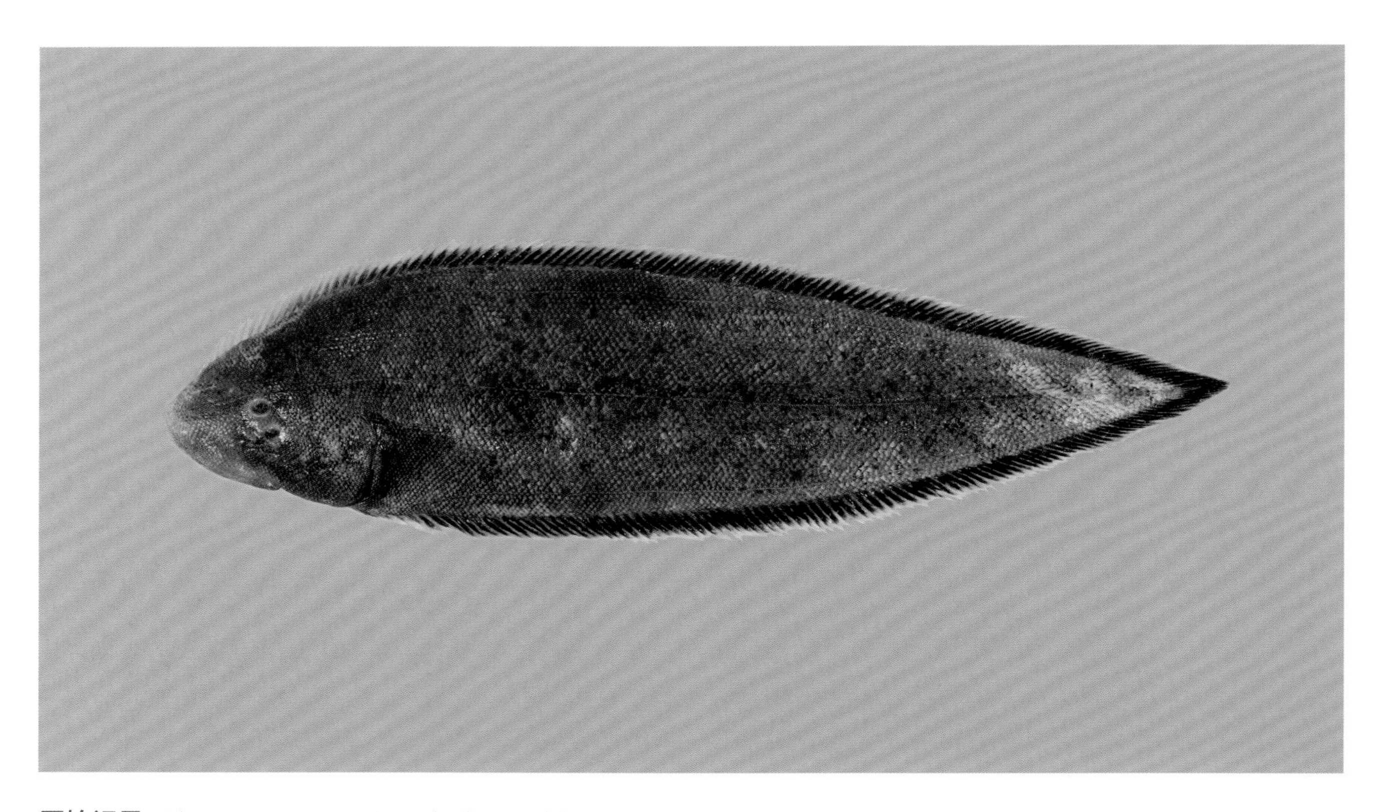

**原始记录** *Plagusia japonica* Temminck & Schlegel, 1846, Fauna Japonica Parts 10~14: 187, Pl. 95 (Fig. 2) (Nagasaki Bay, Japan).

**同种异名** *Plagusia japonica* Temminck & Schlegel, 1846

**英 文 名** Black cow-tongue (AFS)；Black tongue fish (Japan)

**中文别名** 三线牛舌鱼、日本吻须鳎、日本缨唇牛舌鱼

**形态特征** 体长舌形，侧扁。两眼位于头左侧，眼间隔微凹，有鳞。吻钩发达。有眼侧上下唇缘各有 1 行穗状小须，上唇须突较小而多，下唇须突较粗而少；无眼侧无须突而有许多横褶纹。仅无眼侧两颌具绒毛状齿。有眼侧被栉鳞，无眼侧被圆鳞。有眼侧侧线 3 条，上下侧线外侧鳞 6~7 行，上中侧线间鳞 18~20 行。上中侧线与吻端相合后向下弯达吻钩端附近，向后有一眼前支，眼与鳃孔间有颞上支，向下有前鳃盖支与下颌鳃盖支。无眼侧无侧线。背鳍无眼侧有薄膜突出，背鳍、臀鳍和尾鳍相连。有眼侧具腹鳍，有膜与臀鳍相连。尾鳍尖形。有眼侧体黄绿褐色，小鱼体色较淡且有许多淡白色小圆斑，大鱼色较暗，散有黑褐色小斑点。鳍暗褐色，边缘黄色。无眼侧体乳白色，大鱼有黑色小斑点，小鱼鳍黄色，大鱼鳍色似左侧。

**鉴别要点** a. 两眼位于头左侧，吻钩发达；b. 有眼侧上下唇缘有穗状小须，无眼侧无须突而有许多横褶纹；c. 有眼侧侧线 3 条，无眼侧无侧线，有眼侧被栉鳞，无眼侧被圆鳞。

**生态习性** 近海底层鱼类，栖息于泥沙质底海域；以小蛤、小虾等底栖无脊椎动物为食。

**分布区域** 西北太平洋的朝鲜半岛、日本等海域均有分布；我国见于东海和南海。本种在浙江南部海域少见。

# 217. 单角革鲀

***Aluterus monoceros* (Linnaeus, 1758)**

标本体长 485 mm

鲀形目Order Tetraodontiformes | 单角鲀科Family Monacanthidae | 革鲀属Genus *Aluterus* Cloquet, 1816

**原始记录** *Balistes monoceros* Linnaeus, 1758, Systema Naturae, Ed. XV. 1: 327 (Asia; America).

**同种异名** *Balistes monoceros* Linnaeus, 1758; *Balistes serraticornis* Fréminville, 1813; *Aluteres berardi* Lesson, 1831; *Alutera cinerea* Temminck & Schlegel, 1850; *Monacanthus anginosus* Hollard, 1853; *Aluterus anginosus* Hollard, 1855; *Alutera guntheriana* Poey, 1863

**英 文 名** Unicorn leatherjacket filefish (FAO); Unicorn filefish (AFS); Trigger fish durgon (Malaysia); Unicorn filefish (India)

**中文别名** 单角革单棘鲀、独角鲀、革鲀、剥皮鱼、薄叶剥、光复鱼、一角剥、狄仔鱼

**形态特征** 体长椭圆形，甚侧扁。眼间隔宽而隆起，中央呈棱状。上下颌齿楔状，上颌齿2行，下颌齿1行。鳃孔长大于眼径。体被细鳞，基板上有小棘多行。背鳍2个，第一背鳍具2根鳍棘，第一鳍棘较长，第二鳍棘退化，埋于皮膜下。腹鳍消失。胸鳍短小，圆形。尾鳍截形或微凹入。体灰褐色，具少数不规则暗色斑块，幼鱼尤明显，唇灰褐色。第一背鳍鳍棘深褐色，尾鳍灰褐色，第二背鳍、臀鳍和胸鳍黄色。

**鉴别要点** a. 体长椭圆形，背鳍和臀鳍鳍条数均在40以上；b. 第一背鳍第一鳍棘位于眼中央上方，较长，第二鳍棘退化；c. 尾鳍长小于头长，后缘截形或微凹入，体的前背部隆起，尾柄长大于尾柄高。

**生态习性** 近海暖水性底层鱼类，常在海藻间觅食，具集群洄游习性；以水螅类、腹足类和端足类等为食。

**分布区域** 大西洋、印度洋和太平洋的热带、亚热带海域均有分布；我国见于黄海、东海和南海。本种在浙江南部海域少见，仅在夏季发现；主要分布于水深40 m以深海域。

# 218. 拟态革鲀

*Aluterus scriptus* (Osbeck, 1765)

标本体长 275 mm

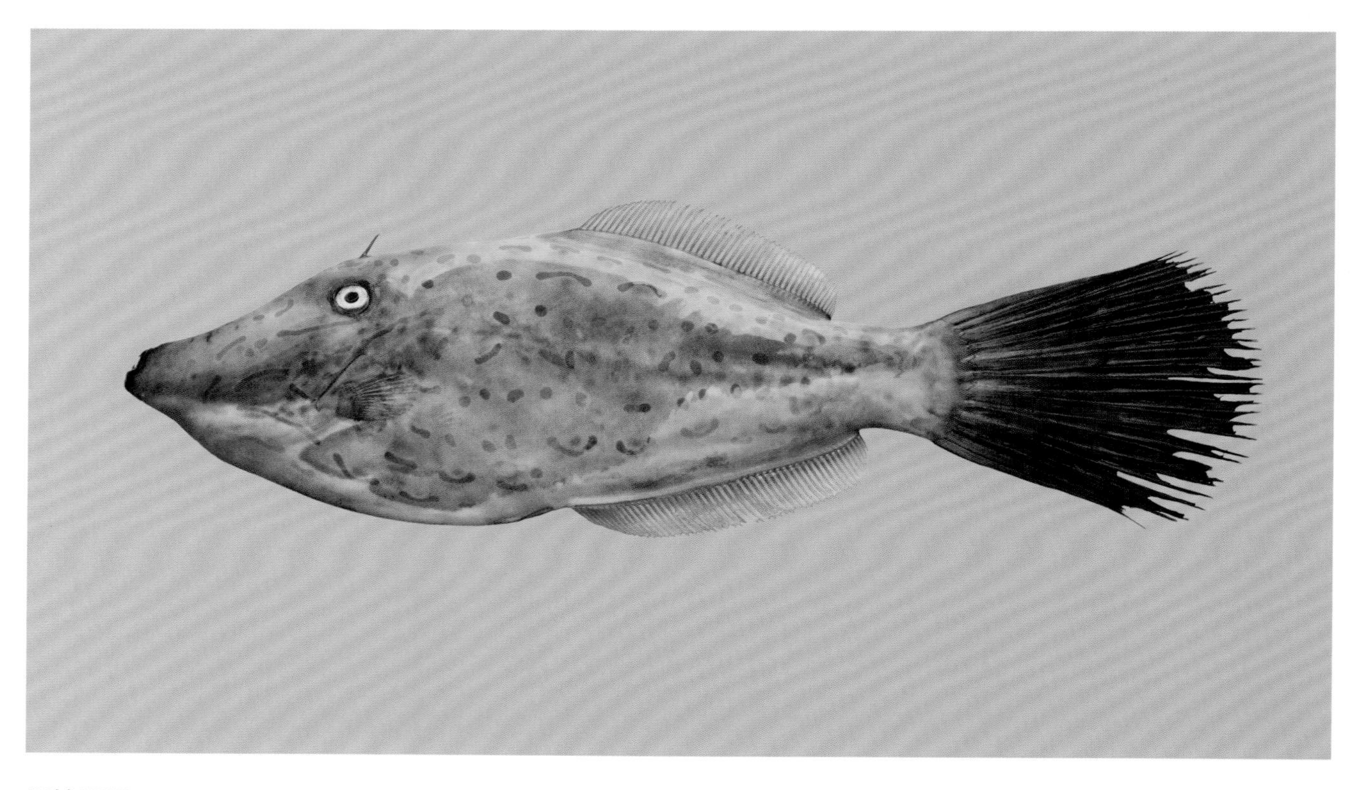

**原始记录** *Balistes scriptus* Osbeck, 1765, Reise nach Ostindien und China: 145 (South China Sea, off Vietnam, between Pulo Condor and Hainan, south of "Piedra Blanca", western Pacific).

**同种异名** *Balistes scriptus* Osbeck, 1765；*Balistes laevis* Bloch, 1795；*Balistes liturosus* Shaw, 1804；*Balistes ornatus* Marion de Procé, 1822；*Aluteres pareva* Lesson, 1831；*Aluteres personatus* Lesson, 1831；*Aluterus venosus* Hollard, 1855；*Alutera picturata* Poey, 1863；*Alutera armata* Garman, 1903

**英 文 名** Scribbled leatherjacket filefish (FAO)；Scrawled filefish (AFS)；Figured leather-jacket (Australia)

**中文别名** 奥氏鲀、长尾革单棘鲀、剥皮鱼、粗皮狄

**形态特征** 体长椭圆形，侧扁而高，尾柄短而高，成鱼尾柄长小于尾柄高。上下颌齿板状。体被细鳞，基板上有少数小棘。背鳍 2 个，第一背鳍具 2 根鳍棘，第一鳍棘位于眼中央上方，较长，易折断，第二鳍棘退化，埋于皮下。胸鳍短小，圆形。腹鳍消失。尾鳍长圆形，随鱼体生长而增长。体浅褐色，具许多小黑点与水平状条纹。尾鳍色深，其余各鳍淡色。

**鉴别要点** a. 体长椭圆形，背鳍和臀鳍鳍条数均在 40 以上；b. 第一背鳍鳍棘位于眼中央上方；c. 尾鳍长大于头长，后缘长圆形，体的前背部略凹入，尾柄长小于尾柄高。

**生态习性** 近海暖水性底层鱼类，栖息于浅海底层；以藻类、海草、水螅类、海葵和被囊动物等为食。

**分布区域** 大西洋、印度洋和太平洋的热带、亚热带海域均有分布；我国见于东海和南海。本种在浙江南部海域少见，仅在夏季发现；主要分布于水深 40 m 以深海域。

**其　　他** 部分个体有毒。

# 219. 棘尾前孔鲀

***Cantherhines dumerilii* (Hollard, 1854)**

标本全长 206 mm

前孔鲀属Genus *Cantherhines* Swainson, 1839

**原始记录** *Monacanthus dumerilii* Hollard, 1854, Annales des Sciences Naturelles, Paris (Zoologie) (Sér. 4) Ⅴ. 2: 361 (Mauritius).

**同种异名** *Monacanthus dumerilii* Hollard, 1854；*Monacanthus howensis* Ogilby, 1889；*Monacanthus albopunctatus* Seale, 1901

**英 文 名** Whitespotted filefish (FAO)；Barred filefish (AFS)；Yelloweye leatherjacket (Malaysia)

**中文别名** 杜氏刺鼻单棘鲀、剥皮鱼

**形态特征** 体长椭圆形，侧扁而高。上下颌齿较强，楔形。除上下唇外头体皆被鳞，鳞细小，每鳞的基板上有粗短低矮的小棘。尾部鳞上的鳞棘弱而长，尾柄每侧具 4 个由鳞片小棘特化的倒钩。背鳍 2 个，第一背鳍具2根鳍棘，第一鳍棘强大且较长，后缘有2列小棘，棘基后方体背沟深，第二鳍棘短小。胸鳍短，圆形。腹鳍愈合成一鳍棘。尾鳍短而圆。体褐色，体中央至尾柄有约 10 条不明显暗色横带。唇与尾柄倒钩为白色。尾鳍深褐色，具黄色缘。其余各鳍淡黄色。

**鉴别要点** a. 背鳍和臀鳍鳍条数均在 40 以下，胸鳍鳍条数 15；b. 第一背鳍鳍棘能完全竖立，仅鳍棘基部有鳍膜，腹鳍棘不能活动；c. 体中央至尾柄有约 10 条不明显暗色横带；d. 尾部有 2 对强逆行棘。

**生态习性** 暖水性底层鱼类，栖息于珊瑚礁海域；以水螅类、海绵、藻类、海胆等为食。

**分布区域** 印度洋和太平洋的夏威夷、澳大利亚、日本等海域均有分布；我国见于东海和南海。本种在浙江南部海域少见；2019 年 9 月于象山码头发现。

**其　　他** 本图为幼鱼，幼鱼为大洋性生活，常可发现于漂流物的下方；成鱼独立生活或成对生活。

# 220. 丝背细鳞鲀

***Stephanolepis cirrhifer* (Temminck & Schlegel, 1850)**

标本体长 105 mm

细鳞鲀属Genus *Stephanolepis* Gill, 1861

**原始记录** *Monacanthus cirrhifer* Temminck & Schlegel, 1850, Fauna Japonica Last Part: 290, Pl. 130 (Fig. 1) (Japan).

**同种异名** *Monacanthus cirrhifer* Temminck & Schlegel, 1850

**英 文 名** Threadsail filefish (FAO)

**中文别名** 丝鳍单刺鲀、丝鳍单角鲀、丝背冠鳞单棘鲀、冠龄单棘鲀、曳丝单棘鲀、剥皮鱼

**形态特征** 体短菱形，侧扁而高。上下颌齿楔形，唇厚。头体均被细鳞，每一鳞的基板上的鳞棘愈合呈柄状，其外端有许多小棘，整个鳞棘呈蘑菇状。背鳍 2 个，第一背鳍具 2 根鳍棘，第一鳍棘较粗壮，后缘具倒刺，第二鳍棘短小。第二背鳍前部鳍条稍长，雄鱼第二鳍条特别延长呈丝状。腹鳍愈合为一鳍棘，能活动。尾鳍圆截形。体黄褐色，体侧有黑色斑纹，连成 6~8 条断续纵行斑纹。第一背鳍鳍棘上有 3~4 个深色横斑，鳍膜灰褐色。第二背鳍和臀鳍的下半部具褐色宽纹。尾鳍基部和外缘具灰褐色横带。

**鉴别要点** a. 体呈短菱形；b. 第一背鳍鳍棘粗壮，第二背鳍鳍棘短小，腹鳍愈合为一能活动的鳍棘；c. 雄鱼第二背鳍第二鳍条特别延长呈丝状；d. 体侧有黑色斑纹。

**生态习性** 近海暖水性底层鱼类，栖息于 100 m 以浅沙质底海域；以端足类、双壳类和海胆等底栖生物为食。

**分布区域** 西北太平洋的日本、朝鲜半岛等海域均有分布；我国见于东海和南海。本种在浙江南部海域常见，夏季相对较多；整个海域均有分布。

# 221. 瓣叉鼻鲀

***Arothron firmamentum* (Temminck & Schlegel, 1850)**

标本体长 255 mm

鲀科Family Tetraodontidae | 叉鼻鲀属Genus *Arothron* Müller, 1841

**原始记录** *Tetraodon firmamentum* Temminck & Schlegel, 1850, Fauna Japonica Last Part (15): 280, Pl. 126 (Fig. 2) (Japan).

**同种异名** *Tetraodon firmamentum* Temminck & Schlegel, 1850；*Boesemanichthys firmamentum* (Temminck & Schlegel, 1850)

**英 文 名** Starry toado (FAO)；Starry toadfish (Australia)

**中文别名** 瓣鼻鲀、星纹叉鼻鲀、星斑河豚、繁星河豚、密棘叉鼻鲀

**形态特征** 体长圆筒形，头胸部粗圆，向后渐细，尾柄侧扁。无鼻孔，每侧各具 1 个叉状鼻突起。体侧下缘无纵行皮褶。上下颌各有 2 个喙状大牙板，中央缝明显。头、体除吻端、鳃孔周围和尾柄外均密布细刺。胸鳍宽短。无腹鳍。尾鳍宽大，后缘呈圆弧形。体背部和体侧紫黑色或紫褐色，腹部白色。体背部和体侧布满许多约与瞳孔等大的白斑，腹部与体侧下方具一些椭圆形白斑，白斑大于瞳孔。各鳍黑褐色或棕色，幼鱼色浅。

**鉴别要点** a. 体表密布小刺；b. 无鼻孔，每侧各具 1 个叉状鼻突起；c. 体表布满白色斑点。

**生态习性** 近海暖水性底层鱼类；以软体动物、甲壳动物和鱼类等为食。

**分布区域** 印度洋和太平洋的日本、新西兰等海域均有分布；我国见于东海和南海。本种在浙江南部海域少见；2019 年 9 月于象山码头发现。

**其　　他** 卵巢、肝脏有剧毒。

# 222. 黑鳃兔头鲀

***Lagocephalus inermis*** **(Temminck & Schlegel, 1850)**

**标本体长 176 mm**

兔头鲀属Genus *Lagocephalus* Swainson, 1839

**原始记录** *Tetraodon inermis* Temminck & Schlegel, 1850, Fauna Japonica Last Part (15): 278, Pl. 122 (Fig. 2) (Bay of Simabara, Japan).

**同种异名** *Tetraodon inermis* Temminck & Schlegel, 1850

**英 文 名** Smooth blaasop (FAO)；Smooth-backed blowfish (India)；Smoothback puffer (Japan)

**中文别名** 光兔头鲀、黑鳃光兔鲀、光兔鲀、滑背河豚、河豚

**形态特征** 体亚圆筒形，头胸部粗圆，向后渐细，稍侧扁。鼻孔每侧 2 个，鼻瓣呈卵圆形突起。上下颌各具 2 个喙状牙板，中央缝明显。头、体背面和侧面平滑无棘。侧线下缘具皮褶。胸鳍宽短。无腹鳍。尾鳍宽大，后缘略凹。头和体背侧灰褐色或黄褐色，腹面白色，体侧下方自口角至尾鳍基为金黄色。背鳍黄色，末端灰褐色，背鳍基底常有一黑斑。胸鳍和臀鳍黄色。尾鳍后部暗褐色，上下叶末端和后缘白色。鳃孔黑色。

**鉴别要点** a. 头、体背面和侧面平滑无棘；b. 尾鳍后缘稍凹；c. 鳃孔黑色；d. 体背面无黑色小斑点。

**生态习性** 近海暖温性底层鱼类；以乌贼、贝类和甲壳类等为食。

**分布区域** 印度洋和太平洋的日本、澳大利亚等海域均有分布；我国见于黄海、东海和南海。本种在浙江南部海域常见，各季节均有出现，夏季相对较多；整个海域均有分布。

**其　　他** 卵巢、肝脏有剧毒。

# 223. 月尾兔头鲀

*Lagocephalus lunaris* (Bloch & Schneider, 1801)

标本体长 138 mm

**原始记录** *Tetrodon lunaris* Bloch & Schneider, 1801, M. E. Blochii, Systema Ichthyologiae: 505 [Tranquebar (Tharangambadi), India].

**同种异名** *Tetrodon lunaris* Bloch & Schneider, 1801

**英 文 名** Lunartail puffer (FAO)；Moontail blaasop (India)；Green rough-backed puffer (Malaysia)；Golden toadfish (Australia)；Green pufferfish (China)

**中文别名** 大眼兔头鲀、月腹刺鲀、月兔头鲀、栗色河豚、河豚

**形态特征** 体亚圆筒形，头胸部粗圆，向后渐细。鼻孔小，每侧 2 个，鼻瓣呈卵圆形突起。上下颌各具 2 个喙状牙板，中央缝明显。体背小刺区呈卵圆形，范围大而达背鳍基。体侧下缘具皮褶。胸鳍宽短。无腹鳍。尾鳍宽大，后缘浅凹。体背面为青褐色，侧下方黄色，腹面白色。背鳍黄色，基底黑色。臀鳍白色。尾鳍上部 2/3 为黄色，下部 1/3 为白色。胸鳍黄色。鳃膜白色。

**鉴别要点** a. 体表具小刺，体背面小刺区达背鳍起点附近；b. 尾鳍后缘凹入（或双凹）；c. 鳃孔不发黑。

**生态习性** 近海暖水性底层鱼类；以软体动物、甲壳动物和鱼类等为食。

**分布区域** 印度洋和太平洋的日本、印度尼西亚、菲律宾、澳大利亚等海域均有分布；我国见于黄海、东海和南海。本种在浙江南部海域少见，夏季相对较多；主要分布于水深 30 m 以深海域。

**其　　他** 卵巢、肝脏有剧毒。

# 224. 圆斑兔头鲀

*Lagocephalus sceleratus* (Gmelin, 1789)

标本体长 206 mm

**原始记录** *Tetrodon sceleratus* Gmelin, 1789, Caroli a Linné ... Systema Naturae per regna tria naturae Ⅴ. 1 (pt 3): 1444 [American (in error) and Pacific].

**同种异名** *Tetrodon sceleratus* Gmelin, 1789；*Tetraodon bicolor* Brevoort, 1856；*Tetraodon blochii* Castelnau, 1861

**英 文 名** Silver-cheeked toadfish (FAO)；Silverside blaasop (Malaysia)；Spotted rough-backed blowfish (Philippine)；Giant toadfish (Australia)

**中文别名** 圆斑扁尾鲀、圆斑腹刺鲀、凶兔头鲀、仙人河豚、花背河豚

**形态特征** 体长圆筒形，体前部稍粗圆，向后渐细，尾柄圆锥状，稍平扁。鼻孔小，每侧 2 个，鼻瓣呈卵圆形突起。上下颌各具 2 个喙状牙板，中央缝明显。体背小刺区呈长条形，范围大而达背鳍基。体侧下缘具皮褶。胸鳍宽短。无腹鳍。尾鳍宽大，后缘凹入。体背部青褐色，自头部至尾柄上方密布黑色小斑点。眼前缘有一银白色大三角斑。体侧自口部至尾柄有一银白色带。腹面白色。背鳍、臀鳍和胸鳍白色至淡黄色；尾鳍黄绿色，上下叶末端白色。鳃膜黑色。

**鉴别要点** a. 体表具小刺，体背小刺区范围大而达背鳍基；b. 尾鳍后缘凹入（或双凹）；c. 鳃膜发黑；d. 体背面散布黑色小斑点。

**生态习性** 暖水性中下层鱼类；以软体动物、甲壳动物和鱼类等为食。

**分布区域** 印度洋和太平洋的日本、夏威夷、澳大利亚等海域均有分布；我国见于东海和南海。本种在浙江南部海域少见。

**其　　他** 卵巢、肝脏有剧毒，肌肉、精巢、皮亦有毒。

# 225. 棕斑兔头鲀

*Lagocephalus spadiceus* (Richardson, 1845)

标本体长 138 mm

**原始记录** *Tetrodon spadiceus* Richardson, 1845, Ichthyology. Part 3. The zoology of the voyage of H. M. S. Sulphur.: 123, Pl. 58 (Figs. 4~5) (China seas).

**同种异名** *Tetrodon spadiceus* Richardson, 1845

**英 文 名** Half-smooth golden pufferfish (FAO)；Chinese blaasop (India)；Brownback toadfish (Australia)

**中文别名** 棕腹刺鲀、棕斑腹刺鲀、怀氏兔头鲀、鲭河豚、棕斑河豚

**形态特征** 体亚圆筒形，稍侧扁。鼻孔每侧 2 个，鼻瓣呈卵圆形突起。上下颌各具 2 个喙状牙板，中央缝明显。体背小刺区呈菱形，范围小，止于胸鳍鳍端上方，或小刺区延长呈细带而达背鳍基，此细带可能中断。体侧下缘具皮褶。胸鳍宽短。无腹鳍。尾鳍宽大，浅凹。体背部棕黄色或绿褐色，侧下方黄色，腹面白色。体背侧常具云纹状暗色斑纹或横带，有时背侧深褐色，无斑纹。背鳍灰黄色，臀鳍白色，胸鳍浅黄色。尾鳍黄灰色，上叶末端白色，下叶下缘白色。鳃腔淡褐色，鳃膜灰白色。

**鉴别要点** a. 体表具小刺，体背面小刺通常只达胸鳍末端上方；b. 尾鳍后缘凹入；c. 鳃孔不发黑；d. 尾鳍上叶末端和下叶下缘白色。

**生态习性** 近海暖水性底层鱼类；以软体动物、甲壳动物和鱼类等为食。

**分布区域** 印度洋和太平洋的日本、印度尼西亚、菲律宾等海域均有分布；我国见于黄海、东海和南海。本种在浙江南部海域常见，各个季节均有发现，夏季相对较多；整个海域均有分布。

**分类短评** 据 Matsuura（2010）研究，怀氏兔头鲀（*Lagocephalus wheeleri* Abe, Tabeta & Kitahama, 1984）与棕斑兔头鲀同种异名。

**其　　他** 卵巢、肝脏有毒。

# 226. 菊黄多纪鲀

***Takifugu flavidus*** **(Li, Wang & Wang, 1975)**

**标本体长 82 mm**

多纪鲀属Genus *Takifugu* Abe, 1949

**原始记录** *Fugu flavidus* Li, Wang & Wang, 1975, Acta Zoologica Sinica Ⅴ. 21 (no. 4): 372 (English P. 378), Fig. 23; Pl. 2 (Figs. 8~10) (Qingdao, China).

**同种异名** *Fugu flavidus* Li, Wang & Wang, 1975

**英 文 名** Yellowbelly pufferfish (FAO)；Towny puffer (Japan)

**中文别名** 菊黄东方鲀

**形态特征** 体亚圆筒形，前部较粗，后部稍侧扁。鼻孔小，每侧 2 个，位于卵圆形鼻瓣内外侧。上下颌各具 2 个喙状牙板。体背自眼前缘上方至背鳍起点、腹面自眼前缘下方至肛门前方具小刺，吻部、侧面和尾柄光滑无刺。胸鳍短宽。无腹鳍。尾鳍宽大，后缘截形。体背部为棕黄色，腹面白色，体侧下缘皮褶呈宽橙黄色纵带。体表斑纹随生长有变化，幼鱼体背侧散布白色小圆点，随体长增大，白斑渐模糊而后逐渐消失，呈均匀棕黄色。胸鳍基部内外侧常各具一黑斑。除尾鳍黑色外，其余各鳍黄色。

**鉴别要点** a. 体表具小刺，背刺区和腹刺区彼此分离，体背部不具斜形斑带；b. 尾鳍后缘截形；c. 体背部为棕黄色，幼鱼体背侧散布白色小圆点，尾鳍黑色。

**生态习性** 近海暖温性底层鱼类，可进入河口咸淡水水域；以贝类、甲壳动物和鱼类等为食。

**分布区域** 西北太平洋的日本、朝鲜半岛等海域均有分布；我国见于渤海、黄海和东海。本种在浙江南部海域常见；2019 年 5 月和 2019 年 10 月于南麂列岛钓获。

**其　　他** 卵巢、肝脏、血液有剧毒，皮肤、精巢亦有毒。

# 227. 横纹多纪鲀

*Takifugu oblongus* (Bloch, 1786)

标本体长 156 mm

**原始记录** *Tetrodon oblongus* Bloch, 1786, Naturgeschichte der ausländischen Fische Ⅴ. 2: 6, Pl. 146 (Fig. 1) (Coromandel, India).

**同种异名** *Tetrodon oblongus* Bloch, 1786

**英 文 名** Lattice blaasop (Malaysia); Oblong blow fish (India)

**中文别名** 横纹东方鲀、横纹河豚、泷纹河鲀、卵圆鲀

**形态特征** 体亚圆筒形，前部粗圆，后端渐细小。鼻孔小，每侧 2 个，鼻瓣呈卵圆形突起。上下颌各具 2 个喙状牙板，中央缝明显。体背自鼻孔后方至背鳍起点、腹面自眼前缘下方至肛门前方、侧面在鳃孔前方和胸鳍基底稍后方均密布小刺。体侧下缘具一皮褶。胸鳍宽短。无腹鳍。尾鳍宽大，截形或近圆形。体背部为黄褐色，腹面白色。体背部具许多白色小圆点，体侧具十余条白色鞍状斑，头部横带细，排列紧密，体和尾柄横带宽，排列稀疏。纵行皮褶黄色。各鳍黄色，背鳍和尾鳍颜色较深。

**鉴别要点** a. 体表具小刺，背面和腹面的小刺连续，且在胸鳍前后均连续；b. 尾鳍后缘圆形或截形；c. 头和体背部具许多白色小圆斑，体背侧有多条白色横带。

**生态习性** 近海暖水性底层鱼类，可进入河口咸淡水水域；以软体动物、甲壳动物和鱼类为食。

**分布区域** 印度洋和太平洋的日本、菲律宾、澳大利亚等海域均有分布；我国见于东海和南海。本种在浙江南部海域常见，夏季相对较多；整个海域均有分布，主要分布于水深 50 m 以浅海域。

**其　　他** 卵巢、肝脏有剧毒，皮肤、肌肉、精巢亦有毒。

# 228. 黄鳍多纪鲀

***Takifugu xanthopterus*** **(Temminck & Schlegel, 1850)**

标本体长 185 mm

**原始记录** *Tetraodon xanthopterus* Temminck & Schlegel, 1850, Fauna Japonica Last Part: 284, Pl. 125 (Fig. 1) (Nagasaki, Japan).

**同种异名** *Tetraodon xanthopterus* Temminck & Schlegel, 1850

**别　　名** Yellowfin pufferfish (FAO); Yellowfin puffer (Japan)

**中文别名** 条斑东方鲀、黄鳍东方鲀、条圆鲀、黄鳍河鲀

**形态特征** 体亚圆筒形，前部较粗，后部稍侧扁。鼻孔小，每侧2个，鼻瓣呈卵圆形。上下颌各具2个喙状牙板，中央缝明显。体背自鼻孔前缘上方至背鳍前方、腹面自鼻孔后缘下方至肛门前方被较强小刺，背刺区和腹刺区分离。体侧皮褶发达。胸鳍短宽，无腹鳍。尾鳍宽大，截形或稍凹入。体背部青灰色，具多条蓝黑色斜行宽带，宽带有时断裂成斑带状。无胸斑，胸鳍基底内外侧各具一蓝黑色斑。背鳍基部具蓝黑斑块。腹侧白色。各鳍橘黄色。

**鉴别要点** a. 体表具小刺，背刺区和腹刺区分离；b. 尾鳍后缘截形或稍凹入；c. 体背部青灰色，具斜行斑带，各鳍橘黄色。

**生态习性** 近海暖温性底层鱼类，可进入河口咸淡水水域；以贝类、甲壳类、棘皮动物和鱼类等为食。

**分布区域** 西北太平洋的日本、朝鲜半岛等海域均有分布；我国见于渤海、黄海、东海和南海。本种在浙江南部海域常见，各季节均有出现；整个海域均有分布。

**其　　他** 卵巢、肝脏有剧毒。

# 229. 圆点圆刺鲀

***Cyclichthys orbicularis* (Bloch, 1785)**

标本体长 86 mm

刺鲀科Family Diodontidae | 圆刺鲀属Genus *Cyclichthys* Kaup, 1855

**原始记录** *Diodon orbicularis* Bloch, 1785, Naturgeschichte der ausländischen Fische Ⅴ. 1: 73, Pl. 127 (Sea of Jamaica; Cape of Good Hope; Molucca Islands, Indonesia).

**同种异名** *Diodon orbicularis* Bloch, 1785；*Diodon caeruleus* Quoy & Gaimard, 1824；*Chilomycterus parcomaculatus* von Bonde, 1923

**英 文 名** Birdbeak burrfish (FAO)；Fixed spine porcupinefish (Australia)；Ballonfish (Malaysia)；Rounded porcupinefish (Indonesia)

**中文别名** 眶棘圆短刺鲀、眶棘短刺鲀、眶棘刺鲀、气瓜仔、刺龟

**形态特征** 体短圆筒形，头和体前部宽圆。鼻孔每侧 2 个，鼻瓣呈卵圆状突起。上下颌各具 1 个喙状大齿板，无中央缝。头、体除吻端和尾柄外均被粗而短的棘，棘竖立于皮外，各棘具 3 或 4 棘根，不能活动。棘基部无小黑斑。胸鳍宽短。尾鳍圆形。体背侧灰褐色，腹面白色。体背部和体侧散布一些较大的黑色圆斑。各鳍浅色，无斑点。

**鉴别要点** a. 体表棘不可活动，各棘具 3 或 4 棘根，棘基部无小黑斑；b. 尾柄部无棘；c. 体背部和体侧散布一些较大黑斑。

**生态习性** 近海暖温性底层鱼类；以无脊椎动物等为食。

**分布区域** 印度洋和西太平洋的印度尼西亚、日本等海域均有分布；我国见于东海和南海。本种在浙江南部海域少见，仅在夏季发现；仅在洞头水深 40~50 m 海域发现。

# 230. 六斑刺鲀

***Diodon holocanthus* Linnaeus, 1758**

标本体长 135 mm

刺鲀属Genus *Diodon* Linnaeus, 1758

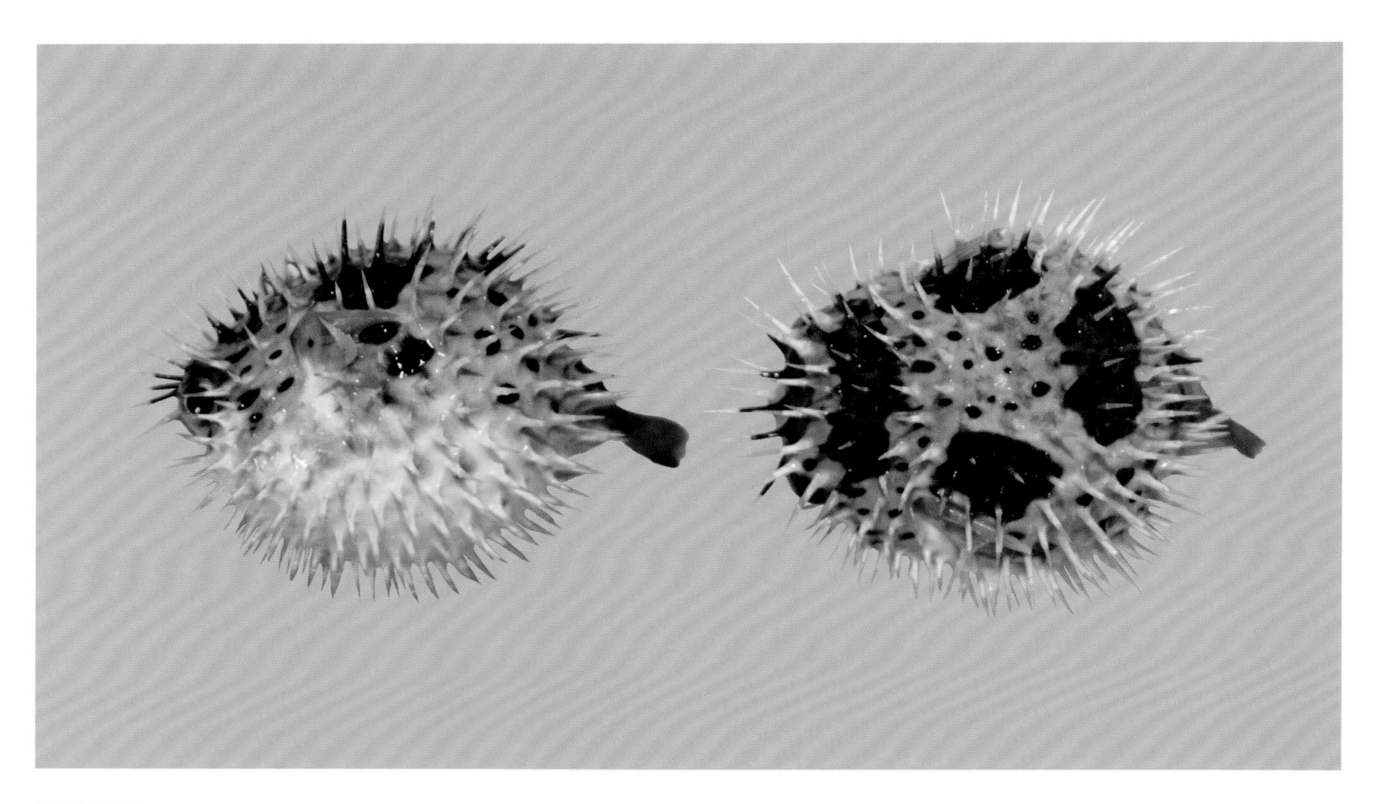

**原始记录** *Diodon holocanthus* Linnaeus, 1758, Systema Naturae, Ed. XV. 1: 335 (India).

**同种异名** *Diodon pilosus* Mitchill, 1815；*Diodon multimaculatus* Cuvier, 1818；*Diodon novemmaculatus* Cuvier, 1818；*Diodon quadrimaculatus* Cuvier, 1818；*Diodon sexmaculatus* Cuvier, 1818；*Diodon maculifer* Kaup, 1855；*Atopomycterus bocagei* Steindachner, 1866；*Diodon paraholocanthus* Kotthaus, 1979

**英 文 名** Longspined porcupinefish (FAO)；Balloonfish (AFS)；Fine-spotted porcupine-fish (Australia)；Freckled porcupinefish (Malaysia)；Spiny pufferfish (Philippines)

**中文别名** 六斑二齿鲀、刺鲀、气瓜仔、刺龟

**形态特征** 体短圆筒形，头和体前部宽圆，尾柄细短。鼻孔每侧 2 个，鼻瓣呈卵圆状突起。上下颌各具 1 个喙状大齿板，无中央缝。头、体除吻端和尾柄外均被长棘，各棘可自由活动。眼前缘无一指向腹面的小棘。胸鳍宽短。尾鳍圆形。体背侧灰褐色，腹面白色，背部和侧面具一些大型黑色斑纹，通常黑斑边缘无色浅的环纹。除大型黑斑外另有一些黑色小斑点散布。头腹面无横行的喉斑。背鳍、胸鳍、臀鳍和尾鳍淡色，无黑斑。

**鉴别要点** a. 体表棘可活动；b. 尾柄无棘，眼前缘无一指向腹面的小棘；c. 体表具一些大型黑斑，头腹面无横行的喉斑，背鳍、胸鳍、臀鳍和尾鳍无黑斑。

**生态习性** 近海暖水性底层鱼类，喜栖息于浅海礁石区、泥沙质底海域或开放性水域；以软体动物、海胆、寄居蟹和蟹类等无脊椎动物为食。

**分布区域** 广泛分布于全世界热带和亚热带海域；我国见于黄海、东海和南海。本种在浙江南部海域少见，夏季相对较多；主要分布于南麂列岛以南水深 50 m 以深海域。

# 参考文献


陈大刚，张美昭，2016. 中国海洋鱼类（上卷、中卷、下卷）[M]. 青岛：中国海洋大学出版社 .

底晓丹，伊西庆，章群，2008. 海鲢细胞色素 b 基因的序列分析 [J]. 安徽农业科学，36(27): 11684–11685，11726.

《福建鱼类志》编写组，1984. 福建鱼类志（上）[M]. 福州：福建科学技术出版社 .

《福建鱼类志》编写组，1985. 福建鱼类志（下）[M]. 福州：福建科学技术出版社 .

李思忠，王惠民，1995. 中国动物志 硬骨鱼纲 鲽形目 [M]. 北京：科学出版社 .

刘静，等，2016. 中国动物志 硬骨鱼纲 鲈形目（四）[M]. 北京：科学出版社 .

刘璐，高天翔，韩志强，等，2016. 中国近海棱梭拉丁名的更正 [J]. 中国水产科学，23(5): 1108–1116.

马强，2006. 中国海蓝子鱼科 Family Siganidae 分类和动物地理学特点 [D]. 青岛：中国科学院海洋研究所 .

倪勇，伍汉霖，2006. 江苏鱼类志 [M]. 北京：中国农业出版社 .

仇林根，1992. 南麂海区的海洋鱼类及主要甲壳类 [C]// 南麂列岛国家级海洋自然保护区论文选 ( 一 ). 北京：海洋出版社 .

沈世杰，1993. 台湾鱼类志 [M]. 台北 : 台湾大学动物学系 .

王丹，赵亚辉，张春光，2005. 中国海鲇属丝鳍海鲇（原“中华海鲇”）的分类学厘定及其性别差异 [J]. 动物学报，51(3): 431–439.

吴仁协，张浩冉，郭刘军，等，2018. 中国近海带鱼 *Trichiurus japonicus* 的命名和分类学地位研究 [J]. 基因组学与应用生物学，37(9): 3782–3791.

伍汉霖，钟俊生，2021. 中国海洋及河口鱼类系统检索 [M]. 北京：中国农业出版社 .

夏蓉，2014. 鲻形目鱼类的分子系统发育关系和历史生物地理学研究 [D]. 上海：复旦大学 .

肖家光，张少秋，高天翔，等，2018. 浙江近海鳐属鱼类形态描述及中国鳐属鱼类分子系统发育分析 [J]. 水生生物学报，42(1): 99–105.

张世义，2001. 中国动物志 硬骨鱼纲 鲟形目 海鲢目 鲱形目 鼠鱚目 [M]. 北京：科学出版社 .

朱元鼎，张春霖，成庆泰，1963. 东海鱼类志 [M]. 北京：科学出版社 .

庄平，张涛，李圣法，等，2018. 长江口鱼类[M]. 2 版. 北京：中国农业出版社 .

DURAND J D, Chen W J, Shen K N, et al., 2012. Genus –level taxonomic changes implied by the mitochondrial phylogeny of grey mullets (Teleostei: Mugilidae) [J]. Comptes Rendus Biologies, 335 (10–11): 687–697.

FRASER T H, 2005. A review of the species in the Apogon fasciatus group with a description of a new species of cardinalfish from the Indo–West Pacific (Perciformes: Apogonidae) [J]. Zootaxa, 924: 1–30.

GON O, 1996. Revision of the cardinalfish subgenus Jaydia (Perciformes, Apogonidae, Apogon)[J]. Transactions of the Royal Society of South Africa, 51: 147–194.

IWATSUKI Y, AKAZAKI M, TANIGUCHI N, 2007. Review of the species of the Genus *Dentex* (Perciformes: Sparidae) in the Western Pacific defined as the D. hypselosomus complex with the description of a new species, *Dentex* abei and a redescription of Evynnis tumifrons[J]. Bulletin of the National Museum of Nature and Science (Ser. A) Suppl. 1: 29–49.

IWATSUKI Y, MIYAMOTO K, ZHANG J, 2011. A review of the genus *Platyrhina* (Chondrichthys: Platyrhinidae) from the Northwestern Pacific, with descriptions of two new species[J]. Zootaxa, 2738: 26–40.

IWATSUKI Y, NAKABO T, 2005. Redescription of Hapalogenys nigripinnis (Schlegel in Temminck and Schlegel, 1843), a Senior Synonym of H. Nitens Richardson, 1844, and a new species from Japan[J]. Copeia (4): 854–867.

KENT E C, VOLKER H N, 1999. FAO species identification guide for fishery purposes: the living marine resources of the western central pacific. Vol.3. Batoid fishes, chimaeras and Bony fishes part 1 (Elopidae to Linophrynidae) [M]. food and agriculture organization of the united nations, Rome.

LAST P R, NAYLOR G J P, MANJAJI–MATSUMOTO B M, 2016. A revised classification of the family Dasyatidae (Chondrichthyes: Myliobatiformes) based on new morphological and molecular insights[J]. Zootaxa, 4139 (3): 345 – 368.

LAST P R, White W T, POGONOSKI J J, 2010. Descriptions of new sharks and rays from Borneo[M].Hobart: CSIRO Marine and Atmospheric Research.

MATSUURA K, 2010. *Lagocephalus wheeleri* Abe, Tabeta & Kitahama, 1984, a junior synonym of *Tetrodon spadiceus* Richardson, 1845 (Actinopterygii, Tetraodontiformes, Tetraodontidae)[J]. Mem. Natl. Mus. Nat. Sci., Tokyo, (46): 39– 46.

MABUCHI K, FRASER T H, SONG H, et al., 2014. Revision of the systematics of the cardinalfishes (Percomorpha: Apogonidae) based on molecular analyses and comparative reevaluation of morphological characters[J]. Zootaxa, 3846 (2): 151–203.

MOTOMURA H, IWATSUKI Y, KIMURA S, et al., 2002. Revision of the Indo–West Pacific polynemid fish Genus Eleutheronema (Teleostei: Perciformes)[J]. Ichthyological Research, 49: 47–61.

NELSON J S, 2006. Fishes of the world [M]. 4th ed. New Jersey: John Wiley & Sons Inc.

NELSON J S, GRANDE T C, WILSON M V H, 2016. Fishes of the world [M]. 5th ed. New Jersey: John Wiley & Sons Inc.

SÉBASTIEN L, HSUAN–CHING O, 2017. Pseudosetipinna Peng & Zhao is a junior synonym of Setipinna Swainson and Pseudosetipinna haizhouensis Peng & Zhao is a junior synonym of Setipinna tenuifilis (Valenciennes) (Teleostei: Clupeoidei: Engraulidae)[J]. Zootaxa, 4294(3): 342–348.

SEUNG E B, JIN–KOO K, JUN H K, 2016. Evidence of incomplete lineage sorting or restricted secondary contact in Lateolabrax japonicus complex (Actinopterygii: Moronidae) based on morphological and molecular traits[J]. Biochemical Systematics and Ecology, 66: 98–108.

WANG Z M, KONG X Y, HUANG L M, et al., 2014. Morphological and molecular evidence supports the occurrence of a single speciesof Zebrias zebrinus along the coastal waters of China [J]. Acta Oceanologinca Sinica, 33(8): 44–54.

WHITEHEAD P J P, NELSON G J, WONGRATANA T, 1988. FAO species catalogue. Vol. 7. Clupeoid fishes of the world (suborder clupeoidei): an annotated and illustrated catalogue of the herrings, sardines, pilchards, sprats, shads anchovies and wolf–herrings (Part2–Engraulididae) [M]. Rome: FAO.

XIA R, DURAND J D, FU C Z, 2016. Multilocus resolution of Mugilidae phylogeny (Teleostei: Mugiliformes): Implications for the family’s taxonomy[J]. Molecular Phylogenetics and Evolution, 96: 161–177.

YOKOGAWA Y, SEKI S, 1995. Morphological and genetic differences between Japanese and Chinese sea bass of the genus *Lateolabrax*[J]. Japanese Journal of Ichthyology, 41(4) :437– 445.